Shuwasystem Visual Text Book

図解入門

現場で役立つ 第二種電気工事の基本と実際

大木 健司 著

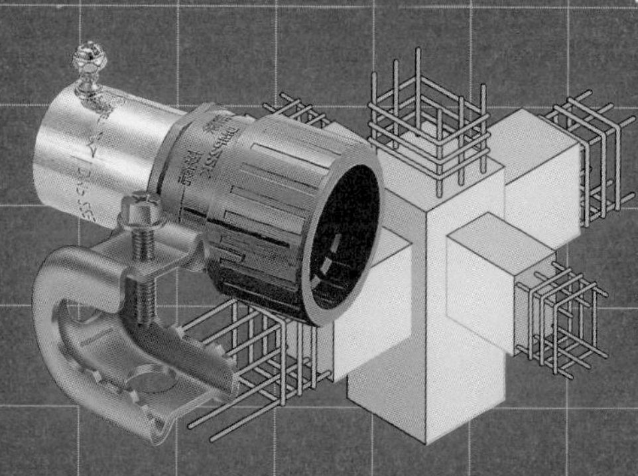

秀和システム

どのような電気工事を
どのような工程で行うのか

電気工事の実務では、仕事の段取りを考えるための土台として、どのような工事をどのような工程で行うのかといったイメージづくりが重要となります。これは電気工事士として仕事を行う上での大前提といっても過言ではありません。

本書は、電気工事に携わりながらも現場で戸惑いを感じている新入社員の方や、独学で第二種電気工事士の免状を取得したものの、学んだことと実務の関係性がよくわからないと悩んでいる方に向けて、よりよく実務を理解する手助けとなるように解説をしています。

また、第二種電気工事士の資格取得に向けた勉強をされている方には、机上にとどまらない実際的なイメージづくりに役立てていただけることを目指して解説しています。

第1章では建築に関わる電気工事の一例として、特に首都圏において一般的といえる建売住宅の規模を想定した木造住宅を例に、建物が完成するまでの電気工事と建築工事の流れを紹介しています。

各工程の作業上の注意点にも触れていますので、イメージづくりの助けとしてください。

第2章以降では、なぜ、この工事方法が採用されているのか、次はどのような工程の作業をするのか、担当している現場の建築工法は何かについて、必要とされる電気工事の工事方法などを確認しやすいように内容を編成しました。

本書では、第二種電気工事士資格で施工が可能な範囲の電気工事について、資格取得の勉強では触れられることの少ない、建築工法の基礎知識や電気工事方法の詳細まで踏み込んだ解説を行っています。特に、第二種電気工事士試験の出題範囲となっている「工事方法」や「工事材料」「検査方法」などの分野は、一般には馴染みのない内容が多いため、過去問題やそれに類似する模擬問題などの問いに対して適切に回答するといったことが勉強の主な目的となり、テキストに書かれたことをただ暗記する勉強方法をとる人が多いことと思われます。

このような方々にも、ご自身が学んでいる内容が実際の建築・建設工事のなかでどのように使われているのか、そこで使われている言葉が何を意味しているのかをイメージしていただけるものと思います。

イメージができると、学んだ内容が理解として記憶に定着しやすくなります。そして、資格取得後に実際の業務に携わった際にも、資格試験の勉強で得た知識を仕事に生かすことができることでしょう。

本書を手に取ってくださった皆様の一助となることを心より願っております。

2016年4月　大木健司

本書の特長

本書では、電気工事に関する専門的な基礎知識と現場における電気工事技術を的確に取得していただくことを目的としています。また、電気工事の現場で活躍している技術者、これから電気工事士（第二種）資格の取得を目指している方々の手引きとなるような内容になっています。

本書の特長を活かしていただき、電気工事の確かな技能を身につけましょう。

◉電気工事の流れが理解できる

木造住宅ができるまで、仮設工事、壁貫通部の処理、屋内配線、開口作業と配線の検査、器具の取り付け、屋側に取り付ける部材と器具の取り付け、外構、受電など、電気工事の基本的な流れやその特徴を的確に理解しましょう。

◉電気工事に必要な配電の基本が理解できる

電気工事に必要な電気方式、電力の流れと仕組み、配電方式、低圧単相配電方式、低圧三相配電方式、屋内電路の対地電圧など、配電の基本を理解しましょう。

◉建築構造の基本が理解できる

電気工事をするためには、鉄筋コンクリート造の特徴、鉄骨造の特徴、木造、間仕切りの構造、天井の構造、床の構造など、建築構造を十分に理解することが必要です。

◉電気工事の作業の実際と検査方法が理解できる

施設場所と工事方法、金属管工事、金属製可とう電線管工事、金属線ぴ工事、合成樹脂管工事、合成樹脂製可とう電線管による合成樹脂管工事、ケーブル工事、接地工事および施設方法などの電気工事の実際を理解しましょう。また、検査や点検の方法を理解しましょう。

◉配線器具と電気工事材料が理解できる

電気工事に必要な配線器具や電気工事材料を的確に理解することは、工事の品質や出来栄えに大きく影響します。

◉必読！「ワンポイント・アドバイス」

電気工事においても、多くの知見は財産になり、仕事に役立ちます。

なかなか知ることができない著者からの貴重なアドバイスを紹介します。。

◉電気工事に関係するコラムを満

電気工事をキーワードとした興味深いエピソード、意外な事柄などを紹介しています。

本書の構成と使い方

本書は、第１章から第３章が電気工事の基本編、第４章から第６章が技術編の２編から構成されています。基本編では、電気工事の実際、配電や建築構造の基本など、電気工事の基礎知識を説明します。技術編では、電気工事の方法、検査、配線設計など、電気工事の技術に直結する内容を説明します。

◉効果的な学習方法

本書は、読者の知識や技術レベルに応じた、目的指向型の構成になっています。本書を活用した様々な学習法を以下に紹介します。

[学習法❶]　ともかく電気工事の基礎を知りたい

第１章（電気工事の実際）を読んでみましょう。電気工事における実際の流れを正しく理解することは、ステップアップを実現するうえで大切です。ここでしっかり学習しましょう。

[学習法❷]　配電について知りたい

第２章（配電の基本）を読んでみましょう。電気工事で採用される配電方式の基本的な知識を習得してください。

[学習法❸]　電気工事の実際を知りたい

第４章（施設場所と工事の方法）を読んでみましょう。金属管、電線管、金属線ぴ、合成樹脂管、ケーブル、接地などの工事の基本を具体的に理解しましょう。

[学習法❹]　工事後の検査の実際を知りたい

第５章（検査方法）を読んでみましょう。検査機器や実際に使われる検査方法の基本を具体的に身につけましょう。

[学習法❺]　電気工事の配線設計を知りたい

第６章（配線設計と手順）を読んでみましょう。配線図の内容、配線用図記号、平面配線図作成の手順と注意点を理解しましょう。

[学習法❻]　配線器具と工事材料を知りたい

Appendix1（配線器具）とAppendix2（電気工事材料）を読んでみましょう。実際に使われる配線器具と工事材料について、写真とともにその特徴や使用上の留意点を理解しましょう。

◉電気工事技術のステップアップ

本書による段階的な学習によって、徐々にステッツアップしましょう。

Step 1 電気工事の基礎がわかる

- 第１章（電気工事の実際）
- 第２章（配電の基本）
- 第３章（建築構造の基礎知識）

Step 2 電気工事の実際がわかる

- 第４章（施設場所と工事の方法）
- 第５章（検査方法）
- 第６章（配線設計と手順）

Step 3 電気工事の法令がわかる

- 第７章（電気工事に関する法令）

Step 4 配線器具、材料がわかる

- Appendix1（配線器具）
- Appendix2（電気工事材料）

「電気工事士」の資格取得にチャレンジ！

◉電気工事士とは

第一種電気工事士と第二種電気工事士があります。電気工事士法の定めにより、原則として電気工事士の免状を受けているものでない限り、一般用電気工作物および500kW未満の自家用電気工作物の工事に従事することはできません（違反した場合には懲役または罰金の規定がある。なお、500kW以上の自家用電気工作物の工事は適用除外）。電気工事士の資格取得は、確かな技能の証として各職場において高く評価されています。

本書では、2つの電気工事士資格のうち、第二種電気工事士が行うことのできる、電気工事について実際の作業手順や注意点などを交えて解説しています。

第二種電気工事士の資格取得に挑戦される際にも、ぜひ知識を深めるための副読本としてお役立てください。

◉資格取得の要件

・第一種電気工事士

第一種電気工事士試験に合格し、電気工事の実務経験を通算５年以上有する者、第一種電気工事士試験の合格者で、大学、短大または高等専門学校（５年制）において、電気理論、電気計測、電気機器、電気材料、送配電、電気法規、製図（配線図を含む物）の課程を修め卒業後、電気工事の実務経験を通算３年以上有する者、昭和62年以前に実施されていた高圧電気工事技術者試験に合格後、電気工事の実務経験を通算３年以上有する者、電気主任技術者免状交付または電気事業主任技術者［旧電気事業主任技術者資格検定規則（昭和７年逓信省令第54号）］の資格を有する者で、有資格者となった後に実務経験として認められる電気工事、または事業用電気工作物の維持及び運用に関する業務を通算５年以上有する者。

・第二種電気工事士

第二種電気工事士試験に合格した者、経済産業大臣認定の第二種電気工事士養成施設（専修学校や専門学校、公共職業訓練施設等）を、所定の単位を修めて卒業（修了）した者

◉電気工事の範囲

以下の区分で電気工事士として、工事に従事することが可能です。

•第一種電気工事士

500kW未満の自家用電気工作物（中小工場、ビル、高圧受電の商店など）（ネオン工事および非常用予備発電装置工事を除く）および一般用電気工作物（一般家屋、小規模商店、600V以下で受電する電気設備など）

•第二種電気工事士

一般用電気工作物（一般家屋、小規模商店、600V以下で受電する電気設備間）

◉試験の実施機関

一般財団法人電気技術者試験センターが第一種は年1回、第二種は年2回実施しています。第一種・第二種ともに筆記試験と技能試験があります。

◉本書と第二種電気工事士の試験範囲

第二種電気工事士の筆記試験においては、次に掲げる内容について試験が行われます。カッコ内に本書で関連する章を示します。

（1）電気に関する基礎理論
（2）配電理論および配線設計（第2章　配線の基本／第6章　配線設計と手順）
（3）電気機器・配線器具ならびに電気工事用の材料および工具（Appendix 1、Appendix 2）
（4）電気工事の施工方法（第4章　施設場所と工事の方法）
（5）一般用電気工作物の検査方法（第5章　検査方法）
（6）配線図（第6章　配線設計と手順）
（7）一般用電気工作物の保安に関する法令（第7章　電気工事に関する法令）

図解入門 Contents

目次 現場で役立つ第二種電気工事の基本と実際

Chapter 3　建築構造の基礎知識

Chapter 4　施設場所と工事の方法

Chapter 5　検査方法

Chapter 6　配線設計と手順

Chapter 7　電気工事に関する法令

Appendix 1 配線器具

Appendix 2 電気工事材料

Chapter 1

電気工事の実際

本章では建築に関わる電気工事の一例として、一般的な木造住宅の建築工程を例に、建築工程に組み込まれる電気工事の工程と以降の章では触れられない具体的な作業上の注意点を紹介します。まずは本章で建築工程と電気工事の工程が密接に関わりあっていることを確認しましょう。建築や建設の工程を意識して流れをつかむと先を見通した準備ができるようになり、他職種との打ち合わせなどにもスムーズに臨むことができます。

1-1 木造住宅ができるまで

木造住宅の建築工程の流れと概要を見ていきましょう。なお、ここで紹介されている建築工法やそれ以外の主な建築工法についての詳細は3章にて紹介していますので、そちらをご覧ください。

建築の流れ

建築物の建築工程は大まかに、仮設工事、地業・基礎工事、主体工事、仕上げ工事、外構工事と進み、竣工・引渡しに至ります。この流れは建築工法の種類にかかわらず共通しています。次項からは、木造住宅の中でも**在来軸組工法**を採用した住宅を例として、各工程の概要を見ていきましょう。建物の規模は首都圏の建売住宅などで多く見られる敷地面積30〜40坪程度を想定指定します。

仮設工事

仮設工事は工事を行うために必要な足場や仮囲い、電気・水道・トイレ設備などを設置するために行われる工事です。これらの仮設設備は工事に必要がなくなると順次撤去されていく性格を持ちます。例にあげている木造住宅工事の仮設工事では、立地や周囲の状況に応じて敷地の周囲を柵や塀などで囲む仮囲い、仮設電気設備工事、仮設水道工事などが行われます。工事用の照明や電動工具を動かすための仮設電気設備については次節で紹介します。

地業・基礎工事

地業・基礎工事では、地盤改良や砕石敷き、基礎設置、捨てコンクリートの打設などを行います。建築工法の種類によっては、ここで接地工事など電気工事の作業が行われる場合があります。地下や建物下の駐車スペースなど鉄筋造部分を持たない木造住宅では、基本的に電気工事の作業をすることはありません。

建築の流れ

仮設工事

仮囲い、仮設電気、仮設水道などの仮設設備の設置

地業・基礎工事

地盤改良、基礎杭の打込みなどの基礎工事

主体工事

土台敷き、構造材の組上げ、棟上げなどの建方工事

仕上げ工事

各部下地材の設置後、仕上げ材を設置

外構工事

舗装、植栽、排水など外回りの工事

竣工・引渡し

竣工検査、施主への引渡し

主体工事

主体工事では、敷地内の主体となる建築物の建築工事が行われます。木造住宅では、基礎コンクリートの上に土台となる木材を敷き、その上に柱や梁など、建物の骨格をなす構造木材が組み上げられます。木造建築の場合、この工程で行う電気工事の作業はありません。

仕上げ工事

主体工事が終わると、建物骨格に屋根、床、外壁の仕上げを行うために下地材が取り付けられ、その上にそれぞれの仕上げ材が取り付けられます。並行して屋内にも壁や天井の下地材が取り付けられ、仕上げが施されます。電気工事の作業はこの工程で多く発生しますので、建築の工程を確認して作業を行うタイミングを見つけなければなりません。電気工事作業の詳細は次節で紹介します。

外構工事

仕上げ工事のための足場が撤去されると外構の工事が始まります。建物周囲の砂利敷きや舗装、植栽工事、門、塀の工事、排水工事などがこれにあたります。門灯などがある場合は電気工事の作業が発生することになります。

竣工・引渡し

建物が完成すると、竣工検査、引渡しとなります。竣工検査が行われる前までに建物への受電を完了しなくてはなりませんので、間に合うように申請を行っておく必要があります。

建築工程と電気工事の作業

ここまでで、建築工程の大まかな流れがつかめたことと思います。次ページの図は、木造建築の工程をもう少し詳細にして、電気工事の作業を入れ込んだものです。次節以降で紹介する電気工事の作業と流れを理解するための参考としてください。

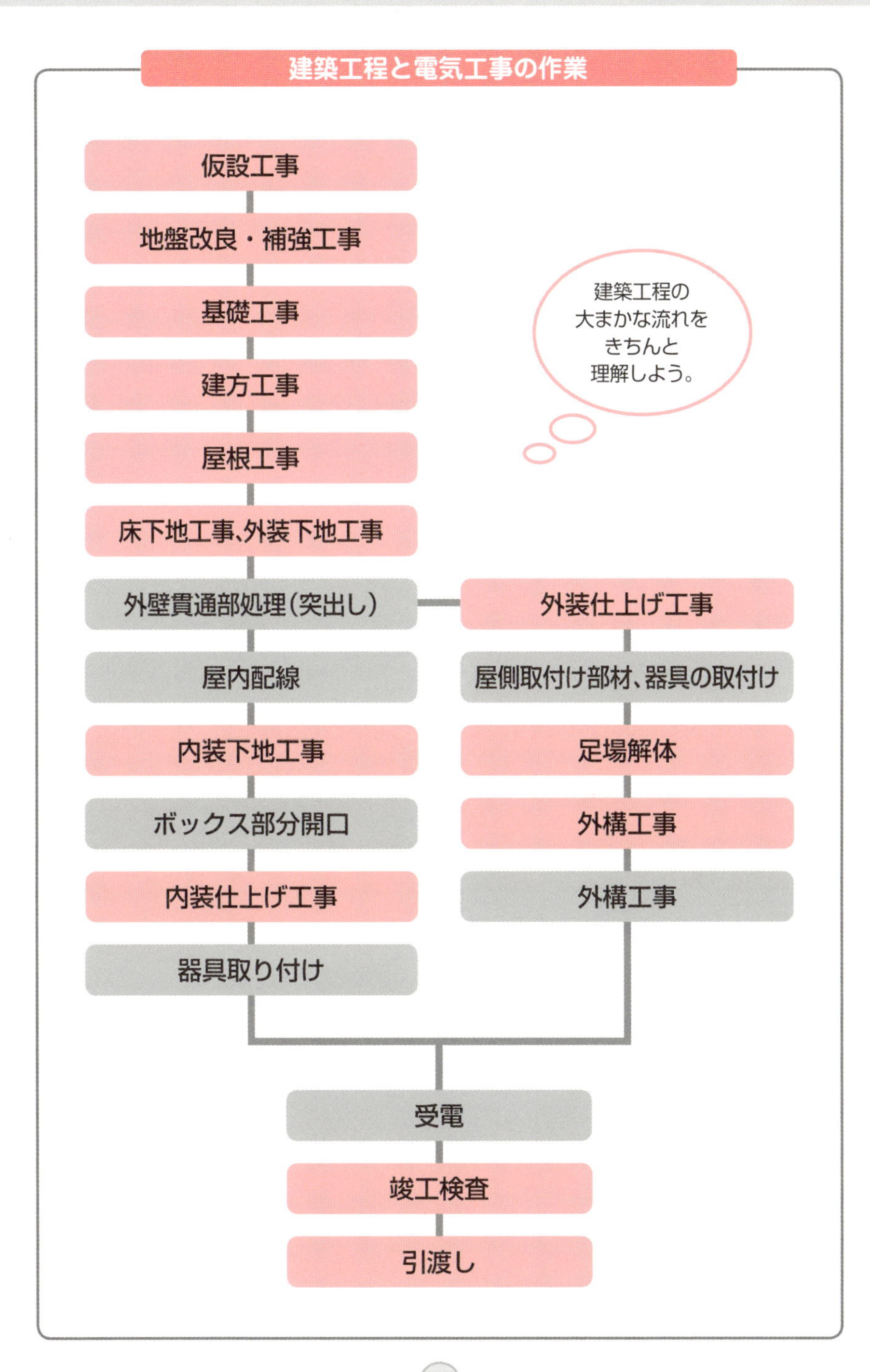
建築工程と電気工事の作業
仮設工事
地盤改良・補強工事
基礎工事
建方工事
屋根工事
床下地工事､外装下地工事
外壁貫通部処理（突出し）
屋内配線
内装下地工事
ボックス部分開口
内装仕上げ工事
器具取り付け
外装仕上げ工事
屋側取付け部材、器具の取付け
足場解体
外構工事
外構工事
受電
竣工検査
引渡し
建築工程の
大まかな流れを
きちんと
理解しよう。

1-2 仮設工事

仮設工事の工程で設置される仮設電気設備は工事用に使用する照明や機械を動かすための電源を供給する大変重要な設備です。小規模の現場であれば鋼管ポールを建柱し、そこに電力量計と仮設分電盤を取り付けます。

流れ

仮設電気設備の設置は、現地調査、電力申請、仮設設備の設置、受電、受電検査の順に行われます。このうち仮設設備の設置作業では掘削、仮設柱への装柱、建柱が行われ、受電に移ります。電力会社の引込み委託工事店であれば自社での引込み工事が可能ですが、それ以外の会社では受電のための引込み工事は電力会社が行います。受電後の検査はいずれの場合も電力会社が行います。

現地調査、電力申請

施工前に行う現地調査では、引込みを行う電力会社の電柱（本柱）に付されている電力会社の管理番号（**電柱番号**）、本柱から受電を行うための鋼管ポールなど（仮設柱）までの距離、引込みを行う配電線の種類を確認します。電柱から直接引込みを行うことができる本柱引込みの場合は委託工事店が自社で引込みを行うことができます。近くに電柱がない場合など、電柱と電柱の間から引込みを行わなくてはならない場合は電力会社が引込み工事を行うことになりますので、引込み工事を自社で行うのか、電力会社が行うのかの判断もこのときに行わなくてはなりません。

現地調査を終えたら、収集したデータをもとに電力の受電申請を行います。多くの場合、臨時受電の契約となります。現場の動きや規模に合わせて受電日や容量を決定しましょう。今回は例にあげた建物の規模に合わせて仮設分電盤の容量を40A4回路のものとして解説を進めます。

本設工事の前に意識すること

- 建築や建設の工程を意識して流れをつかむ。
- 現地調査では電柱番号、引込みの距離、配電線の種類を確認する。
- 作業後は電圧、接地抵抗、絶縁抵抗、相回転の確認を忘れない。

通信会社と電力会社の管理番号

通信会社の管理番号

電力会社の管理番号とは異なるため、注意が必要。番号標識の劣化が進んでいな場合は、右上などに通信会社のロゴマークがある。

電力会社の管理番号（柱）

電力会社への申請にはこ番号が必要。標識には下図のよう管理区域を示す地名標識には下図のよう管理区域を示す地名（図中○印）と数字×が表示されている。

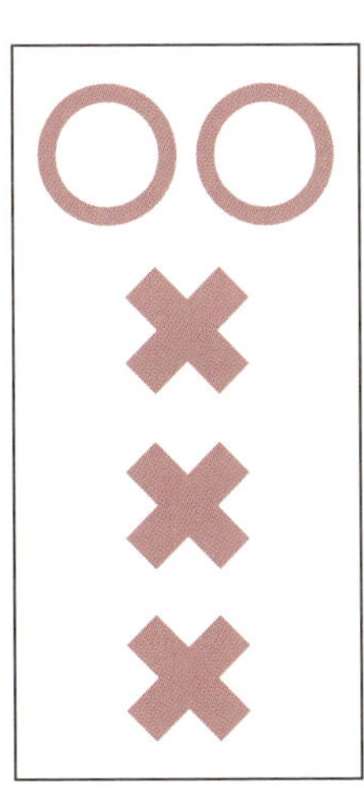

掘削作業

電力の申請が終わったら、受電日に合わせて仮設設備の設置を行います。受電用の鋼管ポールの設置から受電までは半日から1日で仕上げることが可能です。

鋼管ポールを建柱するために、地面の掘削を行います。根入れの深さはポールの全長の1/6以上となります。今回は長さ6.2m程度のポールとし、約1.1mの掘削を行うこととします。掘削には**建柱用スコップ**を使用すると便利です。建柱用スコップは比較的せまい穴径で垂直に掘り進めることができますが、ある程度掘り進めるとスコップが開きにくくなってしまうため、地表付近は少し広めに掘っておく必要があります。

穴の深さが規定の深さに達したら、穴の底部を地固め棒などでよく突き固めます。突き固めが弱いと建柱後の傾きの原因にもなりますので注意が必要です。

仮設柱への装柱

建柱前に仮設柱に引込み線を引き止めるための金物や引込み幹線となる電線を取り付けます。建柱後に装柱作業を行うことも可能ではありますが、作業性が低下するばかりか危険性も増してしまうため、建柱前に装柱作業を行いましょう。

装柱作業ではまず、仮設柱の上端付近にコの字金物などの引止め金物を取り付けます。鋼管ポールに金物を取り付けるための穴がある場合には、金物を取り付けるためのボルトを穴に通してポールを貫通させて、裏側をナットで固定します。取付け穴がない場合はリング状あるいはバンド状の金物で取り付けます。

次にケーブルを取り付けます。今回は幹線ケーブルとして8mm²のCVケーブル3心を使用することとします。ケーブルなど、材料についての詳細は巻末の付録で紹介していますのでそちらをご覧ください。

ケーブルは先端の外装被覆を剥ぎ取り、外装被覆の切り口にテーピングを施します。今回使用するCVケーブルは心線被覆に紫外線で劣化しやすい材料が使用されているため、心線と同色のビニルテープで保護を行う必要があります。屋外での使用が長期にわたる場合には、自己融着性絶縁テープで保護をしたあとに心線と同色のビニルテープで色別を行います。これらの処理が終わったら仮設柱に取付けを行います。取付けには幅10mm程度のステンレス製のバンドを使用すると便利です。ケーブルとの接触部分には保護チューブを入れてケーブルの保護を行います。

引込み線の接続

ケーブルの装柱が終わったら、**引込み線**（DV線）と**引込み幹線**（CV線）の接続を行います。接続には、専用の**低圧引込みスリーブ**を使用します。屋内配線で使用するリングスリーブなどとは異なりますので、専用の圧縮ペンチを使用して接続を行いましょう。中性線を接続するときは、引込み線側に**分界チューブ**を挿入し、電力会社と需要家の分界点を明示します。なお、単相３線式の中性線は他の線に比べて切断時の被害が大きくなりやすいため、他の線よりも余長を長く取って接続部分に予想外の張力がかかった場合にも、他の線が切断されないかぎり中性線に張力がかからないようにしておきます。接続後は接続部分に専用の保護チューブを装着し、自己融着性絶縁テープで水の浸入を防ぎます。

建柱

装柱作業が終わったら建柱を行います。材料の装柱によって仮設柱の重心がずれている場合がありますので、よく重心を見極めて持ち上げましょう。掘削口に仮設柱を挿入するときは、掘削口のふちに剣スコップなどを当ててガイドとし、少しずつ柱を起こして掘削口に落とすやり方もあります。

分電盤の取付け

仮設柱に分電盤を取り付けます。仮設分電盤の取付けはボックスの形状によって取付け方法が異なります。鉄製のボックスを取り付ける場合は、ボックスの背にレースウェイなどのダクトを２本平行に取り付けておくと、仮設柱と同径のダクタークリップなどで固定ができるため大変便利です。ダクトを分電盤の横幅よりも長くしておくと、電力量計を取り付けるメーター板を取り付けることも可能です。小型のプラボックスなど軽量のものは、結束バンドを用いて取付けを行える場合もあります。分電盤の取付けが完了したら、D種接地工事を行って接地線を分電盤に接続します。接地工事については詳細を第４章に掲載しています。メーター板に電力量計を取り付けて幹線を接続します。単相３線式の電力量計には電線挿入口が6か所ありますが、向かって左側の１番から３番までの挿入口が１次側（引込側）、右側の１番から３番が２次側（分電盤側）ですので間違えのないように接続を行います。配線の色は１番が赤色、２番が白色、３番が黒色です。向かって左から赤、白、黒、黒、白、赤の順番に電線が並ぶことになります。

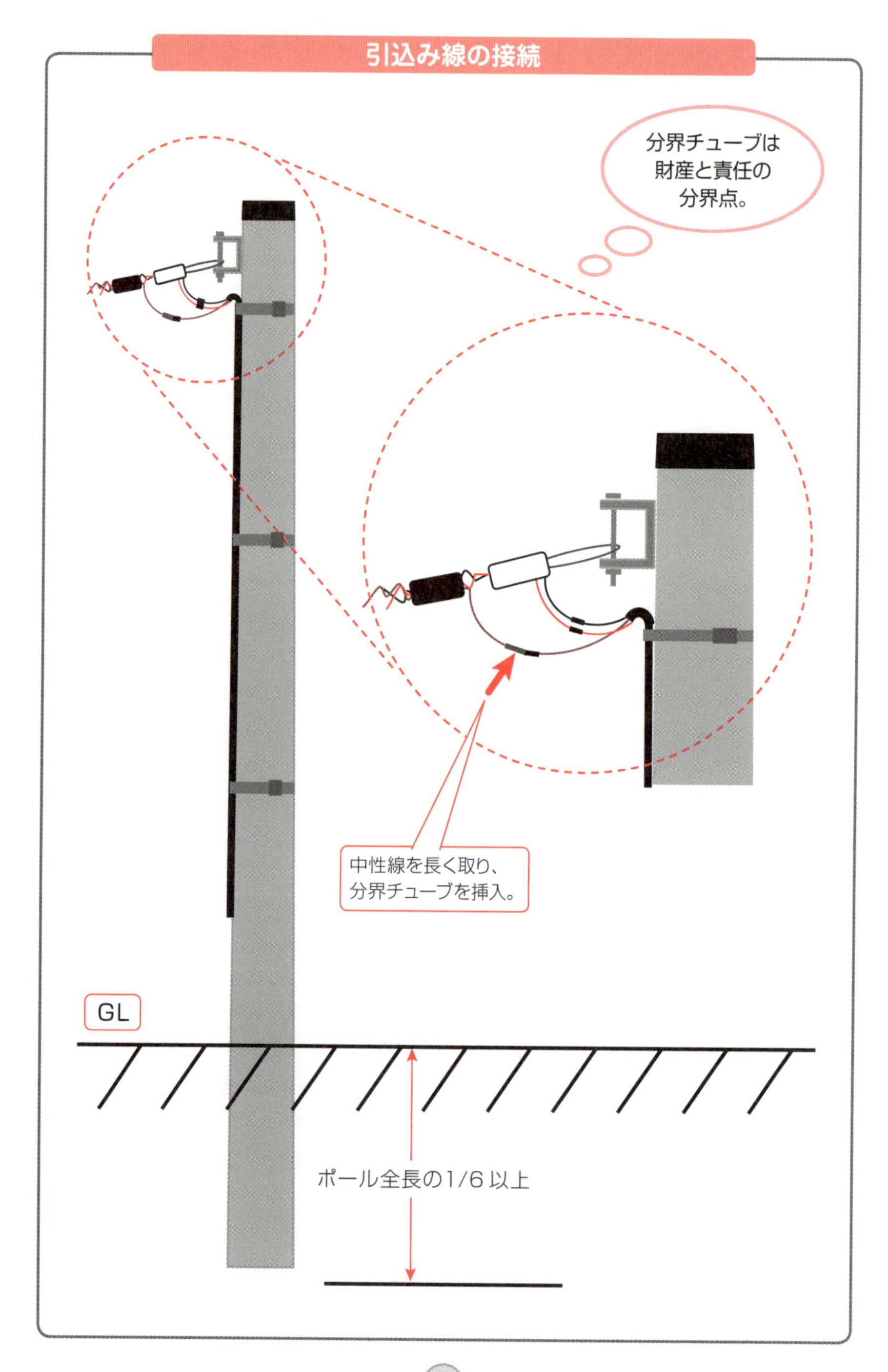
引込み線の接続
分界チューブは
財産と責任の
分界点。
中性線を長く取り、
分界チューブを挿入。
GL
ポール全長の1/6 以上

▼低圧引込みスリーブ

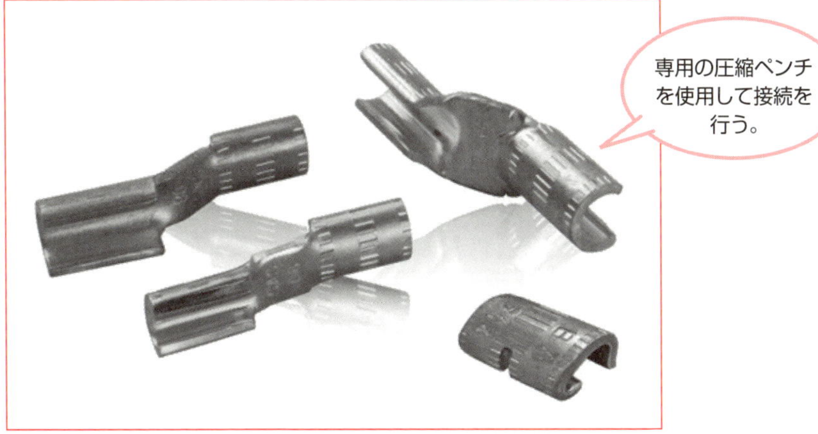

出典：株式会社三英社製作所HPより。

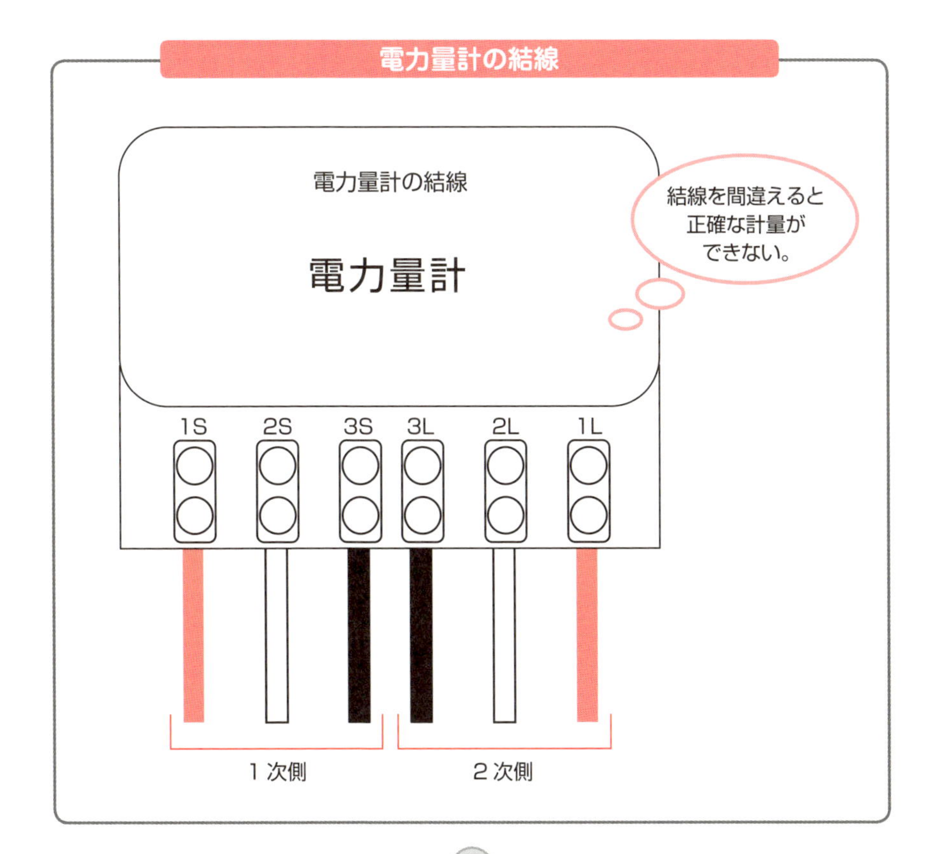

引込み工事

建柱が終わったら引込み接続作業を行います。ヘルメット、胴綱、補助ロープ、低圧用絶縁手袋、低圧用絶縁長靴を着用して電力会社の電柱（本柱）に昇柱します。

昇柱は必ず手足のいずれか3点以上が足場釘に掛かって体重を支持できる状態（3点支持）を維持し、常に胴綱、補助ロープのどちらか片方もしくは両方が腰より高い位置にしっかりと掛けられている状態を保ちながら確実な昇柱を行います。また、材料や工具の落下を防ぐため、柱上から地面まで届くロープの片側先端を肩などにかけて昇り、柱上の作業場所で体勢を安定させてから通い袋などに用意した部材や工具をロープで引き上げます。

引込み線を接続する配電線まで昇柱したら胴綱を調整し体勢を安定させて作業を始めます。地上から材料を引き上げて、電柱に引止め用のコの字金物を取り付けます。次に仮設柱と接続した引込み線の先端をロープで引き上げ、先端から0.5～1m程度（接続のための余長）のところに自己融着絶縁テープを巻いて**バラけ止め**を行います。バラけ止め付近に引込みがいしを取り付け、コの字金物に引っ掛けて密閉形低圧引込みヒューズを圧縮ペンチで接続します。このとき、単相3線式中性線にはヒューズを接続しませんので注意が必要です。ヒューズの接続が完了したら、配電線の外装被覆をナイフで剥ぎ取り、**ボルト型コネクタ**（**ボルコン**）を使って引込みヒューズもしくは引込み線の先端と配電線を色別どおりに接続します。色別を間違えると需要家の機器に異常な電圧の供給や、モーターが正しく回転しないなど事故の原因になりかねませんので、十分確認のうえで作業を行います。ボルコンは配電線の太さや材質（銅、アルミのいずれか）によってサイズや種類が異なるため適正なものを使用します。接続部分には専用の絶縁カバーを取り付けて自己融着絶縁テープで水の浸入を防ぐようテーピングを施します。柱上に中性線の接続箱が設置されている場合は中性線を接続箱の端子にビス止めを行い柱上での作業は終了です。作業が終了したら不要な材料、工具、ゴミなどを通い袋に入れてロープで地上に降ろし、降柱します。

検査

引込み工事が終了したら分電盤で電圧、接地抵抗、絶縁抵抗、三相3線式の場合は相回転の確認を行い、必要書類に記入をし仮設電気設備の作業は終了です。

▼ボルト型コネクタ

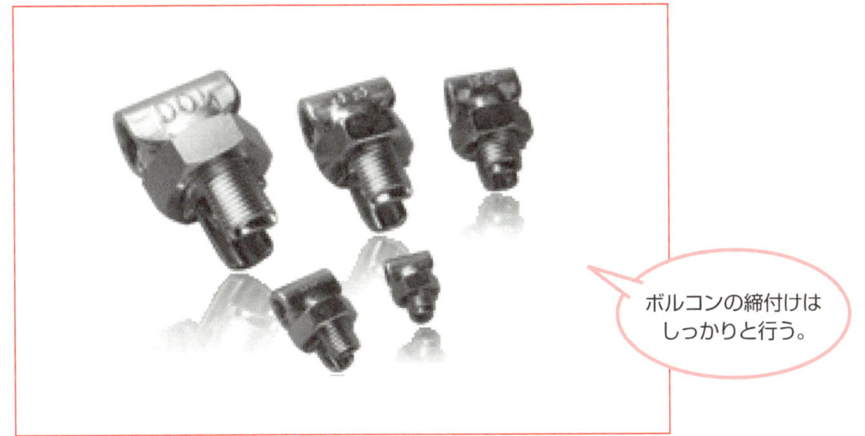

出典：株式会社三英社製作所HPより。

▼ボルト型コネクタ

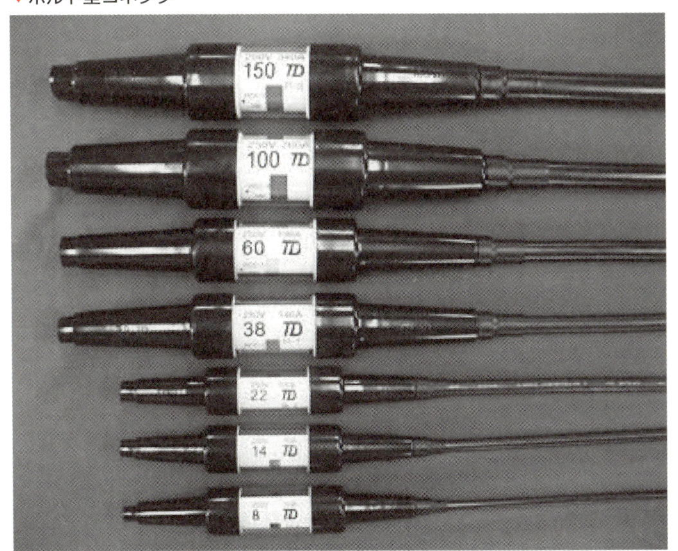

出典：株式会社冨田電機製作所HPより。

1-3 壁貫通部の処理

主体工事が完了すると建築された構造体の周囲に外壁などの仕上げを行うための下地材が張られます。外装下地が張られると本設電気工事の作業が始まります。作業は壁貫通部の処理後、作業は建物の内部と外部のエリアに分かれて並行して行わることになります。

外装下地までの流れ

仮設工事が終了すると敷地の地盤改良や補強工事が行われ、次に住宅の基礎が設置されます。ここまでを地業・基礎工事とし、それが完了すると住宅の骨格となる構造体を組み上げる建方工事に移ります。建方工事は基礎の上に敷かれる土台の設置から始まり、屋根の頂となる棟を設置する棟上げに終わります。建方が完了すると仕上げ工事として屋根下地や床下地、外壁の下地となる外装下地などの下地材が張られます。

壁貫通部の処理

外装下地が張られたら内部と外部の配線ルートを確保するため、壁貫通部の処理を行います。この作業は**突出し**とも呼ばれています。近年では引込み用などの屋側配線は壁内に隠ぺいされることが多いため、引込み幹線、アース線の引入れ口や外壁に取り付ける壁付け灯、外用コンセント配線、電力量計の取付け部への引出し口などとして突出しが必要になります。突出しは配線用の他にも換気扇用のダクトのものや24時間換気に用いられるガラリ用のものなどもあり、電気工事業社が通気用の突出しを行う場合もあります。処理には壁貫通用の保護パイプを用いて行います。商品化されている保護パイプは、取付け用のプレートを保護パイプが貫通した形状となっており、プレートとパイプの間には水の浸入を防止するため傾斜が付けられています。

取付け方法

外壁下地材（構造用合板）にパイプと同径もしくは少し大きめの穴をあけ、壁内から壁貫通用の保護パイプを挿入します。このとき、パイプが外に向かって下に傾斜するように取り付けるのがポイントです。こうすることで雨水などがパイプを伝って建物内に侵入するのを防ぐことができます。パイプを挿入したら取付け用プレートを下地材にビス止めし、プレートの周囲に防水テープで防水処理を施します。メーカーにより他の方法を指定するものもあるので詳細はメーカーのマニュアルに従うことをお勧めします。防水テープは一般的に四角いプレートの４辺のうち下部の辺から両横の辺、上部の辺という順番で貼り付けると防水性能が高まります。防水テープがない場合はコーキング材などで防水処理を行う場合もあります。

図面上、電力量計取付け部の引出し口に高さの指定がない場合は、電力量計取付け高さの範囲の下部となる地上1.8m程度の位置にしておくとよいでしょう。

また、引込み幹線の引入れ口であれば、引込み線の取付け点を設ける位置の付近で、引込み線の高さが規定以上の高さとなるような位置とすれば問題ありません。

壁貫通用保護パイプ

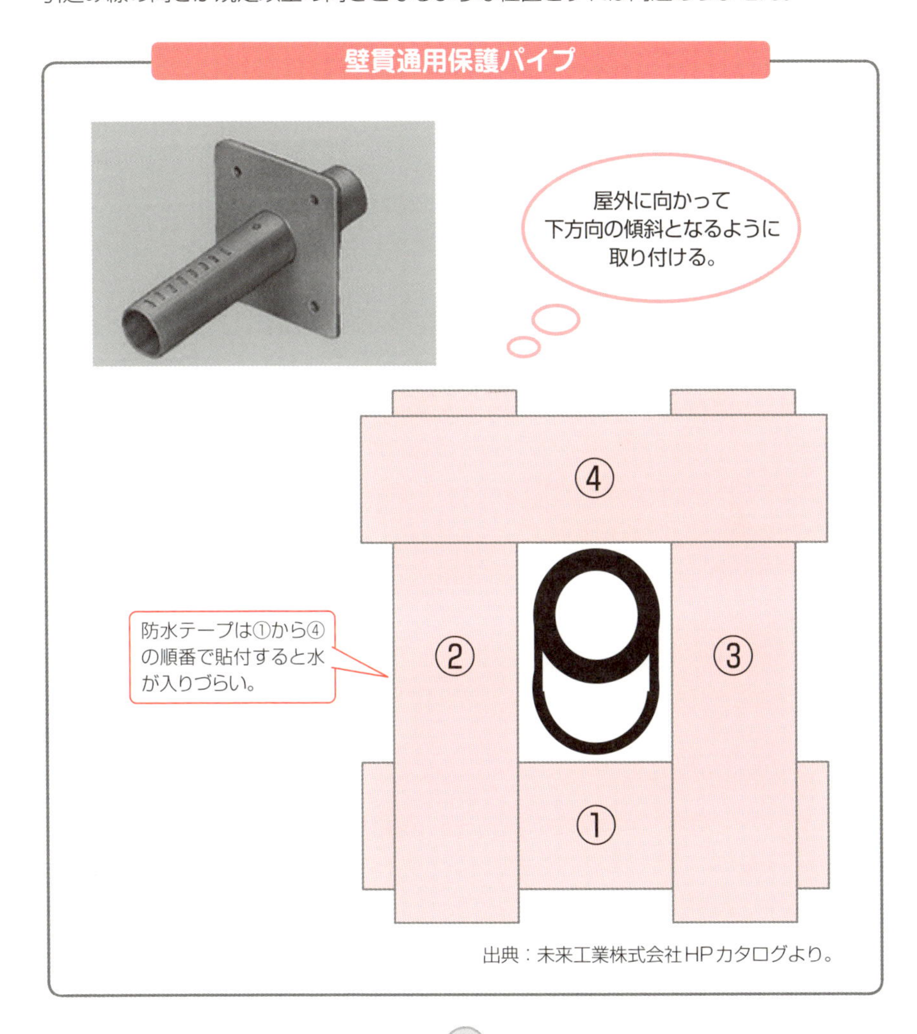

出典：未来工業株式会社HPカタログより。

1-4 屋内配線

住宅の屋内配線は主に壁内への隠ぺい配線となります。このため配線工事は外装下地が張られたあと、天井、内壁の下地となる内装下地材（石膏ボードなど）が張られる前に行います。

ボックスの取付け

配線工事を始める前にスイッチやコンセントの取付け各所にスイッチボックスを取り付けます。ボックスは木造のケーブル工事に適したものを用います。材料に関する詳細は巻末の付録をご覧ください。

木造住宅のボックスは図面にスイッチやコンセントの記号が配置されている各所に取り付けます。特に指定がない場合は記号配置箇所付近にある、柱などの構造材にビス止めで固定を行います。一般的な取付け高さは、コンセントが床面（FL）から200〜250mm程度、スイッチが床面から1200〜1300mm程度となっており、ボックス縦寸法の中心をこの高さに合わせます。建築構造の詳細は第３章を参照してください。

照明下地の取付け

照明器具の取付け箇所に照明器具を固定し、荷重を支えるための下地材を取り付けます。下地材は建築用木材などを使用して、天井を支える野縁材にビスなどで固定します。天井が軽量鉄骨組である場合は、強度や作業性を考慮して専用の金物やパネル材を使用します。

ケーブル工事

ボックス付けが完了したら、配線を行います。住宅の屋内配線には**ケーブル工事**が採用されます。近年では、幹線ケーブルにCVケーブル、分岐回路にはVVFケーブルが使われます。分岐回路に用いられるケーブルの心線太さは、一般的に分電盤からジョイント箇所までの分岐幹線に単線2mm、ジョイント箇所から器具までを単線1.6mmで配線を行うことが多くなっています。ケーブルの種類や材質などについては巻末の付録を、配線の太さの決め方は第６章を参照してください。

ボックスの取付け高さ

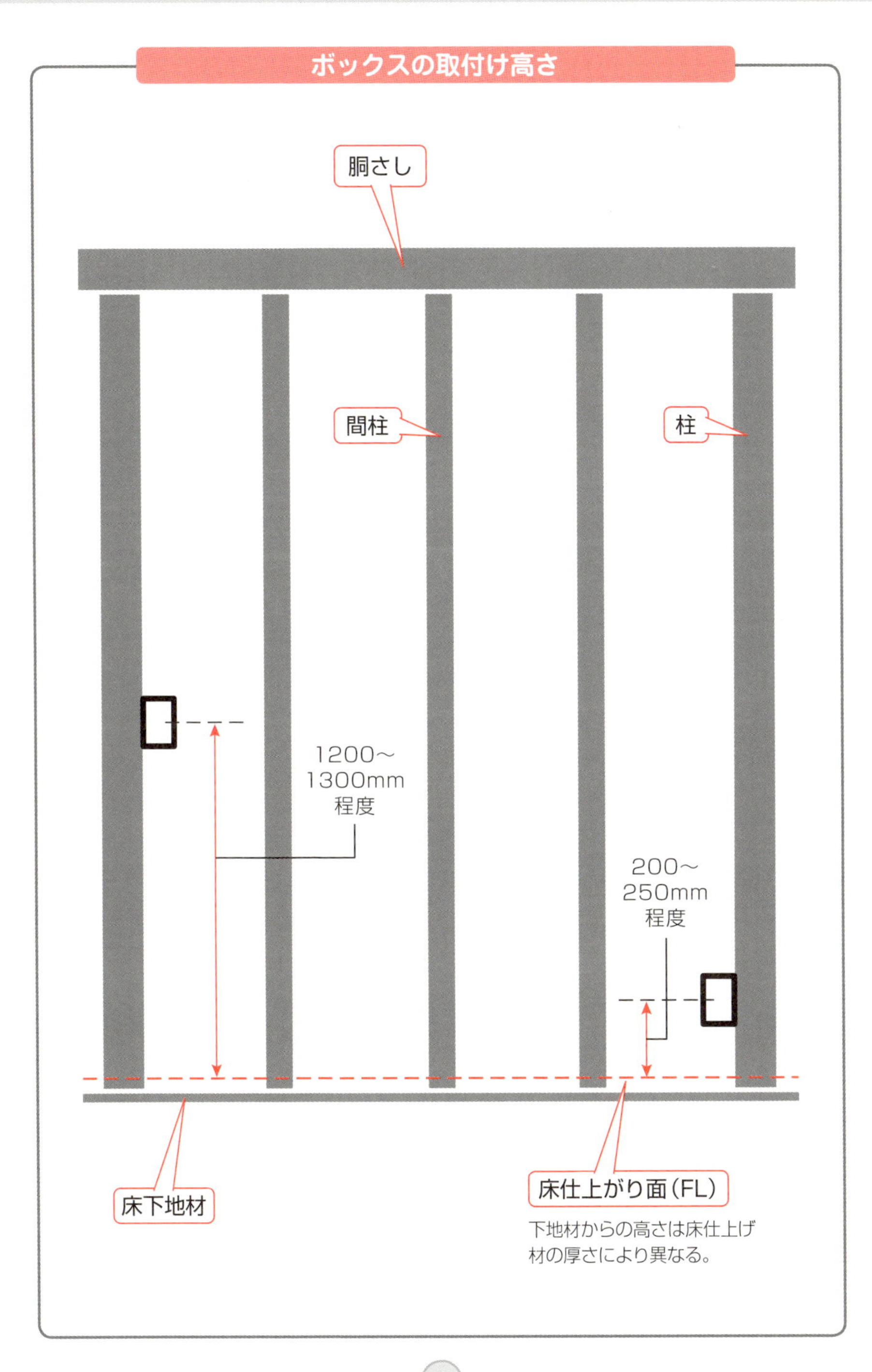
胴さし
間柱
柱
1200～
1300mm
程度
200～
250mm
程度
床下地材
床仕上がり面（FL）
下地材からの高さは床仕上げ
材の厚さにより異なる。

ケーブル配線上の注意

ケーブル配線作業を行うためには、まず**ジョイントボックス**の位置を決定しなくてはなりません。ジョイントボックスを配置する場所は、ダウンライトなどの開口がある場合は、開口部付近にジョイントボックスを設けます。こうすることで結線後に誤結線や絶縁不良が発見された場合に修繕作業を容易に行うことができます。開口部がない場合には、各器具から最短距離となる場所で後の修繕、改修がしやすい場所にジョイントボックスを設けましょう。ジョイントボックスを設けた場所は図面に記載して後から確認できるようにしておくとよいでしょう。

ジョイントボックスの配置が決定したら、ジョイントボックス位置から分電盤や各器具に配線作業を行います。結線作業時に困らないように、配線の両端にはマーカーペンなどで必ず行き先表示を記入しましょう。配線は天井野縁よりも高い位置となるように行います。ケーブルの支持は専用のケーブルハンガーやステップルなどを使用して行います。きつく固定せずに多少の余裕をもたせて支持すると、天井材などが張られてしまった後でも、配線を手繰り寄せて補修を行うことができます。

また、ケーブルのボックス側端部では、ボックス内を素通ししてボックス下端から50mm程度で切断しておくと、壁ボードを張る際に挟まれることが少なく、十分に結線を行うことができます。分電盤部分、ジョイントボックス部分、照明器具取付け部分にはそれぞれ余裕を持った長さで配線を行います。

配線作業が完了したらジョイントボックス位置で各分岐回路の結線を行います。結線にはリングスリーブや差込み形コネクタを使用します。リングスリーブを使用する場合はリングスリーブのサイズと圧着の刻印を正しく行い、確実なテープ巻きを行いましょう。また、差込み形コネクタを使用する場合は、被覆の剥取り寸法と差込みの深さに注意して作業を行ってください。

引込み幹線や分岐幹線など下階と上階の間を貫通する配線を行う場合には梁などの構造材に穴を開けなくてはなりませんが、構造材への加工は建物自体の強度に直結するため安易には行わず、必ず元請けの建築会社などに確認をとりましょう。

引込み幹線を壁内に隠ぺいする場合、電力量計の取付け位置で壁内から建物外部にケーブルを引き出しますが、この時は必ず外部から向かって左側が1次側、右側が2次側となるように配線を行います。両者が入れ替わっていると電力会社が受電工事を行わない場合があるので気を付けましょう。

リングスリーブのサイズ

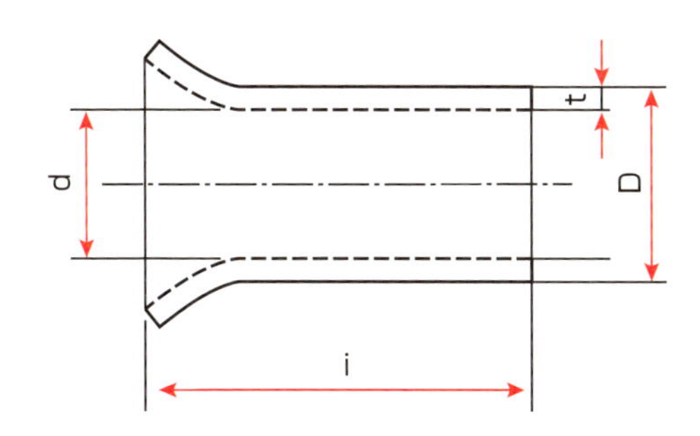

形式サイズ	各部の寸法				電線の組合せ				参考
	l	d φ	D φ	t	1.6mm 2.0mm²	2.0mm 3.5mm²	2.6mm 5.5mm²	異なる径の場合 (mm)	圧着工具のダイスに表す記号
E-小	10.0 以上	4	5	0.5 以上	2	-	-	1.6×1+0.75mm²×1 1.6×2+0.75mm²×1	(小) 1.6×2 のみ 小
					3〜4	2	-	2.0×1+1.6×1〜2	
E-中		5.3	6.9	0.8 以上	5〜6	3〜4	2	2.0×1+1.6×3〜5	中
								2.0×2+1.6×1〜3	
								2.0×3+1.6×1	
								2.6×1+1.6×1〜3	
								2.6×2+1.6×1	
								2.6×1+2.0×1.6×1〜2	
E-大		6.1	7.7	0.8 以上	7	5	3	2.0×1+1.6×6	大
								2.0×2+1.6×4	
								2.0×3+1.6×2	
								2.0×4+1.6×1	
								2.6×1+2.0×3	
								2.6×2+1.6×2	
								2.6×2+2.0×1	
								2.6×1+2.0×2+1.6×1	

1-5 開口作業と配線の検査

天井や内壁の内装下地材が張られたら、クロスなどの内装仕上げ工事が始まる前にボックス部分の開口作業と配線の検査を行います。この時期に行えば、万が一開口を間違えても補修が可能です。

ボックス位置の特定

内装下地材で隠れてしまったボックスは図面をもとに位置の特定を行います。間違えて不要な場所に開口しないよう、ボックス探知機を使用するとよいでしょう。ボックス探知機を使用する場合は、探知機に対応したボックスを使用する必要がありますので材料選定の際に留意してください。間違えて開口作業を行ってしまった場合でも、小さい傷であれば専用のパテを使用して補修を行うことができます。大きな開口を開けてしまった場合には、開口と同じ大きさに石膏ボードを切断し、内側に木材などをあててビス止めを行うこともできます。

開口

ボックス位置が特定できたら引廻しノコギリ（地方によっては廻引きノコギリ）でボードの開口を行います。開口はボックスの内のりに刃を沿わせて行いますが、まず、ボックス中心あたりから水平方向に刃を進めてボックスに当たったら逆方向に刃を進めます。逆方向にも刃が当たったところでボックスの内のりに沿って垂直に刃を進めます。もう片側も同様に刃を進め、切込みがちょうどHなったところでHの上端と下端にカッターナイフなどで切込みを入れて、内側にボードを折り曲げて開口作業が完了です。分電盤の取付け位置にも開口を行います。開口の寸法は使用する分電盤のマニュアルを参照してください。

ダウンライトなどの開口部には、電動ドリルなどに装着して使用できるダウンライト開口用のカッターを使用すると便利です。

作業上の注意点

- 突出し部分は丁寧に防水処理を行う。
- 電線同士の接続は正しく確実に行う。
- 導通試験と絶縁抵抗測定はクロスの施工前に終わらせる。

ボックス類・分電盤の開口切込み手順の例

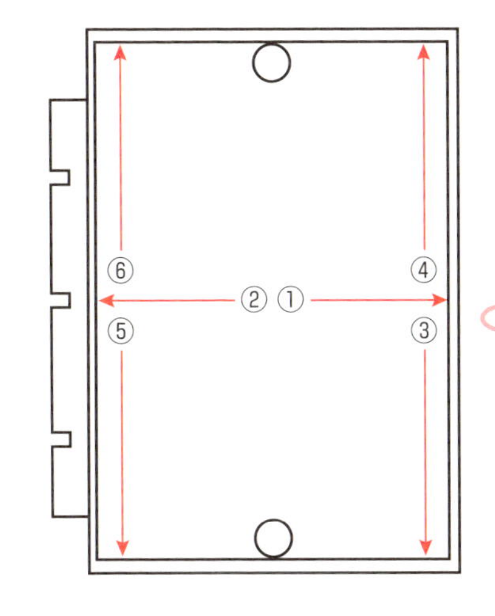

分電盤のマニュアルも参考にする。

▼ダウンライト開口用カッター

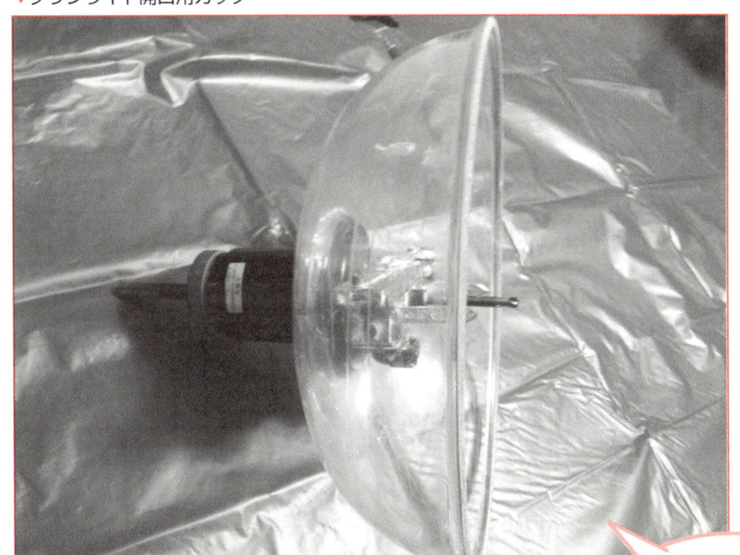

ダウンライトなどの開口部に便利。

検査

配線の導通試験と絶縁抵抗測定を行います。このタイミングでこれらの試験を行っておくと、誤結線や配線の傷などによる絶縁不良があった場合にも、電線の引替えや補修を容易に行うことができます。クロスが張られてしまうと作業が困難になりますので注意が必要です。

導通試験は分岐回路中のコンセント回路と照明のスイッチ回路ごとに導通試験器を用いて行います。まず、コンセント回路の導通試験では、コンセントを取付け側のケーブル端を短絡させておき、分電盤側の分岐幹線に試験器を取り付けて導通を確認します。照明回路は照明器具側のケーブル端を短絡させて、分電盤側の分岐幹線に試験器を取り付けたのち、スイッチ側のケーブル端で短絡、解放を繰り返して導通を確認します。導通試験器に音が出るものを使用すると一人でも確認が可能です。

導通試験が完了したら、分岐回路と引込幹線の**絶縁抵抗測定**を行います。分岐回路の測定は、照明とコンセントの短絡をほどいてスイッチ側のケーブル端を短絡させたうえで、分岐幹線に測定器を当てて行います。絶縁抵抗測定の詳細は第５章を確認してください。

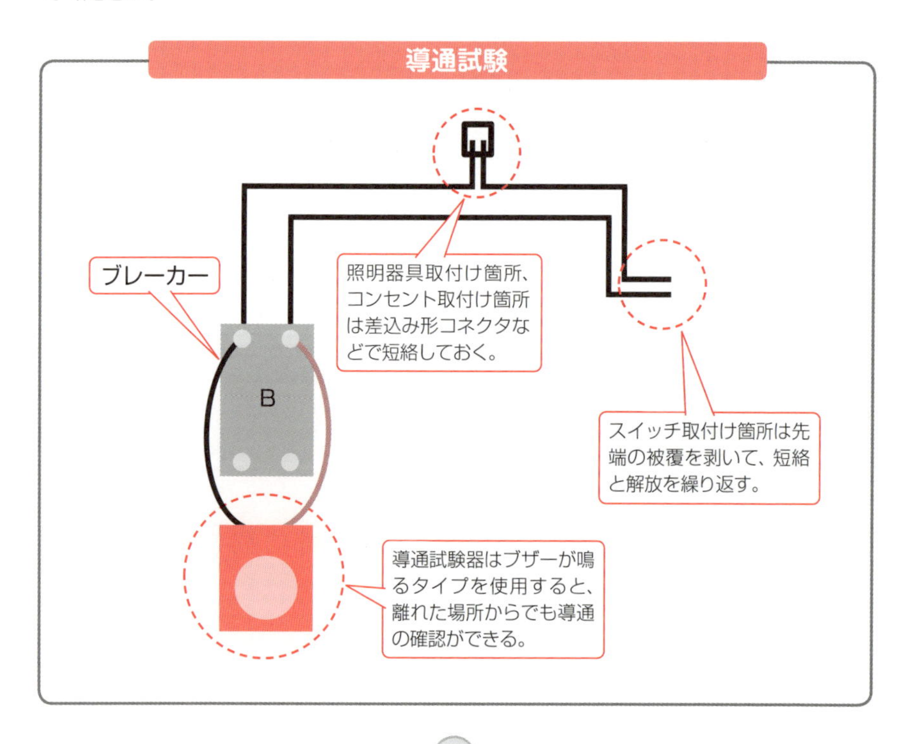

1-6 器具の取付け

クロスなどの内装仕上げが終わったら、照明器具やスイッチ、コンセントなど器具の取付けを行います。仕上げ前に器具の取付けを行うと、内装の仕上がりに悪影響を及ぼしますので注意しましょう。

器具付け

器具付けを行うときは、仕上げ材に損傷を与えないように作業を行います。仕上がり面は建て主など、建物を使用する方が目にする部分であるため細心の注意が必要です。腰道具から突き出したドライバーの先端や汚れた手袋などが仕上げ材に触れてしまうとすぐに傷がついたり、汚れたりしてしまいます。また、脚立の脚などにも養生をすることをお勧めします。

器具への配線の取付けは器具の取違え、接続不良、極性の相違などを起こしやすいので、確認をしながら作業を行ってください。

器具の取付け方法は器具ごとに異なりますので、作業を行う前に必ず確認しましょう。

確認作業

器具の取付けが終わったら、図面を見ながら正しい器具が取り付けられていることを目視で確認しましょう。また、これが仕上がりとなりますので、器具が斜めに取り付けられていないか、器具が取付け面から浮いていないかなど、器具の取付け状態の確認も行いましょう。

分電盤結線

器具が正しく取り付けられていることを確認したら、分電盤の結線を行います。単相3線式の場合は100Vと200Vの回路がありますので、間違えのないように接続してください。近年では、ボタンの操作で電圧の切替えができる**配線用遮断器**が普及しています。必ずボタンの設定を確認して結線を行います。配電の詳細は第2章を確認してください。

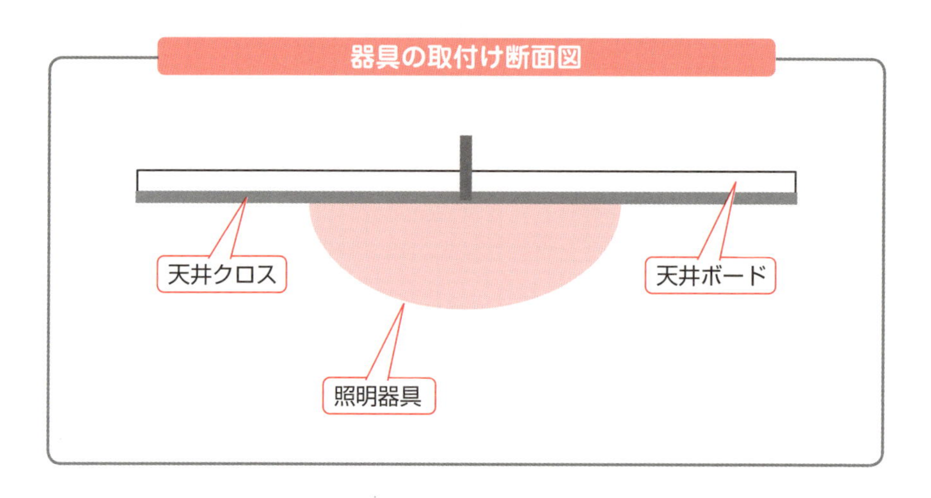

器具の取付け断面図

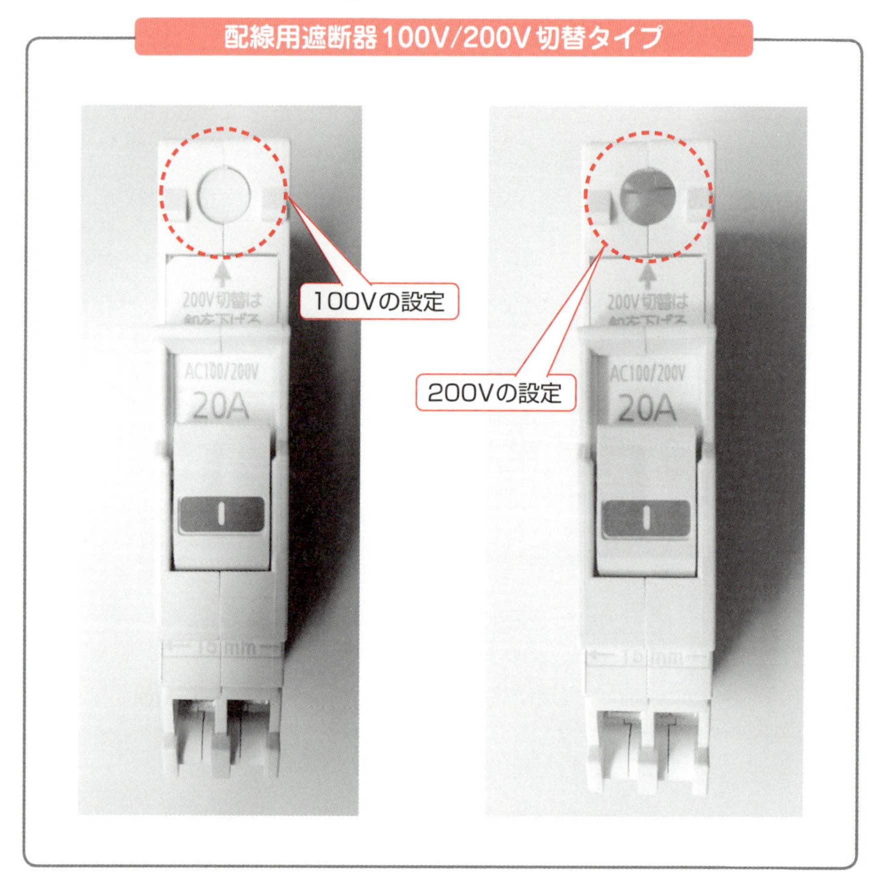

配線用遮断器100V/200V切替タイプ

1-7 屋側に取り付ける部材、器具の取付け

建物内部の作業と時期を並行して行われる、外部の作業を見て行きましょう。本作業は外装下地材が張られた後、外装仕上げ材が張られて足場が解体される前後に行います。

引止め金物

屋側に引込み線を引き止めるための**引止め金物**（フック、コの字金物など）を取り付けます。図面に取付け位置の指定がない場合は、引込みを予定している電力会社の電力柱から一番近く、規定の高さを維持することのできる位置を選んで取付けを行います。引込み幹線を壁内に隠ぺいする場合は、すでに壁貫通用の突出しを行っていますので、突出しの近くに取付け位置を設けます。高所での作業になりますので、足場が解体される前に行いましょう。

器具

屋側に照明器具やコンセント器具を取り付けます。屋側に取り付ける器具類は防雨形や防水形のものを使用しましょう。パッキンが付属しているものでは正しくパッキンを取り付けないと水が侵入しますので、必ずメーカーのマニュアルを確認します。また、必要に応じてコーキング材などで防水処理を施すことも必要です。パッキンの不良箇所やビス打ち箇所などから水が侵入すると建築物の木材を腐らせてしまう恐れがあります。

また、場合によっては通気口端部のガラリや換気扇フードなどの取付けも行う場合があります。これら照明器具など、高所に取付けなければならない器具の取付けは、足場の解体前に行うのがよいでしょう。

電力量計箱

電力量計箱は一般的に引込み線の取付け点の直下に設けます。設計上不都合がある場合は、引込み幹線の長さが極力短くなるように位置を設定します。また、取付けの高さは、電力量計の上端と下端が地表（GL）から1.8m～2.2mの間に収まるように取り付けます。

平型がいし用フック

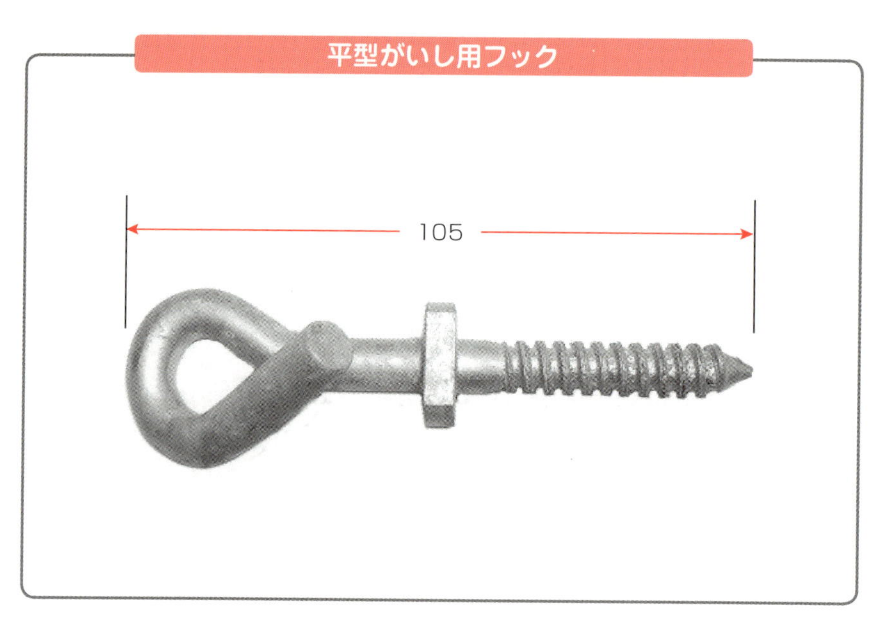

電力量計箱の取付け高さ

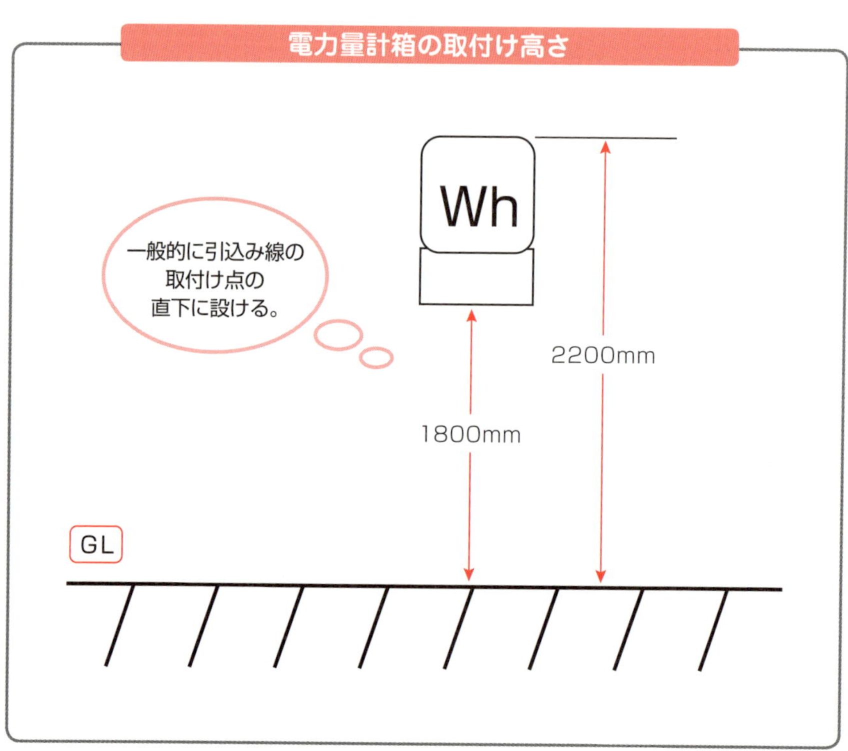

1-8 外構

足場の解体が終わったら、外構の仕上げが始まる前までに、外構の配管・配線を行います。アース棒の打込み、接地抵抗の測定もこの時期までに終わらせておきます。

接地工事

木造住宅の接地工事には一般的に棒状の接地極（**アース棒**）が用いられます。打込み場所は接地線用の突出し付近で給排水管やガス管に傷を付けない場所を選びます。アース棒を打ち込んだら規定の接地抵抗に達していることを確認するため、接地抵抗の測定を行います。また、突出し部分に丸ボックスなどのボックスを設けて、VE管やPF管を地表（GL）から100～200mm程度まで配管しておくと見栄えもよく、接地線の保護も行うことができます。接地抵抗の規定値など、接地工事の詳細については第４章を、接地抵抗測定については第５章をご覧ください。

地中配管

住宅敷地内の地中に配管を行う場合は一般的にPF管で配管を行い、配線にはケーブルを使用します。配管の埋設深さ（**土被り**）は地表（舗装の場合は舗装の下面）より300mm以上を取れば問題はありません。また、駐車スペースの下など、重量物の圧力を受ける場所に配管を行う場合には、**波付硬質合成樹脂管**（**FEP**）を使用すると配管のつぶれを心配する必要がなくなります。

もうすぐ工事完了

- 屋側高所の作業は足場が解体される前に終わらせる。
- 接地工事では規定の接地抵抗値以下であることを測定で確認する。
- 分電盤の行き先表示を忘れない。

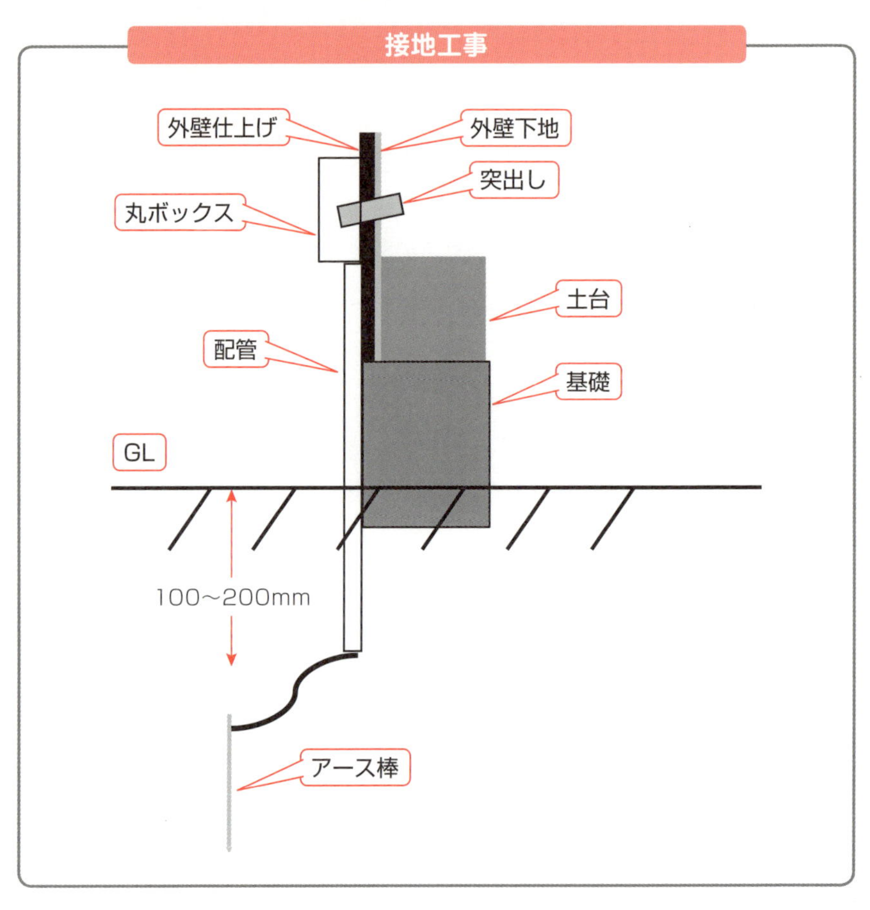
接地工事
外壁仕上げ
外壁下地
突出し
丸ボックス
土台
配管
基礎
GL
100～200mm
アース棒

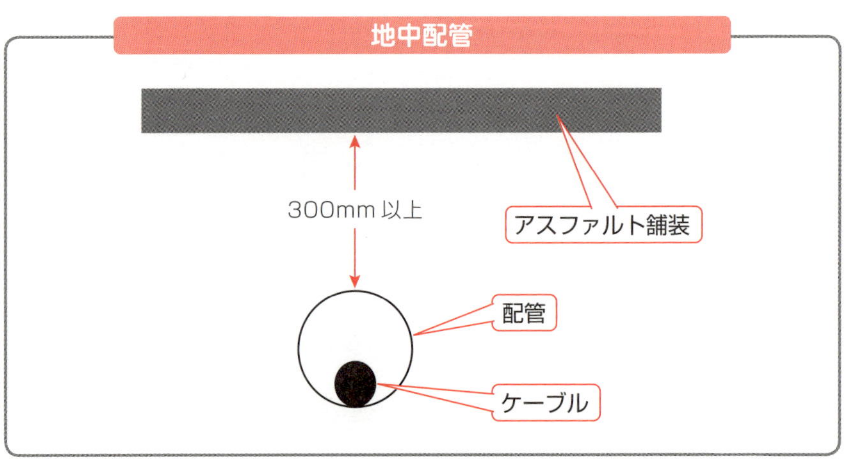
地中配管
300mm 以上
アスファルト舗装
配管
ケーブル

1-9 受電

すべての作業が完了したら申請していた受電日に電力会社が引込み工事を行います。受電が完了するとすべての電気設備に電力を供給できる状態となりますので、受電の前後では、引渡し前の最終的な確認を行います。

受電前

受電の前にいまいちど、電力量計の取付け部に配線している引込み幹線の1次側と2次側が正しく配線されているかの確認を行います。配線が正しく行われていない場合、是正されるまで受電の工事を受けることができません。また、幹線にCVケーブルを使用している場合には、ケーブル端末の内装被覆に自己融着性絶縁テープを巻いて紫外線からの保護が行われていることを確認しましょう。自己融着性絶縁テープは黒色ですので色付きのビニルテープを巻いて電線の色別を示します。合わせて色別が正しく行われていることも確認します。

さらに、建物周囲の足場が撤去されていない場合にも工事を受けることができませんので注意が必要です。受電日までに足場が撤去されるよう、元請け建築会社などとの打合わせを綿密に行っておきましょう。

近年、分岐回路用ブレーカーに付属のボタンで分岐回路の電圧を設定できるタイプの分電盤が普及しています。受電が終わると電気設備に電力の供給が可能な状態となるため、分岐回路の電圧設定の確認を行いましょう。万が一100Vの分岐回路に200Vが供給されると、機器を破損する恐れがあります。また、確認後はすべてのブレーカーをOFFにしておきます。

最終確認

受電の後は主幹ブレーカー1次側で各相の電圧を確認し、異常がなければ主幹ブレーカーをONにします。次に分岐回路ごとにブレーカー1次側で電圧が適正であることを確認したのち、ブレーカーをONにして照明の点灯確認やコンセントの電圧および極性の確認を行います。確認のための機材について第5章をご覧ください。

最後に分電盤でブレーカーごとの行き先表示が正しいことも確認してください。

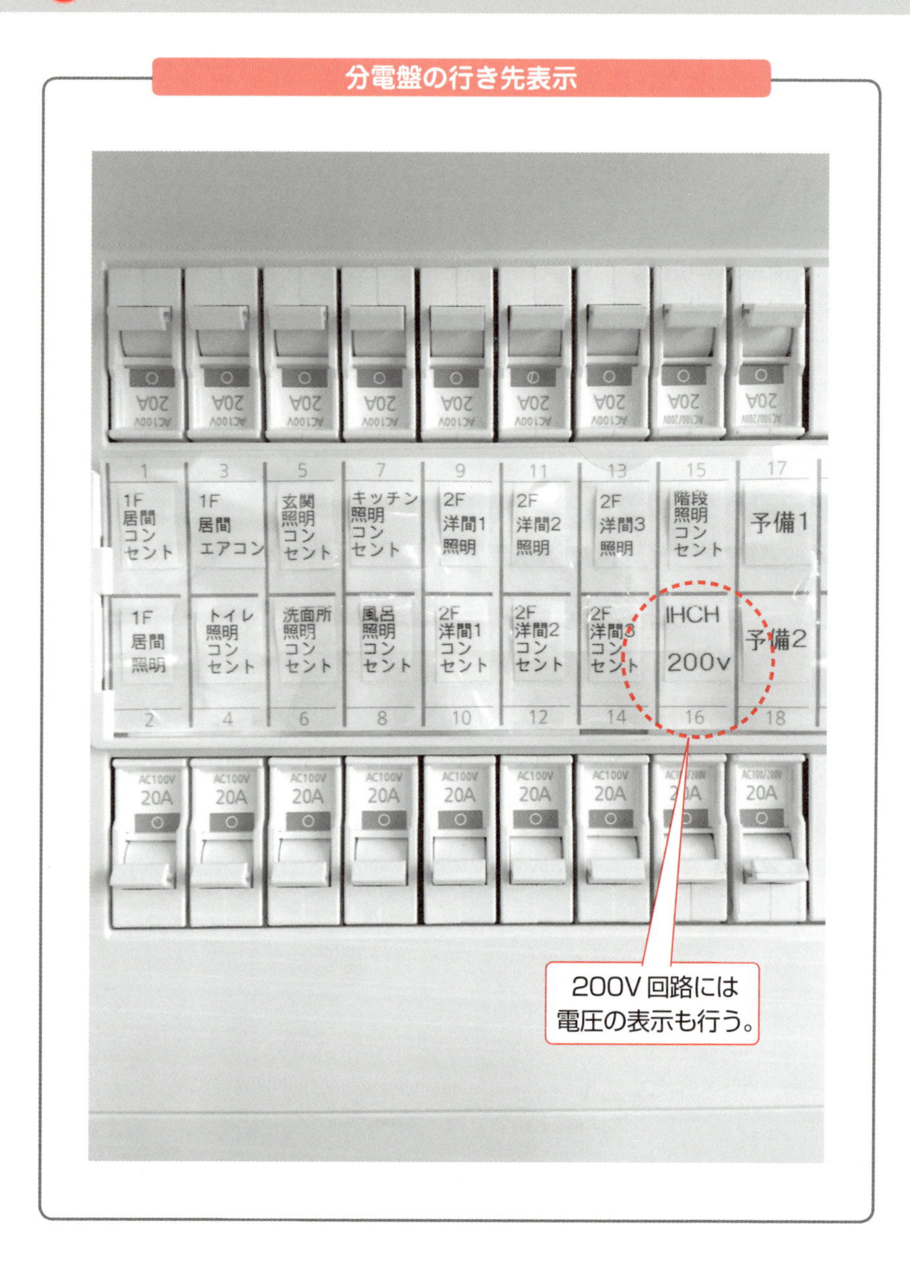
分電盤の行き先表示
1
1F 居間 コンセント
3
1F 居間 エアコン
5
玄関 照明 コンセント
7
キッチン 照明 コンセント
9
2F 洋間1 照明
11
2F 洋間2 照明
13
2F 洋間3 照明
15
階段 照明 コンセント
17
予備1
1F 居間 照明
2
トイレ 照明 コンセント
4
洗面所 照明 コンセント
6
風呂 照明 コンセント
8
2F 洋間1 コンセント
10
2F 洋間2 コンセント
12
2F 洋間3 コンセント
14
IHCH 200v
16
予備2
18
AC100V
20A
200V 回路には
電圧の表示も行う。

Chapter 2

配電の基本

電気工事は、突き詰めれば発電所でつくられた電気を誰もが安全に便利に使えるように電気の通り道をつくる作業です。電気工事を行う前提として、発電所から電気を使う機器までの電気の道のりと特徴を理解しましょう。

電気は、発電所で生み出され送電線を通っていくつかの変電所に運ばれます。変電所から送り出された電気は配電線を通って電気を使う建物に運ばれます。電気はこのプロセスのなかで段階的に電圧を変えて行きます。

2-1 電気方式

照明や家電製品などを動かすために、エネルギーとして使用されている電気は電力と呼ばれています。電力には電気の特徴として直流方式と交流方式が用いられています。

直流方式

直流方式の電力は、電圧や電流の向きに時間的な変化がなく常に一方向に流れる電力のことです。身近なところでは乾電池から得られる電力が直流方式の電力です。乾電池では電池の寿命により電圧が弱まり、それに伴って電流が少なくなることはありますが、電圧がかかる方向や電流の流れる方向が変化することはありません。このような電力は携帯電話やノートパソコンなど、バッテリーを使用する機器で用いられているほか、直流方式の電力は電車を動かすためにも用いられています。

また、電力会社から電力を送るために使われている送電系統のなかでも一部、直流方式で送電を行っている区間があります。ソーラーパネルでつくられる電力も直流電力です。

交流

交流方式の電力は最も身近な電力といえます。家庭のコンセントから利用できる電力や照明を点灯するために利用する電力も交流方式です。

交流方式の電力は、時間の流れに従って電圧や電流の向きが周期的に変化します。大まかに、東日本では1秒間に50回、西日本では1秒間に60回、電圧と電流の向きが変化しています。この変化の回数を**周波数**と呼び、単位はHzで表されます。

電力会社から送られてくる電力を一般に**商用電力**と呼びますが、商用電力は一部の直流区間を除き、すべて交流方式が用いられています。これは、交流方式の電力は電圧の変換が容易で、系統の保護を比較的簡単に行うことができるためです。

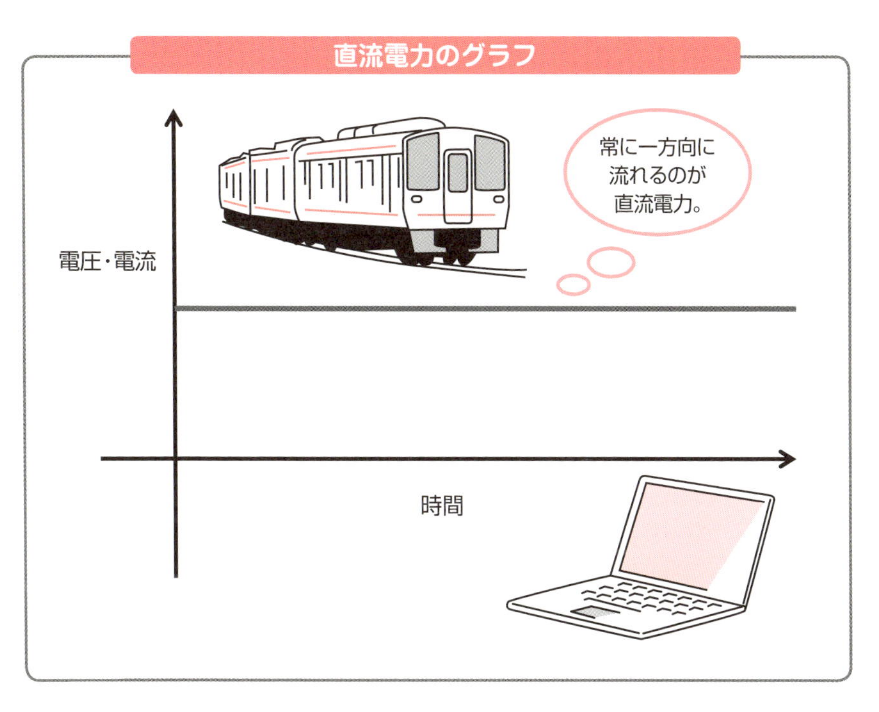
直流電力のグラフ
常に一方向に
流れるのが
直流電力。
電圧・電流
時間

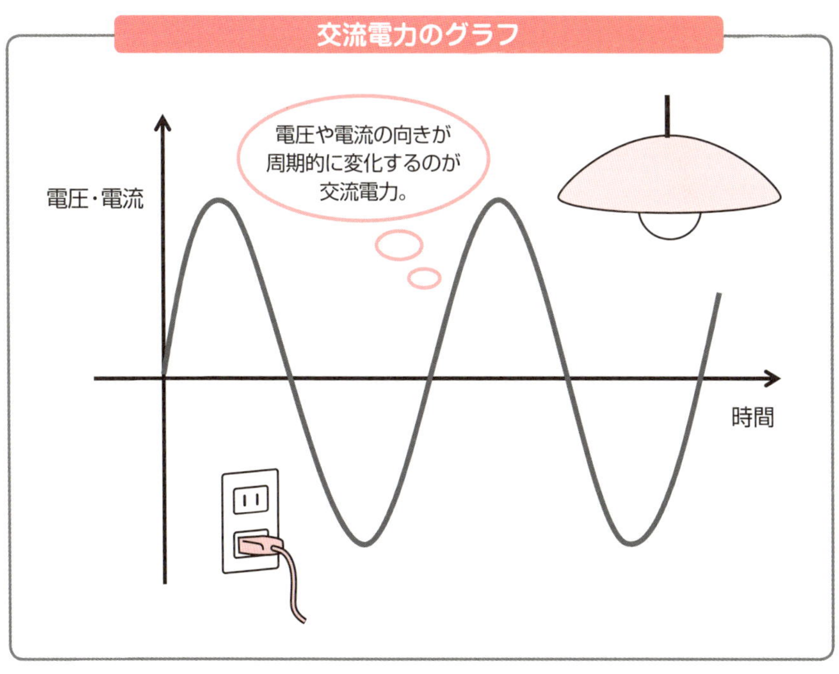
交流電力のグラフ
電圧や電流の向きが
周期的に変化するのが
交流電力。
電圧・電流
時間

2-2 電力の流れと仕組み

電気工事は発電所でつくられた電気を誰もが使えるようにするための仕事です。前提として、発電所からの電気の通り道と特徴をイメージできるようになりましょう。

送電と配電

発電所から需要家までの電気の通り道を**送配電系統**と呼びます。送配電系統は送電、配電の2つの部分から構成されています。

発電所で発電された電気はいくつかの変電所を経由して電気を使用する施設や設備（需要家）まで供給されます。発電所から変電所までの電気の通り道を**送電系統**と呼び、変電所から需要家までの道のりを**配電系統**と呼びます。

発電所から需要家までの電圧は、発電所からの送電が一番高く、変電所を経由するごとに段階的に低くなって行きます。

送配電の電圧

電力の送配電を行う場合、必ず電力のロスが起こります。電力のロスは送配電の距離が短いほど少なく、送配電する電力が大きいほど多くなります。地理的に見て大規模な発電所は電力需要の多い都市部から離れた山間部などに建設されているため、どうしても送電距離が長く、大きな電力を送電することになってしまいます。

このような条件で電力のロスを少なくする方法として、送配電時の電圧を高くする方法が用いられています。同じ大きさの電力を同じ距離、送電する場合には電圧を高くしたほうが電力のロスが少ないのです。

しかし、あまりにも高い電圧で配電を行うと感電など事故の危険性が高まり、系統の末端で使用する電気機器も高い電圧に耐えるものにしなくてはならないため、小規模需要の多い都市部に近づくにつれ、段階的に電圧を下げています。

配電の電圧は、需要家の電力需要の規模によって決まります。大電力を必要とする鉄道や大規模な工場などには、数十kVという電圧で配電が行われています。また、電力需要の小さな一般住宅などには、100V、200Vといった低い電圧での配電が行われています。

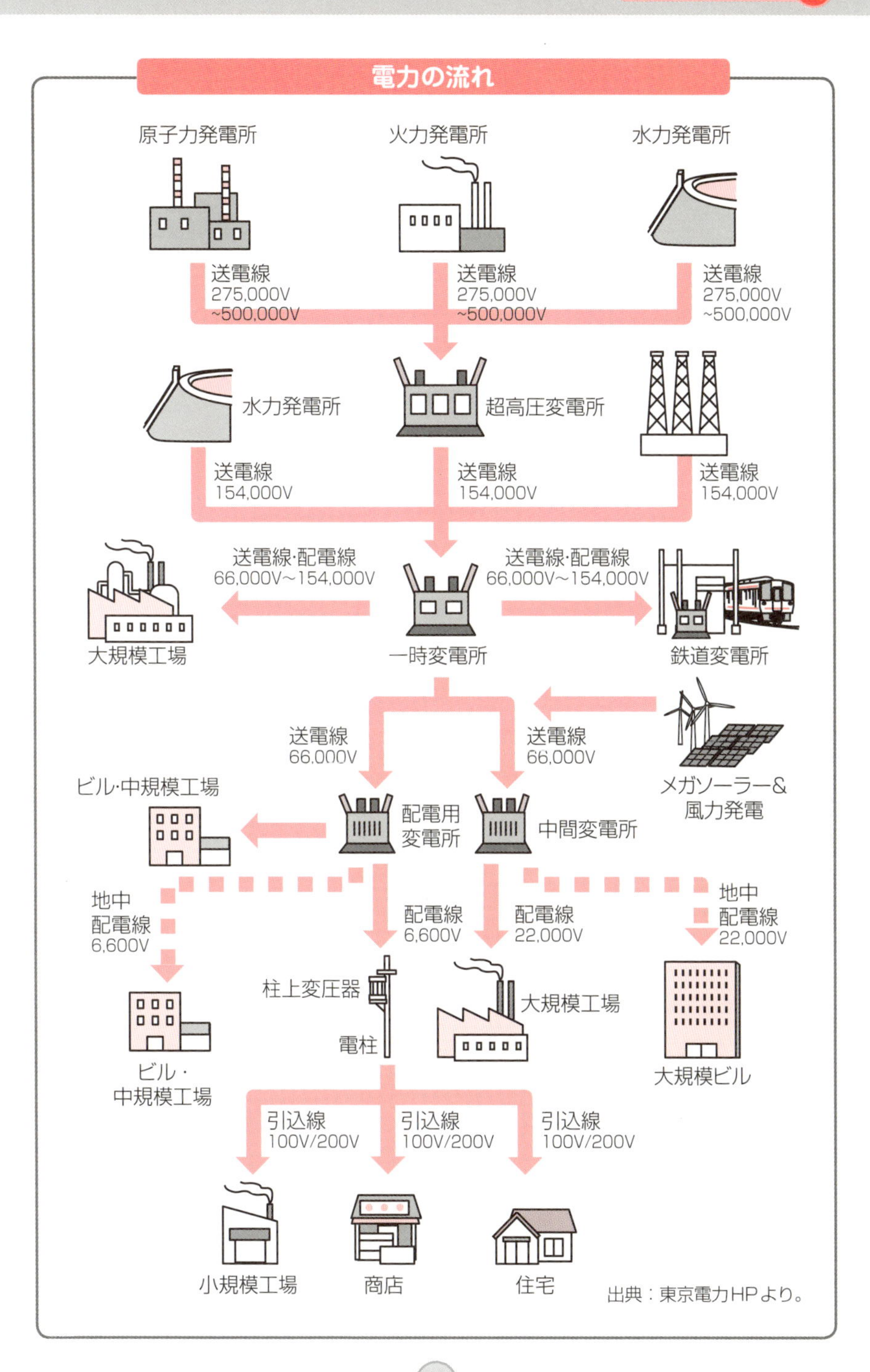
電力の流れ
原子力発電所
火力発電所
水力発電所
送電線
275,000V
~500,000V
送電線
275,000V
~500,000V
送電線
275,000V
~500,000V
水力発電所
超高圧変電所
送電線
154,000V
送電線
154,000V
送電線
154,000V
送電線·配電線
66,000V~154,000V
送電線·配電線
66,000V~154,000V
大規模工場
一時変電所
鉄道変電所
送電線
66,000V
送電線
66,000V
メガソーラー&
風力発電
ビル·中規模工場
配電用
変電所
中間変電所
地中
配電線
6,600V
配電線
6,600V
配電線
22,000V
地中
配電線
22,000V
柱上変圧器
電柱
大規模工場
ビル·
中規模工場
大規模ビル
引込線
100V/200V
引込線
100V/200V
引込線
100V/200V
小規模工場
商店
住宅
出典：東京電力HPより。

2-3 配電方式

「単相」と「三相」、「電灯」と「動力」などという言葉を耳にしたことはないでしょうか。いずれも配電の方式を表す言葉です。配電方式が違うと、配線の本数や設備の用途も違いますので注意しましょう。

単相と三相

低圧の配電方式には大きく**単相方式**と**三相方式**があります。単相は主に一般家庭や小規模の商店など、大きな電力は必要とせず電力の使用に際して安全度を高めたい場合などに用いられます。また、工業用、産業用の設備など比較的大きな電力を必要とし、電力供給の効率を高めたい場合には三相方式が用いられます。

単相方式

単相方式の電力供給では、基本的に電流の行きと帰りで2本の電源線が必要です。低圧の100Vや200V回路に用いられ、比較的安全度の高い電力供給方式です。

一般の住宅など、安全性を重視する需要家への電力供給に用いられます。電力供給の対象となる設備は100Vの照明やコンセントがメインであるため、**電灯回路**や**電灯電源**と呼ばれることがあります。送配電系統の中でも柱上変圧器以降など系統の末端に用いられる方式です。

三相方式

三相方式の電力供給には3つの各相から1本ずつ、計3本の電源線が必要です。三相方式では、各相の合計で電流を相殺することができるため電流の帰りの電源線が必要ありません。三相方式と単相方式で同じ電力を供給する場合、三相方式では必要な電流が単相方式の$1/\sqrt{3}$倍で済むというのも大きな特徴です。

また、三相方式は電動機（モーター）を効率よく回転させるのに適しているため、主な電力供給設備は電動機ということになります。このため三相方式は**動力電源**や**動力回路**と呼ばれることがあります。

電力供給の効率が良いという特徴から、送配電系統の発電所から高圧区間までの送配電系統ではすべて三相方式が用いられています。

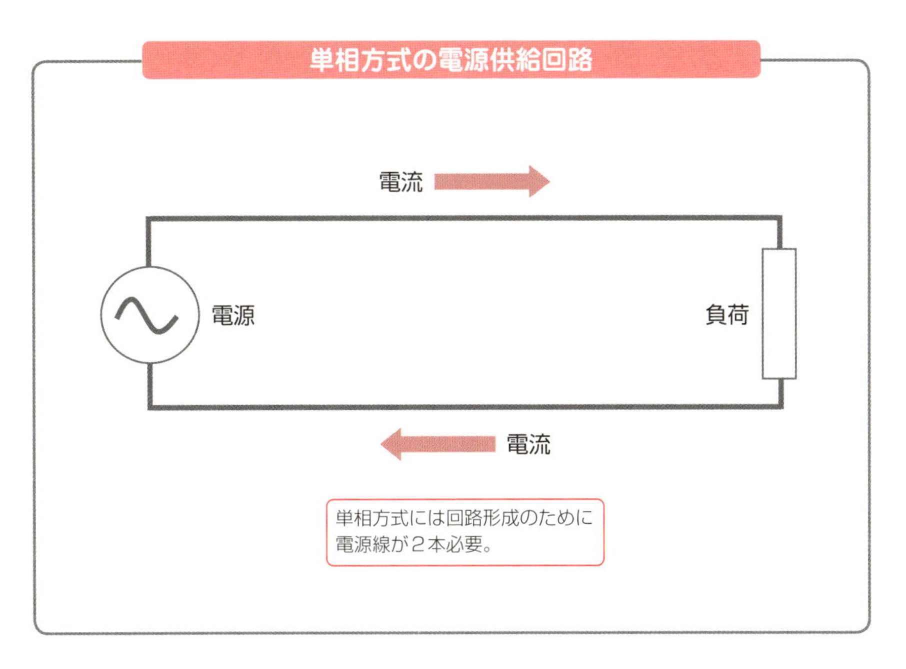
単相方式の電源供給回路
電流
電源
負荷
電流
単相方式には回路形成のために
電源線が２本必要。

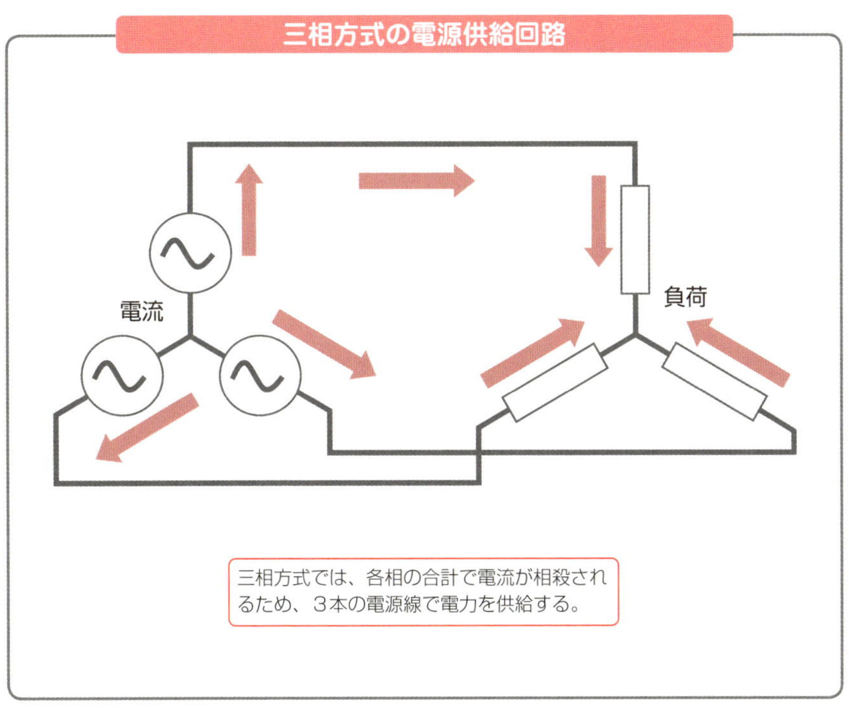
三相方式の電源供給回路
電流
負荷
三相方式では、各相の合計で電流が相殺され
るため、３本の電源線で電力を供給する。

2-4 低圧単相配電方式

前節で配電方式には大きく単相と三相があることがわかりました。本節と次節では配電方式をもう少し掘り下げて、低圧配電に用いられる配電方式の種類を単相と三相に分けて紹介します。

単相2線式100V

引込み部分でこの方式を用いるのは契約容量が20A以下の一般住宅など、比較的小容量の需要家に電力を供給するために用いられる配電方式です。ただし、単相3線式で引込みを行った需要家でも、電灯用分電盤の2次側の回路はすべて単相2線式で配線されています。一般の照明やコンセントに電力を供給しているのは単相2線式です。

単相2線式200V

引込み部分からこの方式を用いるのは、主に街路灯など限られた用途の設備です。単相3線式で引込みを行った需要家の電灯分電盤2次側で、200Vを必要とする容量の大きな機器がある場合はこの方式で電力を供給します。

単相3線式100V/200V

3本の電線で単相100Vを2系統、単相200Vを1系統、利用することができる配電方式です。単相電源を必要とする低圧引込みの需要家で最も多く用いられている配電方式です。

単相100Vを2系統使用する場合には、通常4本の電源線を必要としますが、中性線を2つの系統で共用しているため3本の電源線で2系統分の電力を3本の電源線で効率よく供給することができます。

中性線は、高圧系統から低圧系統に変換するための変圧器2次側で接地されており、電位は大地と同じ0Vです。通常、分電盤で単相2線式100Vを引き出した場合の接地側線（白線）は中性線に接続されており、触れても感電することはありません。

単相配電方式の電圧と変圧器の結線

単相２線式 100V

高圧

105V

単相２線式 200V

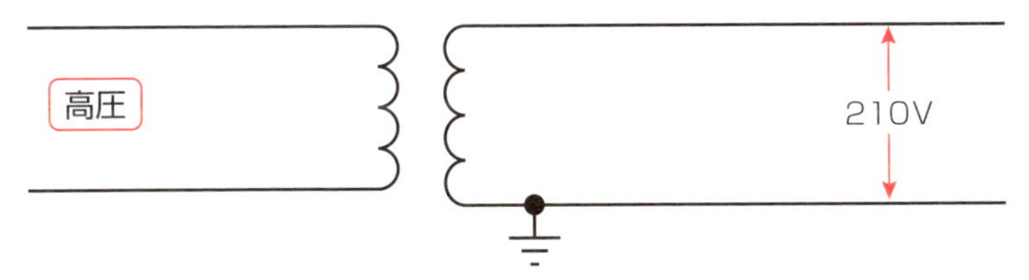

単相３線式 100V ／ 200V

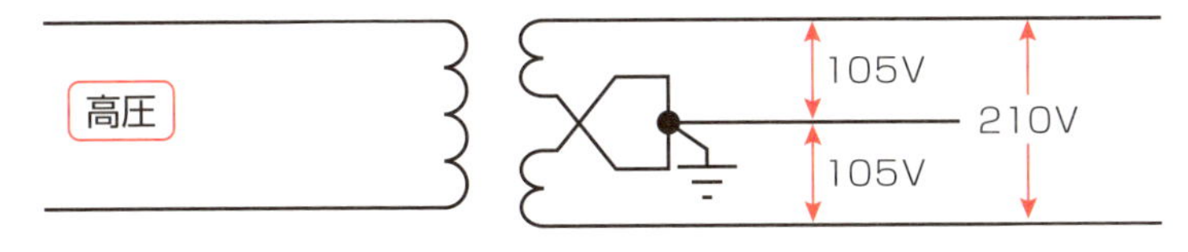

◎表記の仕方

○電灯			○動力		
単相２線式	⇒	1φ2W	三相３線式	⇒	3φ3W
単相３線式	⇒	1φ3W	三相４線式	⇒	3φ4W

出典：『新版　電気工事士教科書第11版（第二種）』 p52　第2,1-1表　変圧器の接続ならびに電圧の関係】、一般社団法人日本電気協会。

2-5 低圧三相配電方式

前節の単相配電方式に引き続き低圧の三相配電方式を紹介します。三相方式は効率よく電動機を回転させることができ、大きな電力の供給に適した配電方式です。

三相３線式200V（Δ - Δ結線）

変圧器の巻線がΔ（デルタ）形に結線されている**三相配電方式**です。高圧で引込む需要家の変電設備の低圧側に多く用いられる配電方式です。変圧器のコイルに流れる電流が線電流の$1/\sqrt{3}$倍なるため、巻線の導体を細くして設備の簡素化を図ることができます。単相変圧器３台を結線することもできますが、１台の変圧器内のコイルがこのように結線されている場合がほとんどです。

低圧の工業用機械やビルのポンプ設備などへの電力供給に多く用いられています。

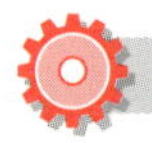

三相３線式200V（V - V結線）

単相変圧器２台をV形に結線して三相を取り出す配電方式です。V形結線は柱上変圧器の結線方法として多く用いられています。V形結線は変圧器の重量バランスが取りやすく、単相配電方式との共用など、拡張性にも優れています。

低圧引込みの工場やポンプ設備のあるアパート、マンションなどへの電力供給に用いられています。

三相４線式230V/400V

高圧引込み以上の比較的に大きな電力を必要とし、配線距離の長い大型のビルや工場などに用いられます。給排水のポンプ設備などの電動機用として400V、照明用として230Vを使用することが多い配電方式です。照明などにも230Vという高い電圧を使用することで、回路に流れる電流をおさえて電源線を細くすることができます。コンセント設備など100V機器用の配線を別途行う必要があります。

三相配電方式の電圧と変圧器の結線

三相 3 線式 200V △ー△結線

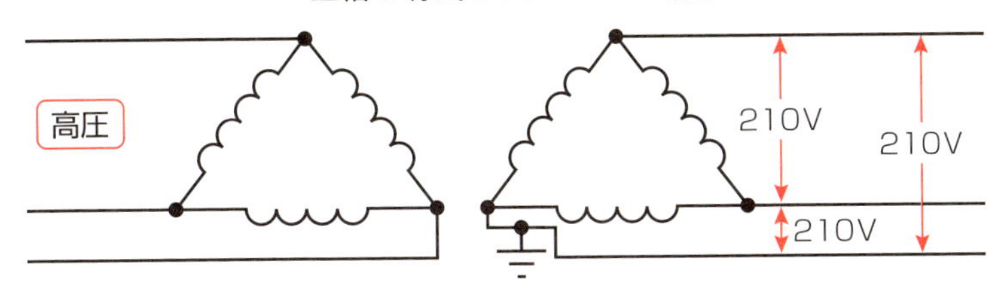

三相 3 線式 200V V−V 結線

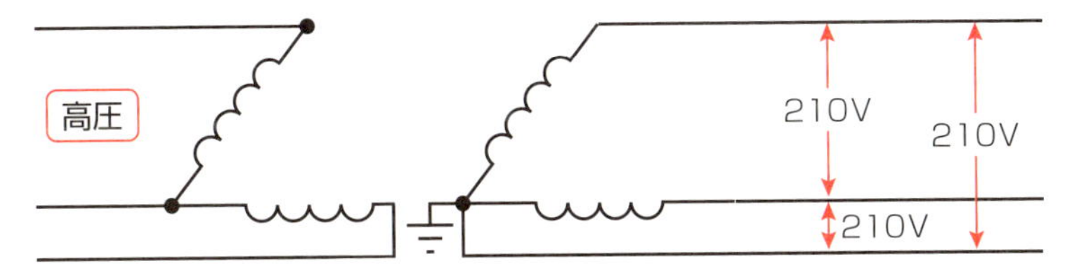

三相 4 線式 230V/400V

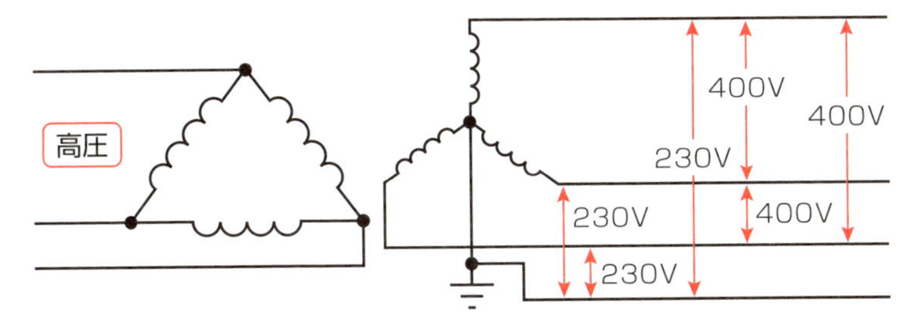

出典：『新版　電気工事士教科書第 11 版（第二種）』 p52　第2,1-1 表 「変圧器の接続ならびに電圧の関係」、一般社団法人日本電気協会。

2-6 屋内電路の対地電圧

電力会社から配電されている低圧配電系統では、変圧器の１端子に接地工事が施され、大地の電位0Vが基準電位となっています。電路と大地との間にかかる電圧を対地電圧と呼びます。

公称電圧と対地電圧

公称電圧とはある系統において、その電路を代表する線間の電圧値をいいます。呼び方はその電路の電圧階級に対応しており、使用する機器の電圧に合わせた電圧の選択をしなければなりません。

対地電圧とは先述のとおり電路と大地の間の電圧ですので、漏電などにより電流が人体を通過して大地に流れた場合に重要となる電圧です。対地電圧が低いほど、感電したときの人体への影響を小さく抑えることができます。

住宅屋内電路の対地電圧

老人や子供、電気的知識を持たない一般の人々が生活することの多い住宅では、感電による災害を防止するため、電路の対地電圧に制限が設けられており、住宅の屋内電路の対地電圧は一部の例外を除き原則150V以下と定められています。

低圧の配電方式の中で対地電圧が150V以下のものは、単相２線式100Vと単相３線式100V/200Vのみですので、現実的には住宅に引込みを行うことのできる配電方式はこの２つの方式ということになります。

住宅屋内電路の対地電圧の例外

住宅の対地電圧を規定している電気設備の技術基準・解釈では、定格電力が2kW以上の大型の電気機械器具を使いたい場合などに、基準を満たす施工を行えば対地電圧を300Vまで引き上げられる例外を設けています。使用できる対地電圧を300Vまで引き上げることによって、三相３線式200V電源が住宅でも使用できることになります。ただし、住宅への三相電源引き込みの可否は地域を管轄する電力会社との協議が必要な場合があります。

住宅屋内電路の対地電圧の例外に関する条文（一部抜粋）

［電気設備技術基準・解釈143条］

第143条 住宅の屋内電路（電気機械器具内の電路を除く。以下この項において同じ。）の対地電圧は、150V以下であること。ただし、次の各号のいずれかに該当する場合は、この限りでない。

1 定格消費電力が2kW以上の電気機械器具及びこれに電気を供給する屋内配線を次により施設する場合

イ 屋内配線は、当該電気機械器具のみに電気を供給するものであること。

ロ 電気機械器具の使用電圧及びこれに電気を供給する屋内配線の対地電圧は、300V以下であること。

ハ 屋内配線には、簡易接触防護措置を施すこと。

ニ 電気機械器具には、簡易接触防護措置を施すこと。ただし、次のいずれかに該当する場合は、この限りでない。

（イ）電気機械器具のうち簡易接触防護措置を施さない部分が、絶縁性のある材料で堅ろうに作られたものである場合

（ロ）電気機械器具を、乾燥した木製の床その他これに類する絶縁性のものの上でのみ取り扱うように施設する場合

ホ 電気機械器具は、屋内配線と直接接続して施設すること。

ヘ 電気機械器具に電気を供給する電路には、専用の開閉器及び過電流遮断器を施設すること。ただし、過電流遮断器が開閉機能を有するものである場合は、過電流遮断器のみとすることができる。

ト 電気機械器具に電気を供給する電路には、電路に地絡が生じたときに自動的に電路を遮断する装置を施設すること。ただし、次に適合する場合は、この限りでない。

（イ）電気機械器具に電気を供給する電路の電源側に、次に適合する変圧器を施設すること。

（1）絶縁変圧器であること。

（2）定格容量は3kVA以下であること。

（3）1次電圧は低圧であり、かつ、2次電圧は300V以下であること。

（ロ）（イ）の規定により施設する変圧器には、簡易接触防護措置を施すこと。

（ハ）（イ）の規定により施設する変圧器の負荷側の電路は、非接地であること。

四 第132条第3項の規定により、屋内に電線路を施設する場合

2 住宅以外の場所の屋内に施設する家庭用電気機械器具に電気を供給する屋内電路の対地電圧は、150V以下であること。ただし、家庭用電気機械器具並びにこれに

電気を供給する屋内配線及びこれに施設する配線器具を、次の各号のいずれかにより施設する場合は、300V以下とすることができる。
一 前項第一号ロからホまでの規定に準じて施設すること。
二 簡易接触防護措置を施すこと。ただし、取扱者以外の者が立ち入らない場所にあっては、この限りでない。
3 白熱電灯（第183条に規定する特別低電圧照明回路の白熱電灯を除く。）に電気を供給する電路の対地電圧は、150V以下であること。ただし、住宅以外の場所において、次の各号により白熱電灯を施設する場合は、300V以下とすることができる。
一 白熱電灯及びこれに附属する電線には、接触防護措置を施すこと。
二 白熱電灯（機械装置に附属するものを除く。）は、屋内配線と直接接続して施設すること。
三 白熱電灯の電球受口は、キーその他の点滅機構のないものであること。

電気設備技術基準・解釈では基本的に電源はコンセント式とせず、機械に直接接続を行い、配線は配管に収めます。人が容易に触れることのないように施工を行うことが求められています。

簡易接触防護措置とは、配線などの設備を屋内では床上1.8m以上、屋外では地表から2m以上の高さで人が通る場所から容易に触れることのない範囲に施設することです。また、設備に人が接近、接触しないように、さくや塀などを設けます。または設備を金属管におさめるなどの防護措置を指します。

配電方式は電力の基本

- 低圧の配電方式には単相方式と三相方式がある。
- 公称電圧は電路を代表する線間の電圧値である。
- 対地電圧は電路と大地の間の電圧値である。

Chapter 3

建築構造の基礎知識

電気設備の工事は建物に行う場合も多く、電気設備の施工や設計を行うためには建築の構造を理解する必要があります。建物の基本的な構造を理解すると施工もしやすく、工事方法の選定も誤りの少ないものになります。本章では、代表的な建築構造である鉄筋造、鉄骨造、木造の概要と間仕切り、天井、床など各部の構造を理解しましょう。

3-1 鉄筋コンクリート造の特徴

鉄筋コンクリート造は、マンションやオフィスビルなど様々な建物に一般的に用いられている建築構造です。強度、耐久性、遮音性に優れ一般の戸建て住宅にも採用されています。

概要

鉄筋コンクリートとは、鉄筋と呼ばれる鉄の棒を加工して建物の骨組みをつくりその周りをコンクリートで固めたものをいいます。基礎・梁・柱・床・壁などの主要構造材を鉄筋コンクリートで作る建築構造を**鉄筋コンクリート造**と呼びます。鉄筋コンクリート造は、Reinforced Concreteの頭文字をとって**RC造**とも呼ばれています。

特徴

コンクリートは耐久性・防火・防水・防錆・耐圧縮力に優れていますが、引張りに弱い特徴があります。また、鉄はサビや高温にはあまり強くありませんが、引張りに強いという特徴を持っています。この2つの材料が持つ特徴を組み合わせることで、鉄筋コンクリートは高い強度を実現しています。また、造形の自由度が高くデザイン性に富んだ建築物を比較的容易に造作できる特徴を持っています。

電気工事では、一度建物ができてしまうと梁や壁などの構造物に穴を開けることが困難になるため設計段階での配線ルートの確保が重要になります。配線ルート確保のため鉄筋コンクリート内への配管や、梁などに貫通部を設ける場合は、建物の強度確保に影響を及ぼしますので、建築設計との話合いが必要です。

鉄筋コンクリートの主な構造

鉄筋コンクリートの主な構造として、ラーメン構造と壁式構造があげられます。

ラーメン構造は、主要部分である柱と梁を一体化して枠状の構造を形成して建物の重量を支える構造です。建物内部に重量を支えるための壁をつくる必要がなく、空間レイアウトの自由度が高い構造であり、RC造の建物に最も多く普及しています。

壁式構造は建物の重量を壁で支える構造です。柱や梁がないため建物内の出っ張りが少なく、部屋を広く使える特徴があります。しかし、建物の内部に重量を支えるための壁をつくらなければならず、大きな空間を確保することが難しい造りとなっています。

鉄筋コンクリートの概要

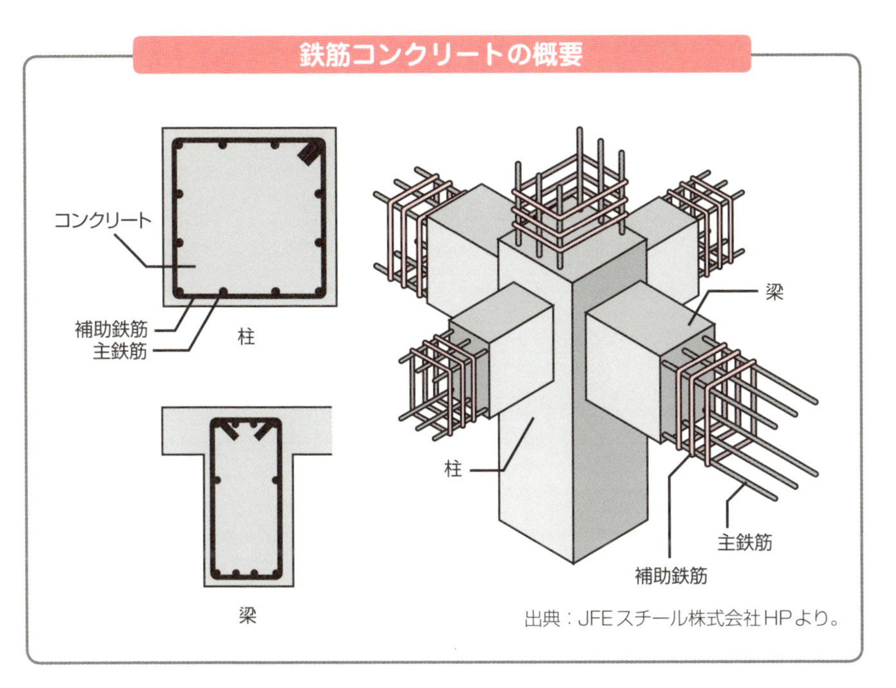

出典：JFEスチール株式会社HPより。

ラーメン構造と壁式構造

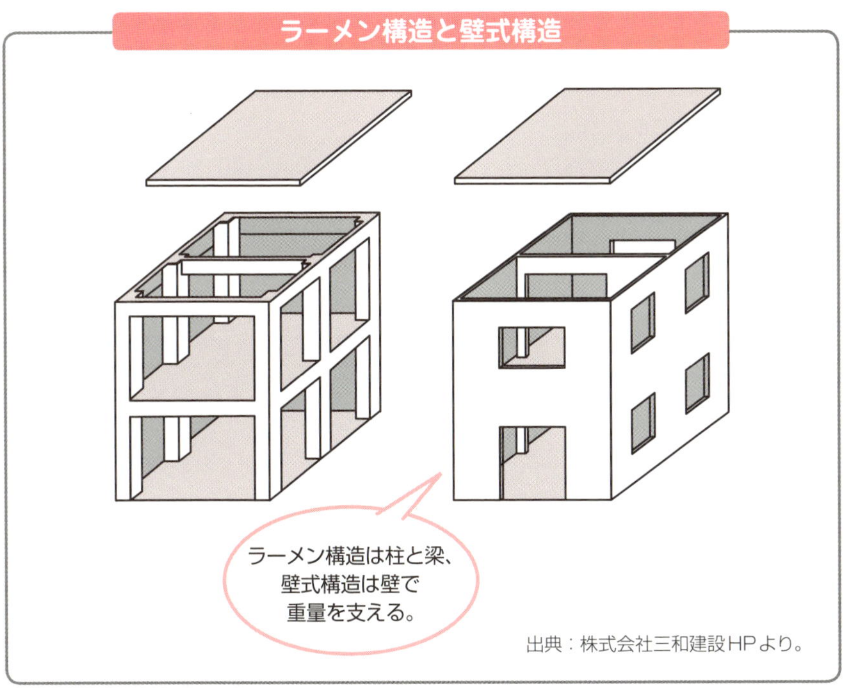

出典：株式会社三和建設HPより。

3-2 鉄骨造の特徴

鉄骨造はSteel（鋼）の頭文字を取って**S造**とも呼ばれ、体育館や倉庫など大空間を必要とする建築物に多く用いられる建築構造です。マンションやアパート、一般住宅にも用いられることがあります。

概要

柱や梁など、建物の重量を支える主要な部分に鉄骨材を使用する建築構造です。鉄骨同士の組上げは溶接やボルト締めで行い、その周囲に壁材などを貼り付けたつくりになっています。建築部材を工場で製造して現場で組み立てる**プレハブ工法**が可能であるため、RC造などに比べて工期の短縮、コストの軽減化を図ることができます。また、材料の重量に比して、強度を保ちながら柱の少ない大空間をつくることができる建築構造でもあります。

特徴

主要材料となる鉄骨の素材である鉄や鋼は引張りに対する強度が高く、組立て加工がしやすい特徴があります。反面、熱に弱く個々の部材の重量が重くなります。

電気工事は、体育や倉庫などでは配管やラック、レースウェイを用いた工事が主体となりますが、オフィスや居住用の建物では鉄筋コンクリート造と同様に梁などの貫通が困難であるため設計段階での配線ルートの確保が重要です。

構造

鉄骨造の主な構造構造としては、ラーメン構造、ピンブレース構造、トラス構造が挙げられます。

ラーメン構造は鉄筋造にも登場した構造で、建物を鉄骨の柱と梁で支えます。集合住宅、事務所、店舗などのビルに用いられる構造で広く普及しています。**ピンブレース構造**は、建物を柱と梁、さらにそれらで構成された四角形の対角に筋かいを設けて建物を支える構造です。プレハブの建物などに多く用いられる構造です。**トラス構造**は鉄骨で構成した三角形を組み合わせた骨組みで建物を支える構造です。倉庫や工場、体育館などに多く用いられる構造です。

ラーメン構造

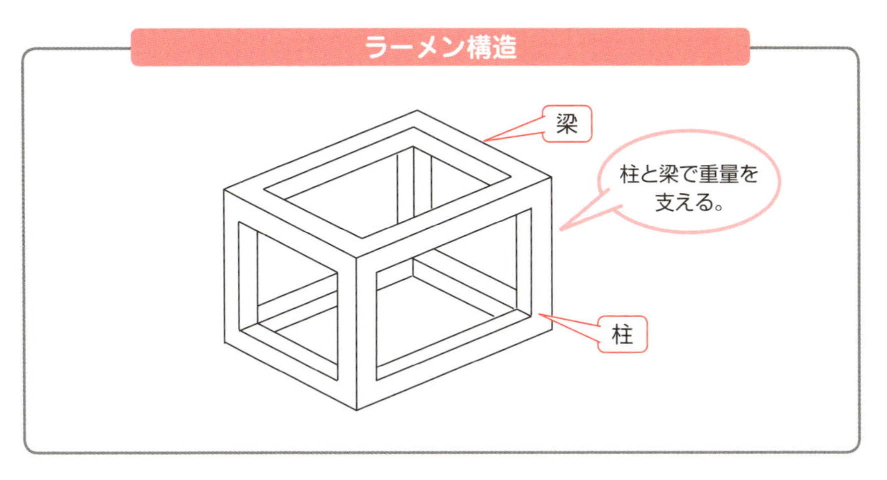

ピンブレース構造

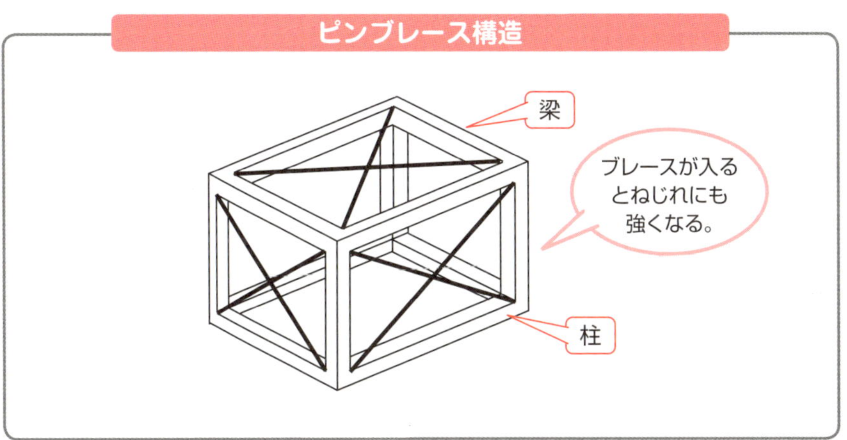

トラス構造

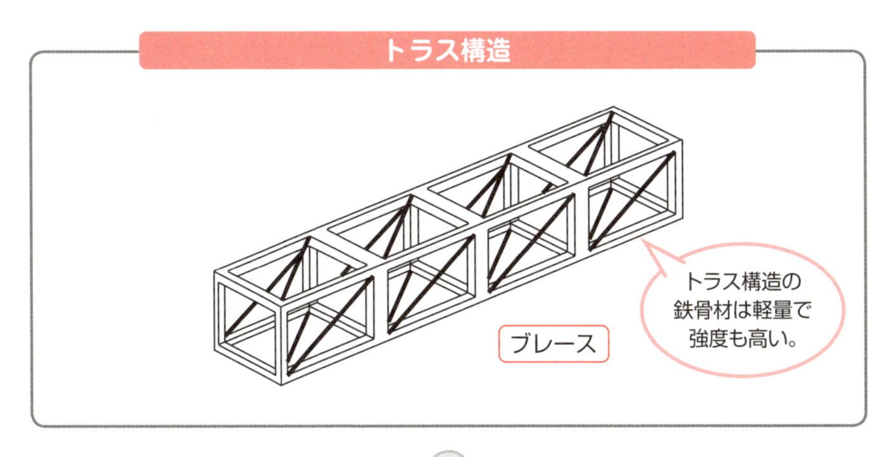

3-3 木造

木造はWood（木）の頭文字を取ってW造とも呼ばれます。主材料となる木材の加工のしやすさや耐久性から戸建住宅や小規模集合住宅の建築などに多く用いられる建築構造です。

概要

柱や梁など、建物の重量を支える主要な部分に木材を使用する建築構造です。木材同士の組上げは木組みや釘、ボルト締めで行い、その周囲に壁材などを貼り付けたつくりになっています。建築部材を工場で製造して現場で組み立てるプレハブ工法が可能であるため、RC造などに比べて工期の短縮、コストの軽減化を図ることができます。

特徴

主要材料となる木材は鉄やコンクリートに比べて軽量で加工がしやすく、削孔や切断、接合が容易な材料です。このため古くから住宅の建築などに用いられてきました。しかし、湿気や水などによって腐朽してしまう欠点を保つため、水がかかるおそれのある場所の施工には注意が必要です。特に屋根上にソーラーパネルやアンテナを設置する際には、施工によって雨漏りの原因をつくってしまうことになりかねません。

構造

木造の主な構造構造としては在来軸組と枠組み壁式があげられます。

在来軸組は、建物を柱、梁、火打梁、構筋かいで建物を支える構造です。日本古来の建築方法であるため**在来工法**と呼ばれています。

枠組み壁式は２×４（**ツーバイフォー**）とも呼ばれ、断面が２×４インチの木材を標準材として使用します。建物の重量は木材の枠組みに合板などを貼り付けた壁で支える構造です。在来工法が日本の工法であるのに対して、２×４は海外から取り入れた建築工法です。

在来軸組の構造

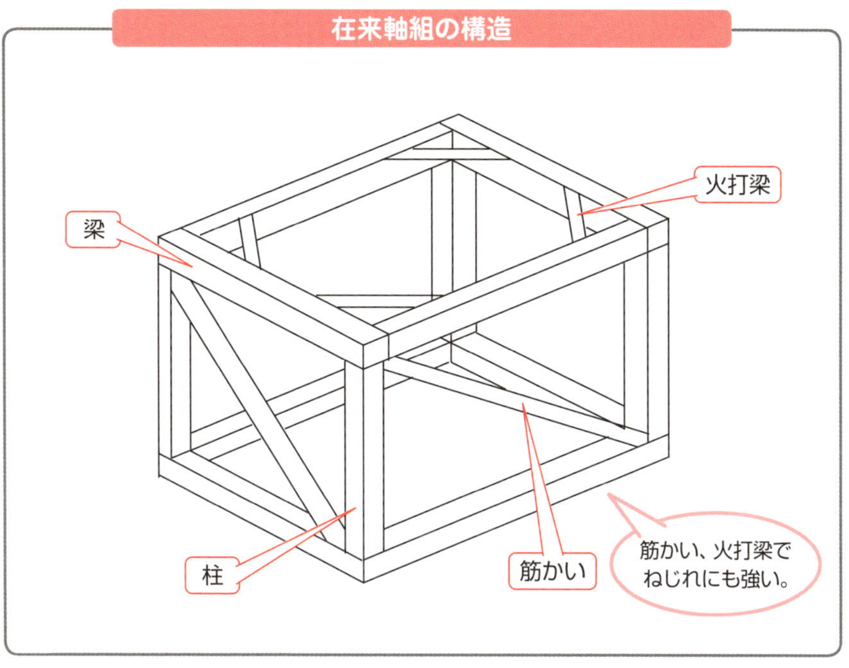

枠組み壁式の構造

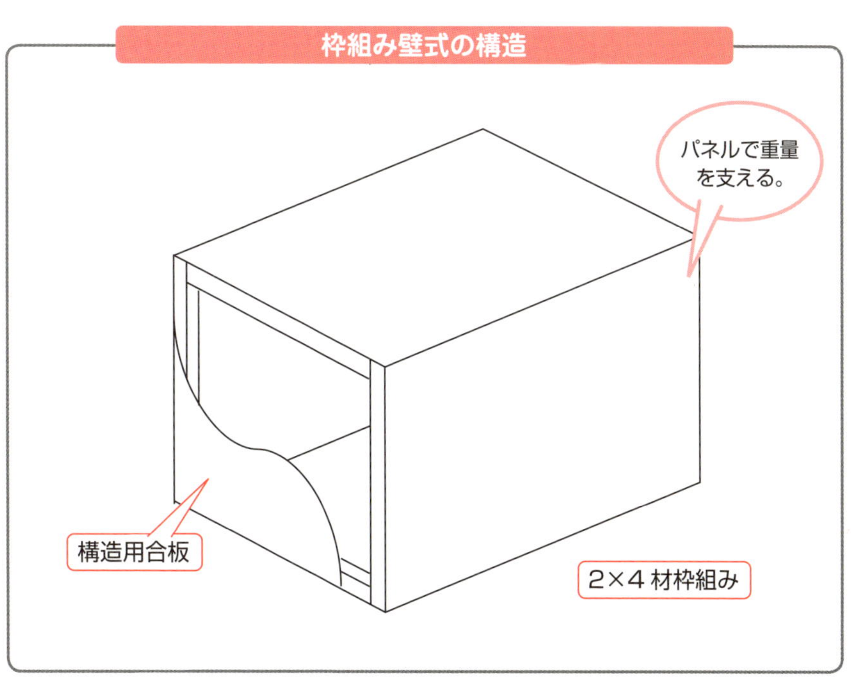

3-4 間仕切りの構造

間仕切りは建物内部で部屋と部屋を仕切るための壁をいいます。基本構造は軽量鉄骨や木材の骨組みに石膏ボードなどを貼り、その上に仕上げ材を重ねた構造になっています。

軽量間仕切壁

軽量間仕切壁は鉄筋造や鉄骨造の間仕切として多く用いられる構造です。骨組の材料に軽量鉄骨（LGS）を使用して壁の下地を作り、石膏ボードをビス止めします。その後、石膏ボードの目地などをパテで埋めて仕上げ材の内装クロスを貼ります。

集合住宅などの住戸と住戸の間の戸境壁などの場合には軽量鉄骨の間にロックウール吸音材などを敷き詰めて強化石膏ボードをビス止めします。強化石膏ボードの上にはさらに石膏ボードを重ねてステープル止めを行い、目地をパテ埋め後に内装クロスを貼り付けます。

木下地間仕切壁

骨組に木材を使用してつくる間仕切壁です。木造、鉄筋造、鉄骨造など幅広く用いられています。クロス仕上げの場合には、前項に紹介した軽量間仕切の構造と似た構造で、大きな相違点は骨組材の違いということになります。

内装仕上げ材として漆喰や珪藻土などの左官材を使用した場合には、左官材のでの内装仕上げを行うために、木材の骨組にラスボードを貼り付けて、その上に左官材を下塗りし、乾燥後に中塗り材、仕上げ材を重ね塗りした構造となります。

タイル張りの仕上げを行う場合、骨組の上にタイル下地ボードを貼り付けて、その上に接着剤テープなどを用いてタイル材を貼り付けます。タイルの貼付け材としてモルタルを使用する場合には、骨組に木摺を貼り付けて、その上に防水紙、ラス、モルタル、タイルの順番で壁材を重ねます。

コンクリートブロック下地戸境壁

鉄筋造、鉄骨造の戸境壁として用いられる方法です。コンクリートブロックを床スラブから天井スラブの間に積み上げて壁を築きます。仕上げの方法としては、コンクリートブロック壁の上にモルタルを塗ってタイルを貼り付ける方法やGLボンドを用いて石膏ボードを貼り付ける方法があります。

軽量間仕切壁

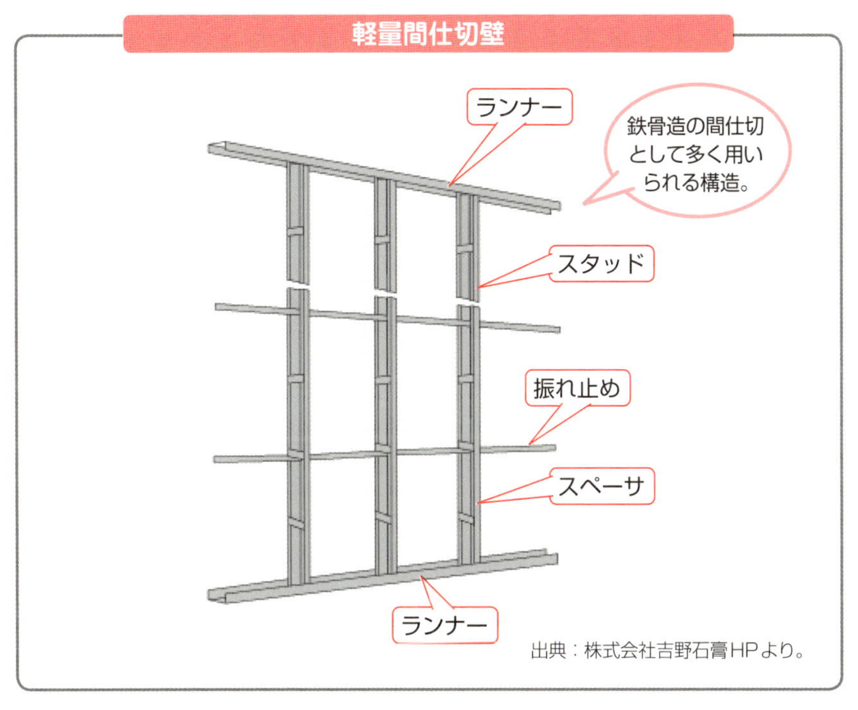

出典：株式会社吉野石膏HPより。

木下地間仕切壁

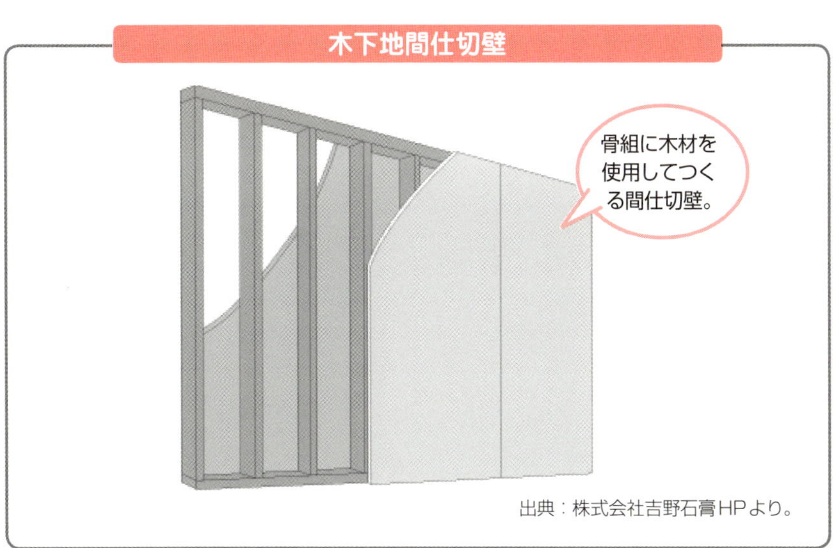

出典：株式会社吉野石膏HPより。

3-5 天井の構造

天井は天井の骨組みとなる材料をスラブや梁から吊り下げてその上に天井ボードや仕上げ材を貼り付けた構造になっています。木造と鉄筋造、鉄骨造などでは、使用する材料が異なります。

軽量鉄骨下地

上階の床スラブから吊ボルトを使って軽量鉄骨の骨組を吊り下げます。骨組は野縁受けと野縁を直行させて組み合わせた構造です。吊ボルトには野縁受けをハンガーで取り付けます。仕上げは石膏ボードを野縁にビス止めして、その上にクロスなどを貼り付けます。天井裏にケーブル配線を行う場合は、ケーブルハンガーなどを吊ボルトに取り付けて行うことができます。転がしでケーブル配線を行う場合には、野縁で被覆を傷つけることのないように気をつけます。

木下地

木下地の天井は主に木造建築に用いられる構造です。天井の骨組には木材を使用して上階の床梁から吊り木で格子状に組んだ野縁を吊り下げます。仕上げは石膏ボードとクロスなどで行い、最上階の天井では、梁と石膏ボードの間に断熱材を敷き詰めます。新築の場合、電気の配線は天井ボードを貼る前に行うことになります。

建築構造で電気工事もかわる

- RC造、S造では配線ルートの確保に留意する。
- W造では雨水の侵入を防止する施工を行う。
- 建築構造と材料の違いで電気工事の施工方法や留意点も異なる。

軽量鉄骨下地

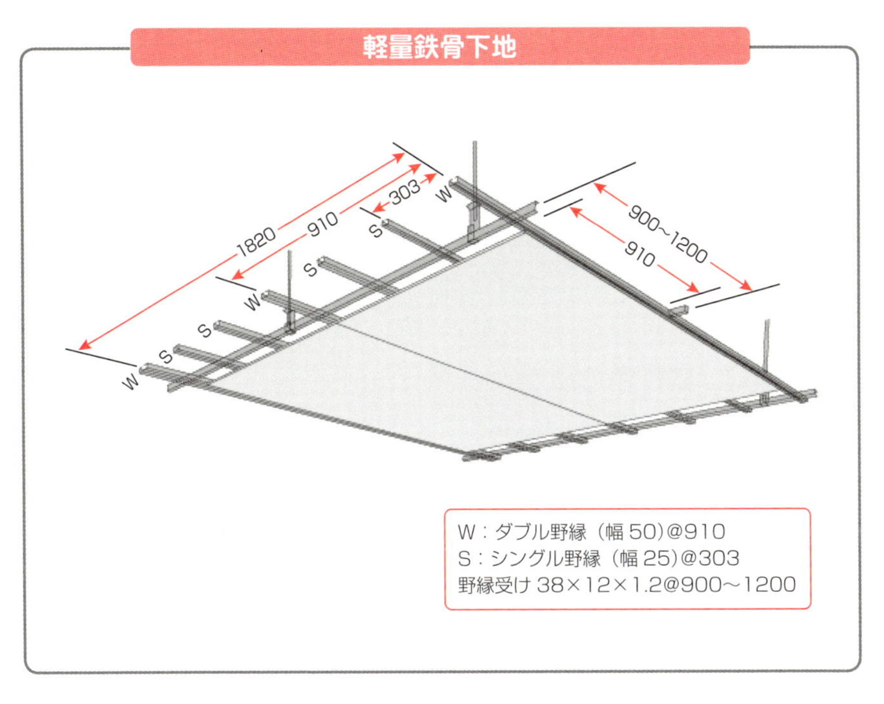

W：ダブル野縁（幅 50）@910
S：シングル野縁（幅 25）@303
野縁受け 38×12×1.2@900～1200

木下地

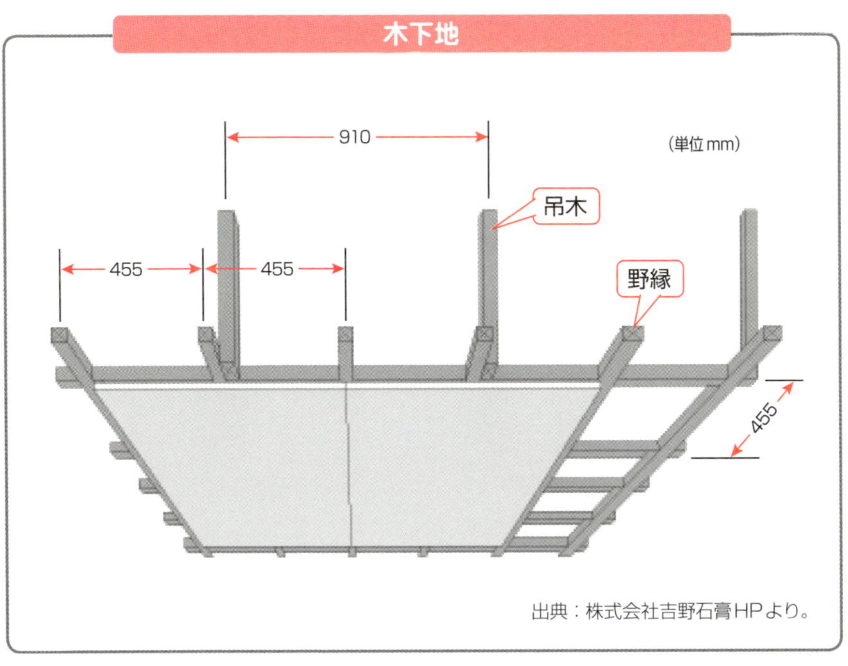

出典：株式会社吉野石膏HPより。

3-6 床の構造

床の構造は、木造と鉄筋造、鉄骨造で床下の空間が異なります。建物の構造上、床スラブを持つ鉄筋造や鉄骨造では、スラブの上に根太や支柱を置いて、その上に床を置く構造となり、木造では梁の上に根太を貼り、その上に床を置く構造となります。

鉄筋造、鉄骨造の床

鉄筋造、鉄骨造の床の構造の主なものとして、転ばし床と置き床があげられます。**転ばし床**は、床スラブの上に大引と根太を格子状に組み、その上に下地合板を貼り付けて仕上げの床材を置いていく構造です。根太と根太の間には断熱材を敷き詰めます。

置き床は、床スラブの上に支柱を置いて、その上に床材となるパネルなどを置いてゆきます。仕上げ材は敷き詰めたパネルの上に貼り付けます。**フリーアクセスフロア**とも呼ばれ、床スラブと床材の間の空間を大きくとれるため、床下の配線にも適しています。

木造の床

木造の床は地面に接する１階部分の床と上階の床で構造が異なります。１階部分の床下は地面や基礎になっているため床を支える支持材には束石と床束が用いられます。床束の上には大引が乗り、大引と格子状をなすように根太が張られています。根太の上には床下地板を張り、その上に床仕上げ材を張ってゆきます。床下地材と根太と根太の間には断熱材を敷き詰めて外気との遮断を行います。

上階の床は１階部分の床とは異なり、床梁で床を支えます。床梁の上には梁と格子状をなすように根太が張られ、その上に床下地材、床仕上げ材と重ねてゆきます。

鉄筋造、鉄骨造などの床構造

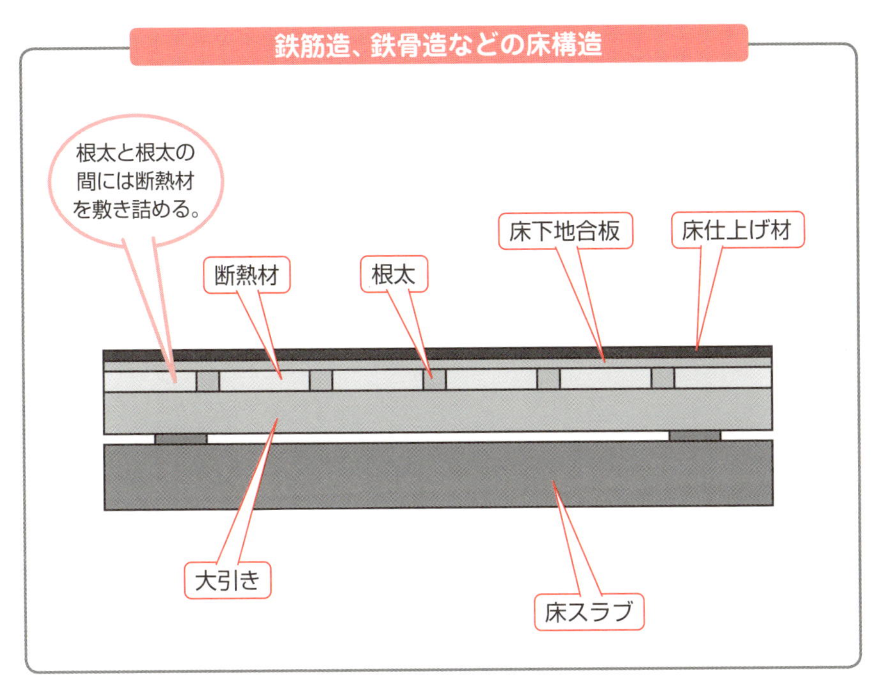

フリーアクセスフロアの構造

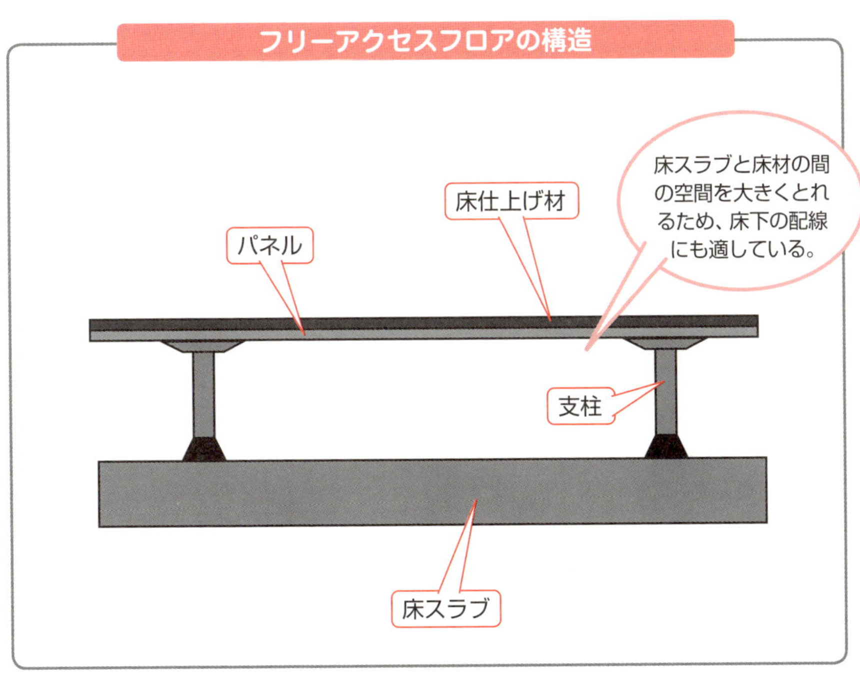

木造1階部分の床構造

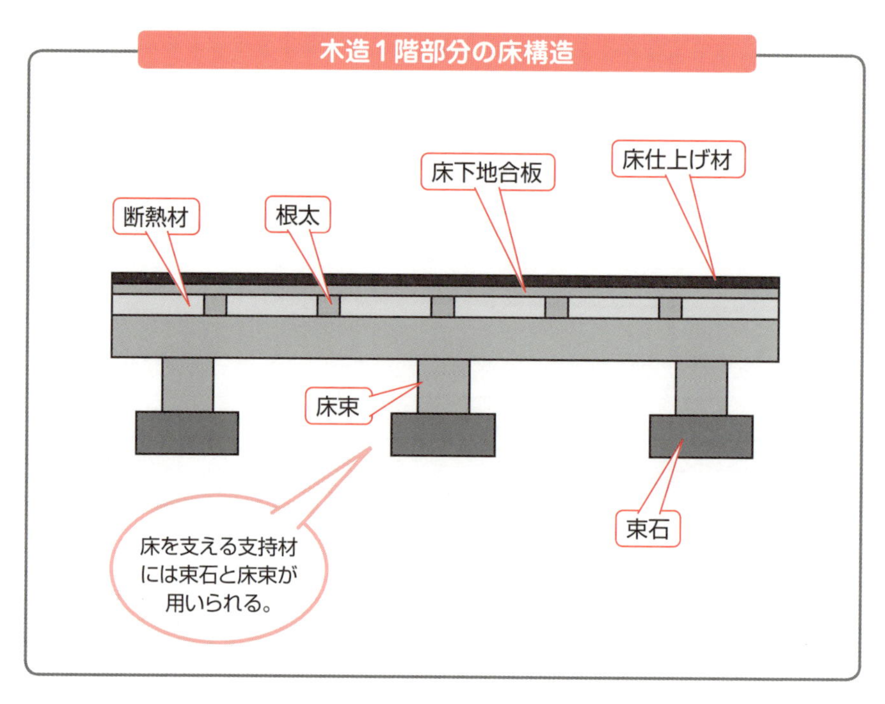

木造上階の床構造

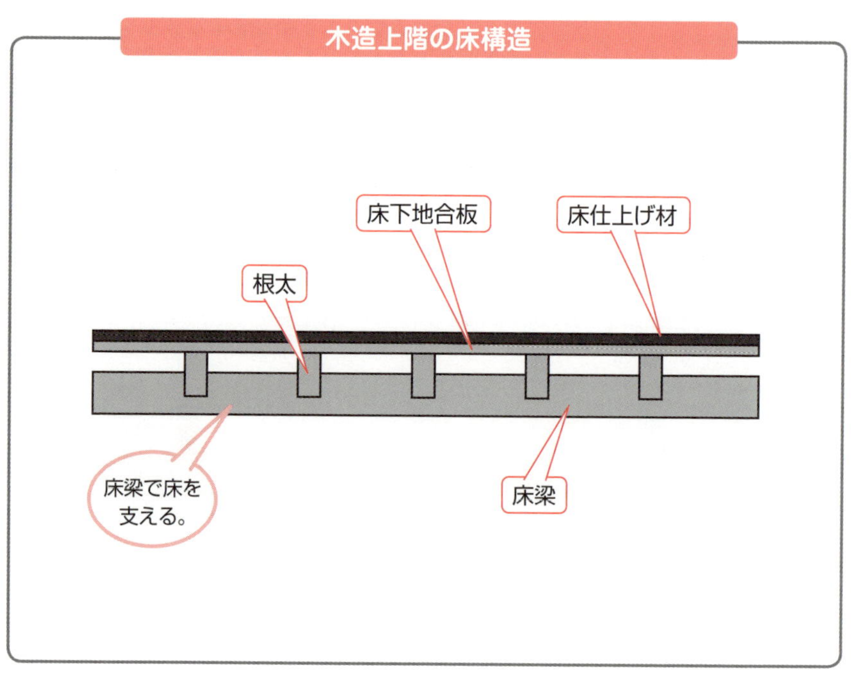

Chapter 4

施設場所と工事の方法

電気工事は、その場所の状況や建物の構造、材質にあわせた施工方法で実施しなくてはなりません。本章では、施工場所と場所に用いることのできる施工方法、材料別の工事方法のポイントを理解しましょう。

間違った工事方法で施工を行うと材料の早期劣化や漏電、感電事故や火災の原因となりかねません。施工場所の状況と材料の特性、また、施工の目的を見極めて適切な工事を行うことが大切です。

4-1 施設場所と工事方法

施設場所は電気設備の技術基準・解釈によって分類が行われ、それぞれの場所に用いられる工事と用いられない工事方法が規定されています。

屋内の施設場所

屋内配線工事の施設場所はそれぞれ以下のように区分されています。

●露出場所

天井下面や壁面など、建物の利用者が利用する空間に露出している場所を示します。

●隠ぺい場所

天井裏、床下、壁内など建物の利用者が利用する空間に露出しない部分を示します。また、隠ぺい場所は点検できる場所と点検できない場所に分けられており、点検できる隠ぺい場所は、点検口がある天井裏、押入れ、戸棚の内部などです。埋込みの照明器具などを外した点検ができる場所も点検できる隠ぺい場所として扱われます。点検できない隠ぺい場所とは、点検口がない天井ふところや壁内、床下などを指しています。

上記の場所はさらに、上記の区分それぞれが乾燥した場所と湿気の多い場所、または水気のある場所に区分されています。

屋外の施設場所

屋外の施設場所には建物の壁面などを示す屋側とそれ以外の屋外に分けられており、共通して雨線内と雨線外に分類されています。**雨線内**とは、建物の軒の先端から垂線を下ろし、垂線に対して屋側の下方向に向かって45度線を引いた場合に45度線よりも内側の軒下に入る部分をいいます。45度線よりも外側の部分は**雨線外**とされています。

施設場所を区別する

- 屋内の施設場所は大きく露出場所と隠ぺい場所に区分されている。
- 屋外の施設場所は雨線内と雨線外に区分されている。

屋外の施設場所

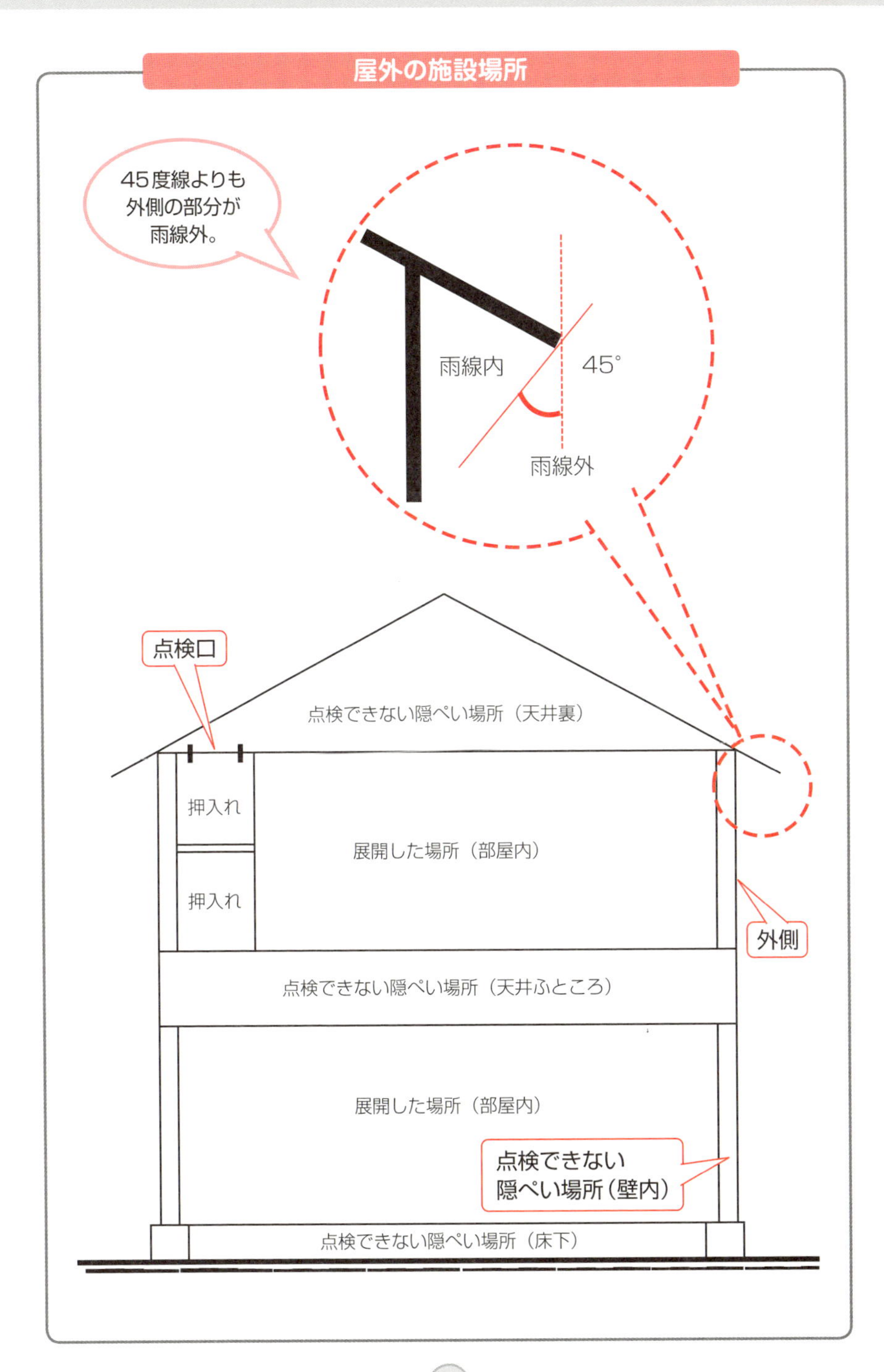
45度線よりも
外側の部分が
雨線外。
雨線内
45°
雨線外
点検口
点検できない隠ぺい場所（天井裏）
押入れ
押入れ
展開した場所（部屋内）
外側
点検できない隠ぺい場所（天井ふところ）
展開した場所（部屋内）
点検できない
隠ぺい場所（壁内）
点検できない隠ぺい場所（床下）

電気設備と建物利用者などとの距離による区分

電気設備と建物利用者などとの距離による区分は、人が触れるおそれのない場所、人が容易に触れるおそれのある場所、人が触れるおそれのある場所の３種類です。

人が触れるおそれのない場所は、屋内では床上2.3mを超える場所、屋外では地表から2.5mを超える場所であって階段や窓、ベランダなどから手を伸ばしても触れることのできない場所をいいます。

人が容易に触れるおそれのある場所は、屋内では床上1.8m以下、屋外では地表から2m以下の場所、もしくは階段や窓、ベランダなどから手を伸ばして容易に触れることができる場所をいいます。

人が触れるおそれのある場所は、屋内では床上1.8mを超え2.3m以下の場所、屋外では地表から2mを超え、2.5m以下の場所、もしくは階段や窓、ベランダなどから手を伸ばして触れることができる場所をいいます。

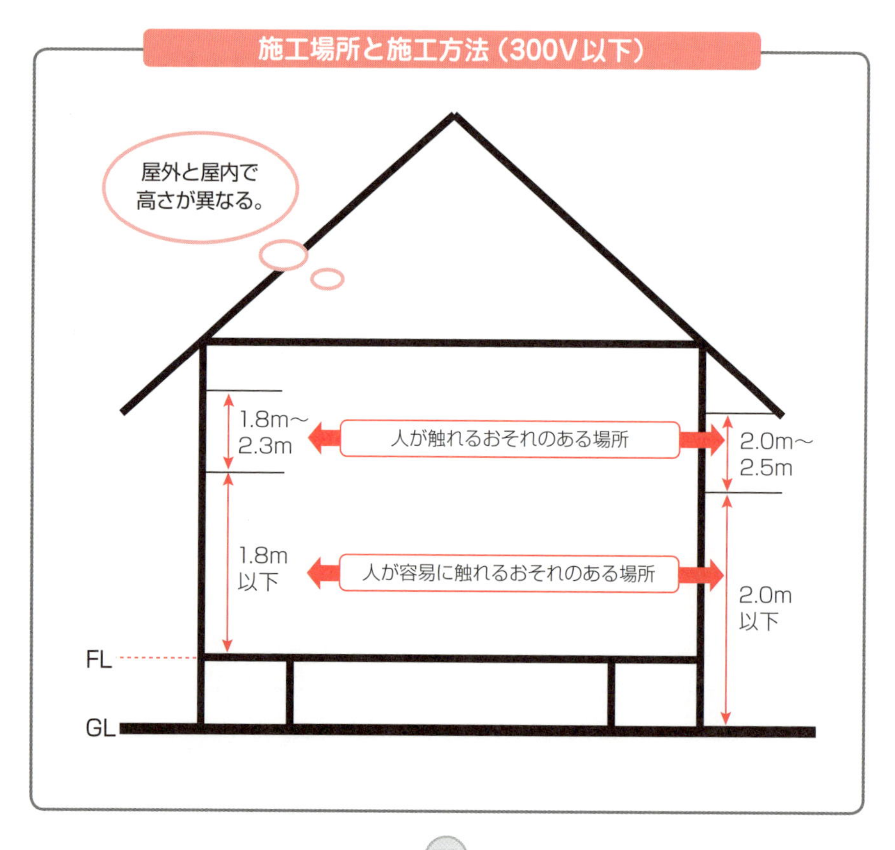

配線方法			施設の可否							
			屋内						屋側屋外	
			露出場所		いんぺい場所					
					点検できる		点検できない			
			乾燥した場所	湿気の多い場所または水気のある場所	乾燥した場所	湿気の多い場所または水気のある場所	乾燥した場所	湿気の多い場所または水気のある場所	雨線内	雨線外
がいし引き線			○	○	○	○	×	×	a	a
金属管配線			○	○	○	○	○	○	○	○
合成樹脂管配線		合成樹脂管（CD管を除く）	○	○	○	○	○	○	○	○
		CD管	b	b	b	b	b	b	b	b
金属製可とう電線管配線		一種金属製可とう電線管	○	×	○	×	×	×	×	×
		二種金属製可とう電線管	○	○	○	○	○	○	○	○
金属線ぴ配線			○	×	○	×	×	×	×	×
合成樹脂線ぴ配線			○	×	○	×	×	×	×	×
フロアダクト配線			×	×	×	×	c	×	×	×
セルラダクト配線			×	×	○	×	c	×	×	×
金属ダクト配線			○	×	○	×	×	×	×	×
ライティングダクト配線			○	×	○	×	×	×	×	×
バスダクト配線			○	d	○	×	×	×	d	d
平形保護層配線			×	×	○	×	×	×	×	×
キャブタイヤケーブル配線	ビニルキャブタイヤケーブル		○	○	○	○	×	×	a	a
	二種	クロロプレンキャブタイヤケーブル	○	○	○	○	×	×	a	a
		クロロスルホン化ポリエチレンキャブタイヤケーブル	○	○	○	○	×	×	a	a
		ゴムキャブタイヤケーブル	○	○	○	○	×	×	×	×
	三種・四種	クロロプレンキャブタイヤケーブル	○	○	○	○	○	○	○	○
		クロロスルホン化ポリエチレンキャブタイヤケーブル	○	○	○	○	○	○	○	○
		ゴムキャブタイヤケーブル	○	○	○	○	○	○	×	×
キャブタイヤケーブル以外のケーブル配線			○	○	○	○	○	○	○	○

○：施設できる　×：施設できない

a：露出場所および点検できる隠ぺい場所にのみ施設できる。

b：コンクリート埋設の場合のほか自消性のある難燃性の管もしくはダクトに収めた場合にのみ施設できる。

c：コンクリートなどの床内にのみ施設できる。

d：屋外用のダクトを使用する場合にのみ施設することができる。ただし点検できない隠ぺい場所は除く。

出典：内線規程 第12版　電気技術規程使用設備編 JEAC8001-2011、p239 3102-1表
施工場所と配線方法（300V以下）、社団法人日本電気協会 編。

4-2 金属管工事

金属管工事は、屋外、屋内を問わずどこにでも施工可能な工事方法です。金属管は堅ろうで耐久性に優れた配管材料ですが、適切な工事を行わないと配管内での漏電や配管の加熱など事故の危険を招きます。

使用可能な電線

使用可能な電線は、屋外用ビニル絶縁電線を除く絶縁電線で、単線では直径3.2mm以下（アルミ線は4mm以下）、それ以外はより線を使用します。

配線上の留意点

配管内に電線の接続点を設けることはできません。電線の接続はボックス類の中で行います。また、交流電路では、電流が流れた電線の周囲に交流の磁界が発生します。この磁界は金属管内部に電流を発生させてしまうため、金属管が発熱します。これを防ぐために単相2線式回路では、電流の往路と復路となる電線を同一の金属管内に収めます。こうすることで、往路から発生する磁界と復路から発生する磁界が互いに打ち消し合い、金属管の発熱を防止することができます。また、三相3線式回路では、3本の電線を同一の管内に収めます。

弱電回路との兼ね合い及び水管、ガス管との離隔

低圧屋内配線の電線と通信や火災報知設備などの弱電回路の電線は原則として個別に配線を行いますが、次の場合は同一のボックス内に両配線を収めることができます。

- ボックス内に間仕切りを設けて低圧回路と弱電回路が混色しないように双方の配線を収め、ボックスにC種接地工事を施した場合。
- 弱電回路が絶縁電線やケーブルを使用したリモコンスイッチや電磁開閉器などの制御回路であって、容易に低圧回路と弱電回路の見分けがつくようにした場合は、ボックスと電線管のどちらも同一のものに収めることができます。

また、弱電線や水管、ガス管などには、金属管が直接接触しないように配管を行います。

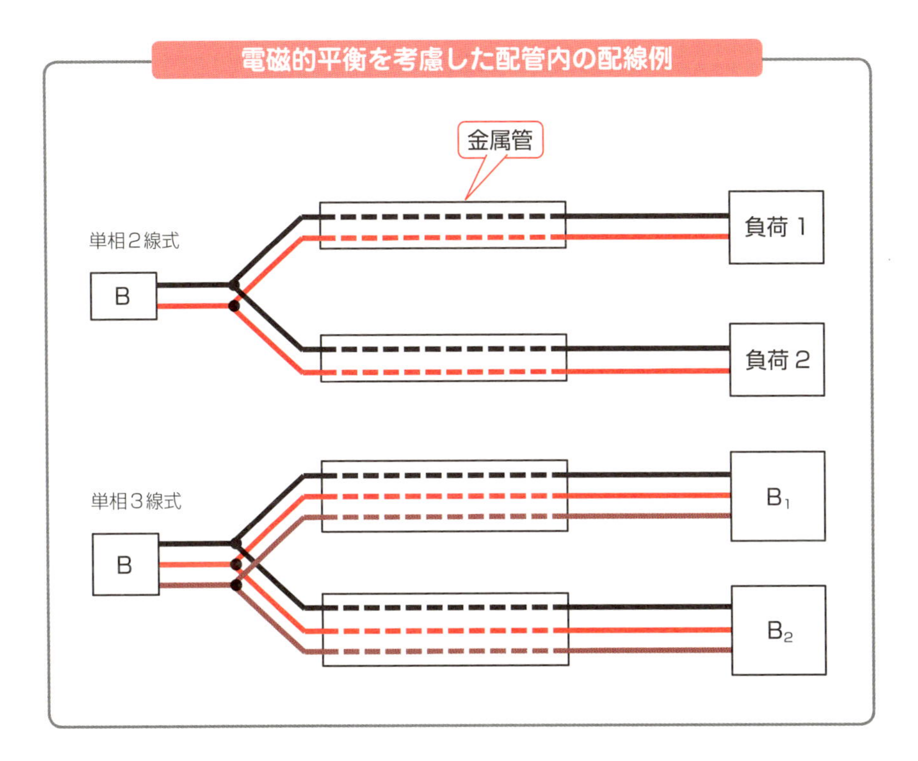

電線管の切断

電線管の切断には、金切りのこやパイプカッターを使用します。切断する本数が多い場合などは、高速カッターやバンドソーを用いると作業効率をいっそう高めることができます。

配管を切断するときのポイントは、切断面を配管に対して直角に保つことです。切断面が斜めになってしまった場合は、程度に応じて切断し直しや、金属用の平面ヤスリを使って直角を出すなどの手直しが必要です。

配管の切断面にはバリが出ますので、リーマなどを使ってバリを取り除きます。バリが残っていると通線時に電線の被覆を傷付けて漏電などの原因となります。手で触ってバリの感触がなくなる程度まで取り除きましょう。しかし、バリを取りすぎると金属管の肉厚が薄くなり、強度が弱くなってしまいますので注意が必要です。

電線管へのねじ切り

切断した厚鋼電線管や薄鋼電線管をボックスやカップリングなどと接続する場合には、管端への**ねじ切り**が必要になります。ねじ切りを行う場合はねじ切り器を使用しますが、ねじ切り器には手動式や電動式など様々なものがあります。特に太系の配管にねじ切りを行う場合は電動式のものを使用します。

ねじ切りを行う際のポイントは、ねじ切り器の刃を傷めないように適宜、切削油を使用して余分な摩擦を防止すること。また、ねじ切りを行った部分は配管の強度が落ちますので、ねじ切りの範囲を必要最小限にとどめることです。

電線管相互の接続

電線管相互の接続には**カップリング**を使用します。電線管にねじなし電線管を使用する場合はカップリング中央の突起に接続する両電線管の管端を突き当てた状態で止めねじを締め付けて、ねじをねじ切ります。ねじ切る際にはペンチやプライヤ、8mm角程度のラチェット式レンチなどを用いると作業効率が上がります。

厚鋼電線管や薄鋼電線管などのねじ付き管を相互接続する場合は、一方の電線管の管端部にカップリングを取り付けて、もう一方の電線管をカップリングにねじ込み、接続を行います。どちらの電線管も回すことができない場合は、一方の管端にカップリング長のねじ切りを行い送り接続を行います。

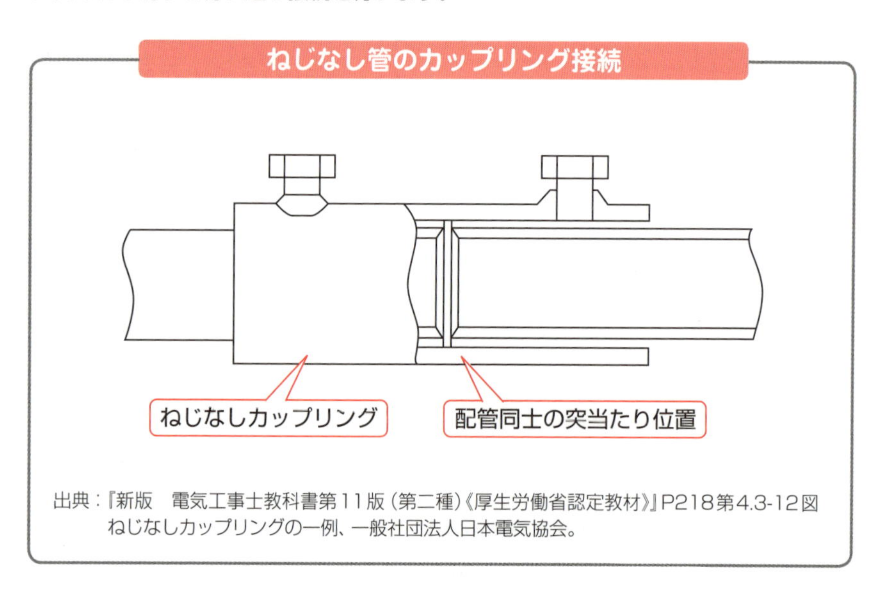

出典：『新版　電気工事士教科書第11版（第二種）《厚生労働省認定教材》』P218第4.3-12図 ねじなしカップリングの一例、一般社団法人日本電気協会。

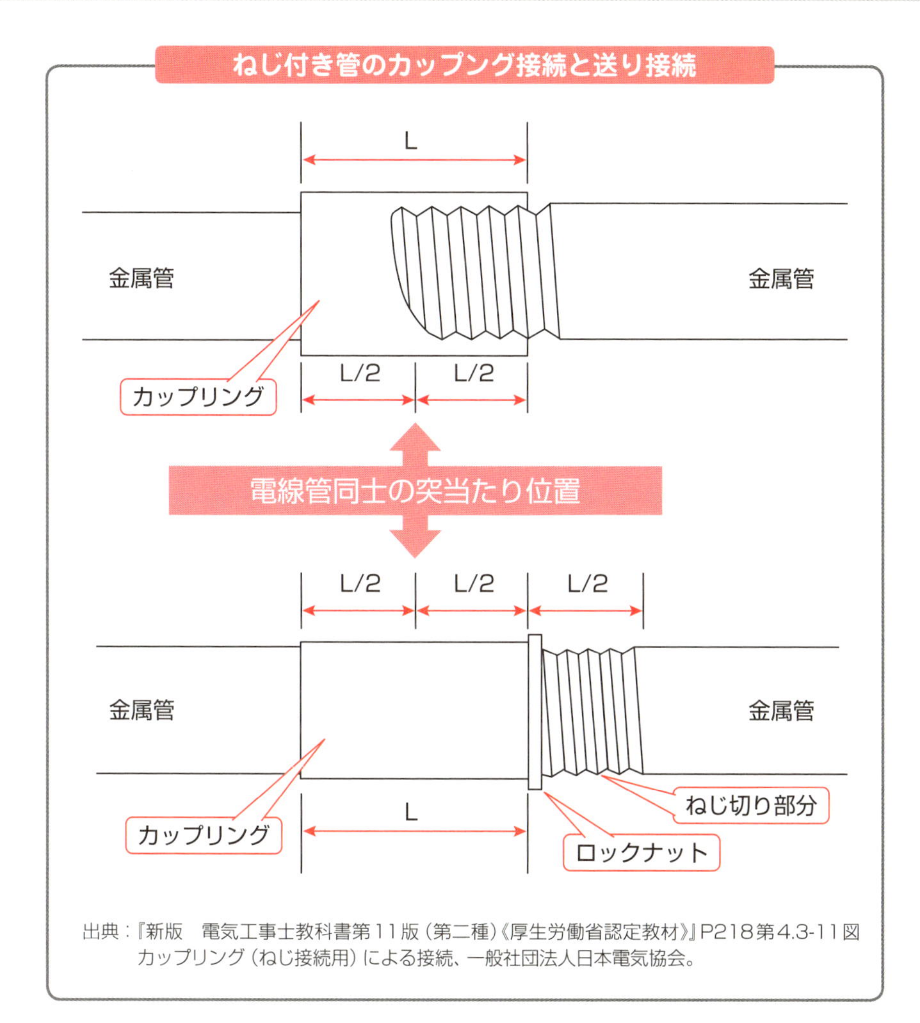

出典：『新版　電気工事士教科書第11版（第二種）《厚生労働省認定教材》』P218第4.3-11図 カップリング（ねじ接続用）による接続、一般社団法人日本電気協会。

電線管とボックス類の接続

ねじなし電線管とボックスを接続する場合はボックスコネクタとロックナットを用いて接続を行います。ねじ付き管を使用する場合は、ロックナットを2枚使用してボックス内外から挟んで締付けを行います。また、ノックアウト径が電線管のサイズより大きい場合はリングレジューサを使用して接続を行います。

配管とボックス類の接続を行う際のポイントは、ボックスの接続面と電線管がどの方向から見ても直角に接続されていることです。斜めに接続が行われているとロックナットを適切に締め付けることができず、電気的に確実に接続することができません。

電線管の曲げ方

電線管の曲げ作業はパイプベンダや油圧ベンダを用いて行います。曲げ半径は電線管内径の6倍以上とし、パイプにつぶれやシワが起こらないように数か所に分けて少しずつ曲げてゆきます。

数か所に屈曲部分を設ける曲げ作業では、屈曲箇所同士の間にねじれが生じる場合がありますので、力を加える方向に注意を払うことが作業のポイントとなります。

管端部の電線保護

配管への通線作業は配管が完了してから行います。このため、管端部には電線を傷つけることのないように保護部材を取り付ける必要があります。

配管内にケーブルを通線してケーブル露出工事に移る場合などには、屋内の乾燥した場所であれば、絶縁ブッシングやターミナルキャップを使用します。

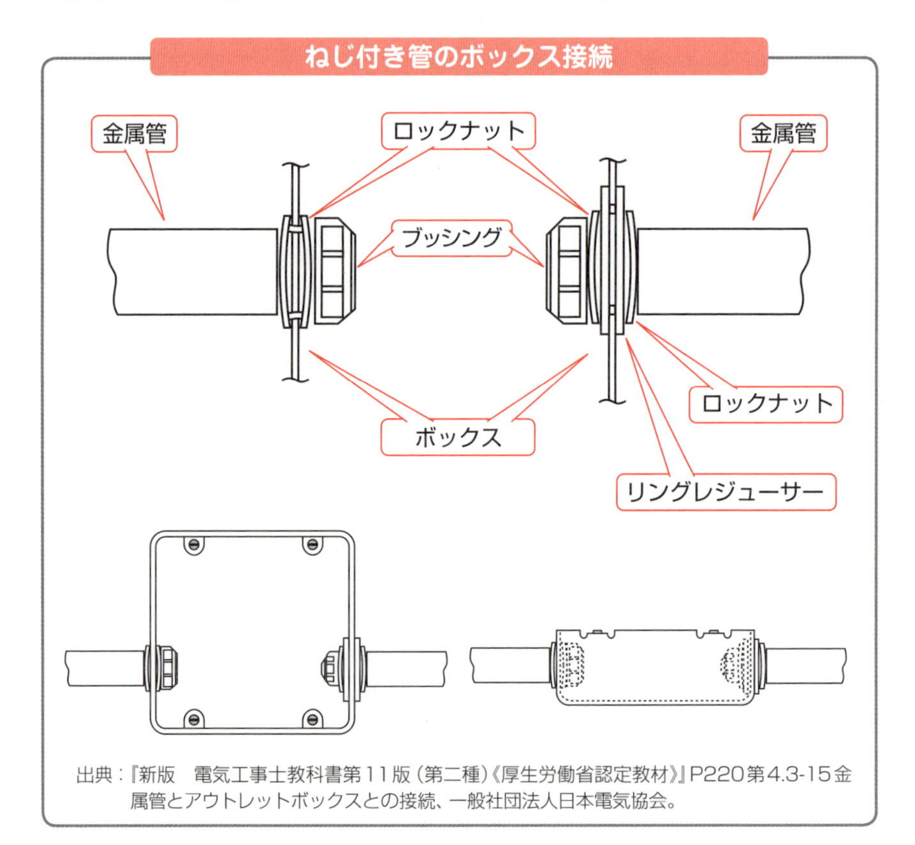

出典：『新版　電気工事士教科書第11版（第二種）《厚生労働省認定教材》』P220第4.3-15金属管とアウトレットボックスとの接続、一般社団法人日本電気協会。

また、屋外の雨のかかる場所では、エントランスキャップを使用して雨の侵入も防ぎます。電線管がボックスやキャビネットに接続されている場合には、ボックス内の管端部に絶縁キャップを取り付けます。

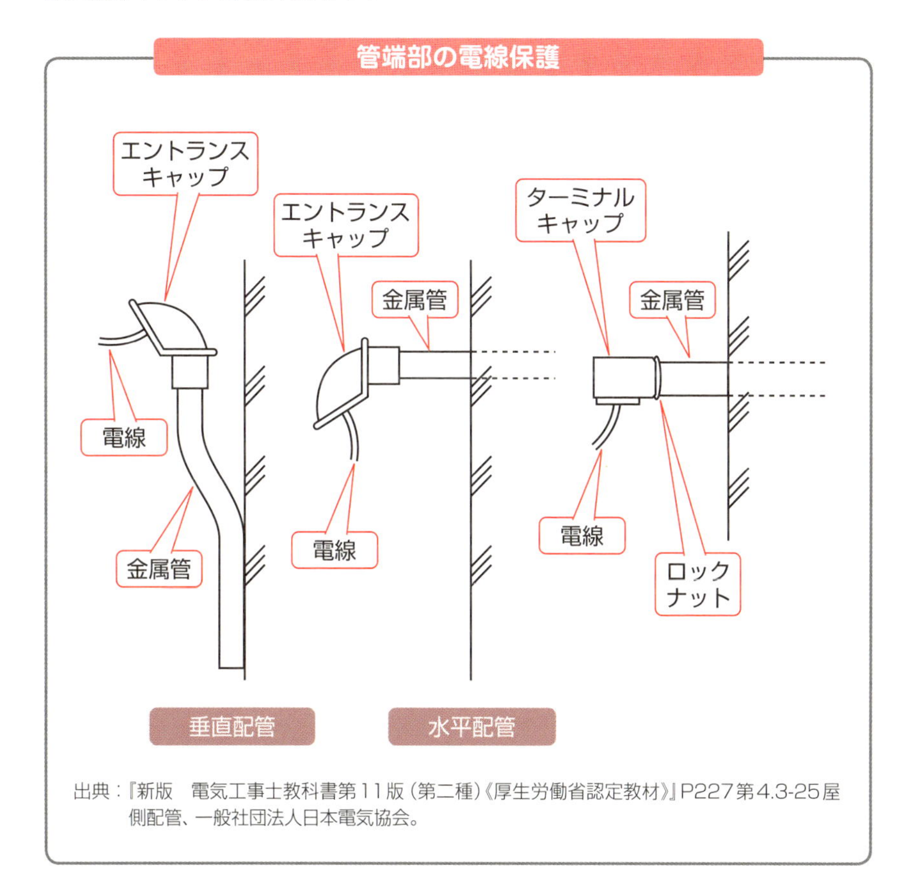

出典：『新版　電気工事士教科書第11版（第二種）《厚生労働省認定教材》』P227第4.3-25屋側配管、一般社団法人日本電気協会。

配線引替えへの配慮

電気設備は竣工した後に、設備の改修などにより配線の引替えを行う場合があります。新設時の作業のしやすさだけでなく、改修時にも作業がしやすい施工を行えるように配慮した施工を行うことが必要です。このため、ボックス類や蓋つきのユニバーサルエルボなどの天井裏の隠ぺい場所への施設や、ボックスとボックスの間やボックスとキャビネット類の間に3か所を超える直角の屈曲箇所を設ける施工など、電線の引抜きや通線が困難になる施工は行わないようにします。

ボックス間に３か所以上の直角屈曲箇所ができてしまう場合や配管長が長く電線の引替えが困難になる場合には、中間の作業がしやすい場所にプルボックスを設けるなどして、配管の引替えが容易にできるように施工を行います。

露出配管

露出配管工事では、造営材にサドルを用いて電線管を取り付けます。サドルの取付けピッチは一般的に2m以内で均等な割付をできる距離を設定します。また、C形チャンネルなどの鉄材で架台をつくり、架台の造営材への取付けや、架台を天井からボルト吊りするなどして、パイプクリップで配管を架台に固定する方法を用いる場合もあります。

隠ぺい配管

隠ぺい配管工事は大きく、天井ふところや壁内などへの隠ぺい配管とコンクリートの内部に電線管を埋め込む、コンクリート埋込み配管があります。コンクリートに配管を埋め込む場合には、コンクリート造営物の強度を保つことができるよう配慮して配管を埋め込む必要があります。

特にスラブへの配管を行う場合は管の径がスラブ厚の1/3を超えないことや、配管同士の距離を離すこと、梁と平行に配管を行わないことなどの配慮が必要です。

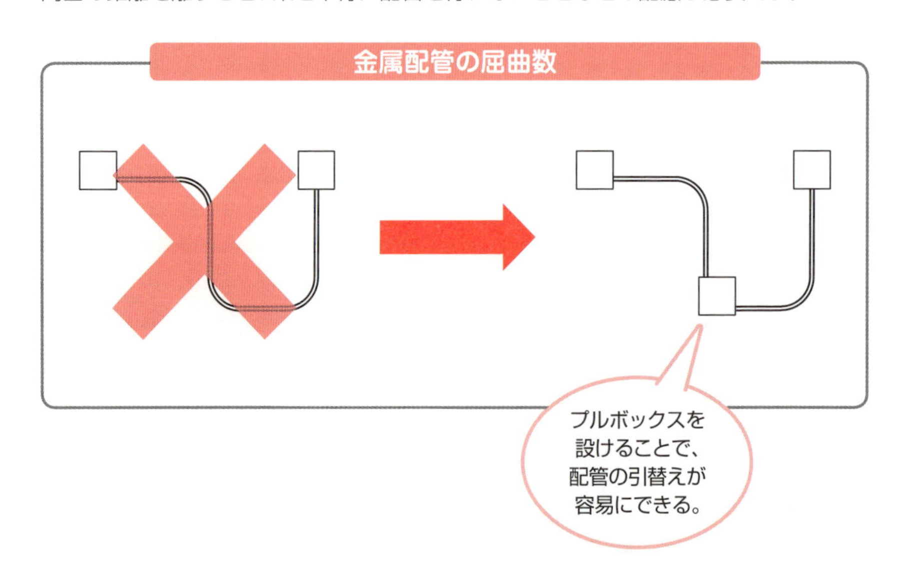

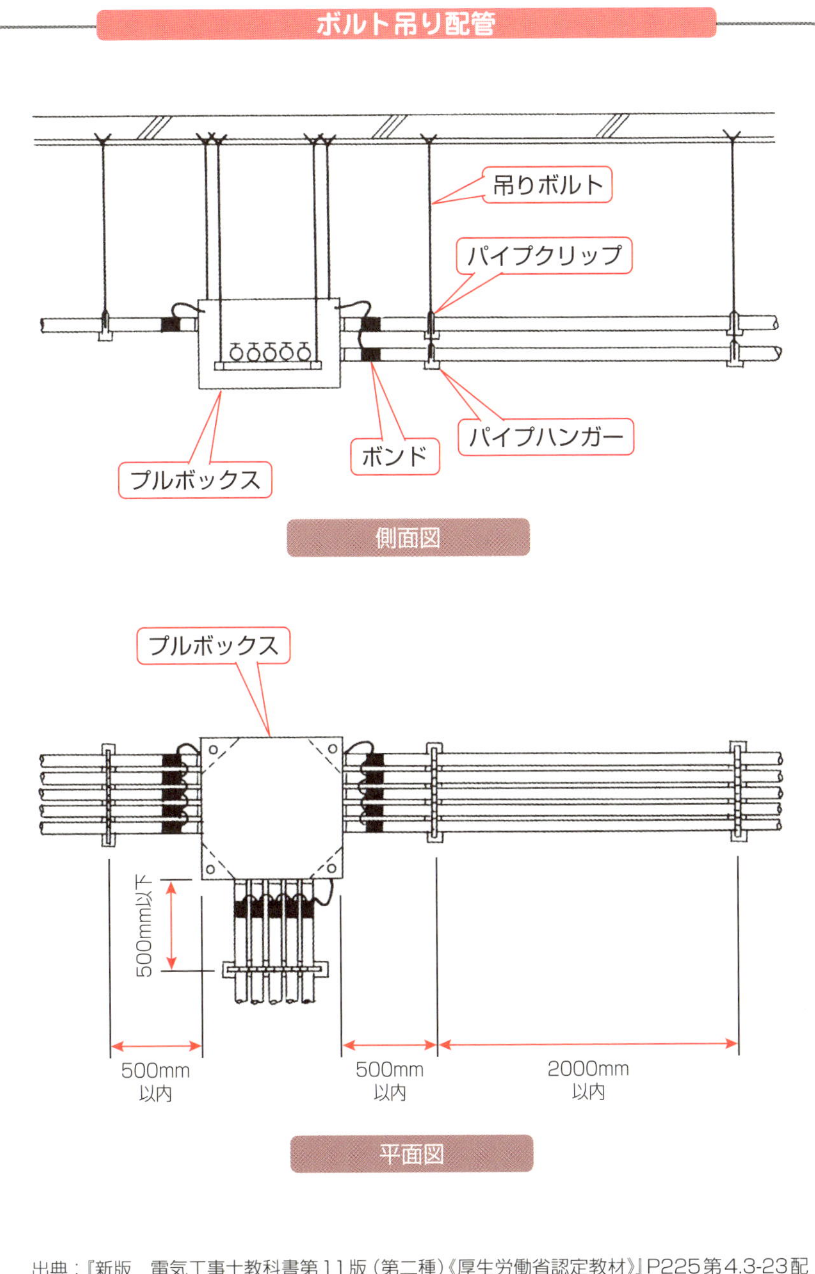

出典：『新版　電気工事士教科書第11版（第二種）《厚生労働省認定教材》』P225第4.3-23配管の支持、一般社団法人日本電気協会。

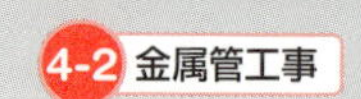

水気のある場所や湿気の多い場所、雨のかかる場所への配管

水気のある場所や湿気の多い場所、雨のかかる場所に配管を行う場合は、電線管の中に水が入らないように施工を行わなければなりません。また、塗装を行うなど電線管の表面には腐食を防止するための措置を行う必要があります。

配管の接続部材にはねじ付きのもの、もしくは防水機能のあるものを使用します。ねじ付きのものを使用する場合には、配管のねじ切りを必要最小限にとどめ、接続部分やその周囲にも錆止め塗装を施すなどして腐食の防止を行います。また、ボックス類を使用する場合にも、パッキンなどで蓋部分からの水の侵入を防止できる構造のものを選定します。また、ボックス類には水がたまらないように水抜き穴を設けるなど、水抜き加工を行い水の排水を促す場合があります。

接地工事

次のような場合、金属管や付属品に接地工事を行わなくてはなりません。

①配線の使用電圧が300Vを超える場合はC種接地工事を行います。ただし、人が触れるおそれのないように施設したものはD種接地工事とすることができます。

②配線の使用電圧が300V以下の場合はD種接地工事を行います。ただし、次の場合は接地工事を省くことができます。

・乾燥した場所に長さ4m以下の電線管を施設する場合。

・人が触れるおそれのないように施設した場合、または乾燥した場所に配線の使用電圧が直流300V以下もしくは交流対地電圧150V以下で、長さ8m以下の配管を施設する場合。

同一管内に収める電線の本数

同一の電線管内にたくさんの電線を収めると、通線や電線引替え時に作業ができなくなり、電線を傷めてしまうばかりでなく、許容電流を減少させてしまう原因ともなります。配管のサイズごとに電線の最大引入れ本数が規定されていますので参考にしましょう。

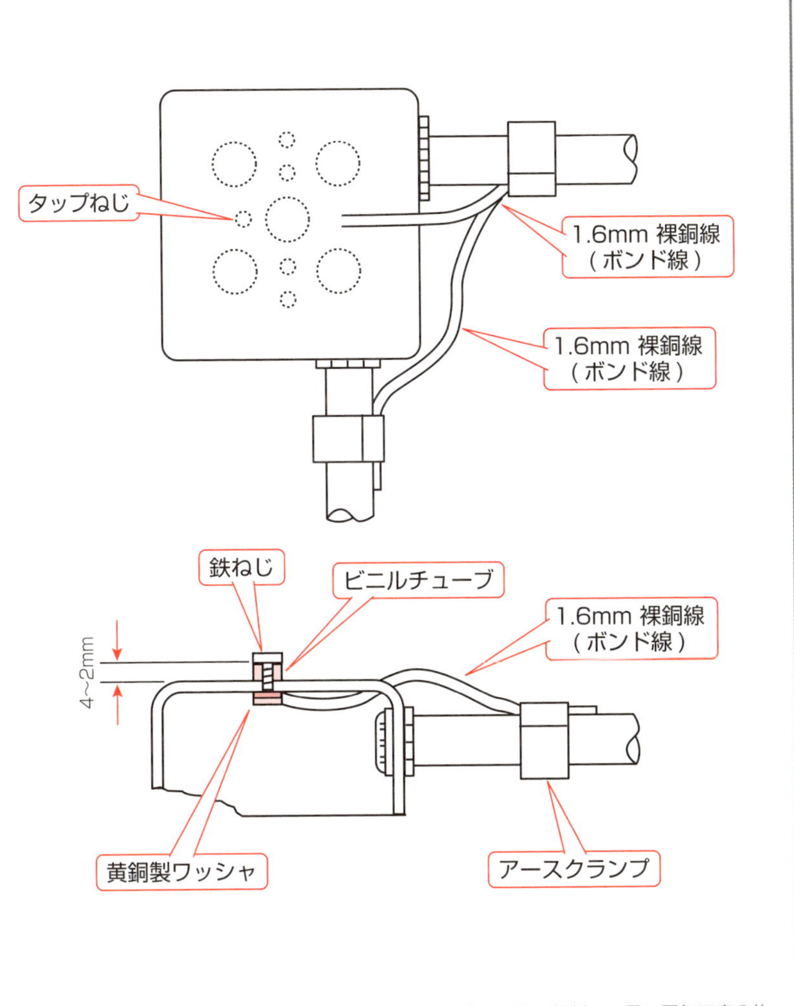

出典：『新版第一種電気工事士教科書Ⅱ　電気機器・電力応用器具・材料・工具・電気工事の施工方法第６版』、P195、7-45図ボンドの施工例、社団法人日本電気協会。

金属管の太さの選定

▼ねじなし電線管の太さの選定

電線太さ		電線本数									
単線	より線	1	2	3	4	5	6	7	8	9	10
		金属管の太さ（管の呼び径）									
1.6		E19	E19	E19	E25	E25	E25	E25	E31	E31	E31
2		E19	E19	E19	E25	E25	E25	E31	E31	E31	E31
2.6	5.5	E19	E19	E25	E25	E25	E31	E31	E31	E39	E39
3.2	8	E19	E25	E25	E31	E31	E31	E39	E39	E39	E51
	14	E19	E25	E31	E31	E39	E39	E51	E51	E51	E51
	22	E19	E31	E31	E39	E51	E51	E51	E51	E63	E63
	38	E25	E39	E39	E51	E51	E63	E63	E63	E75	E75

▼薄鋼電線管の太さの選定

電線太さ		電線本数									
単線	より線	1	2	3	4	5	6	7	8	9	10
		金属管の太さ（管の呼び径）									
1.6		C19	C19	C19	C25	C25	C25	C25	C31	C31	C31
2		C19	C19	C19	C25	C25	C25	C31	C31	C31	C31
2.6	5.5	C19	C19	C25	C25	C25	C31	C31	C31	C39	C39
3.2	8	C19	C25	C25	C31	C31	C31	C39	C39	C39	C51
	14	C19	C25	C31	C31	C39	C39	C51	C51	C51	C51
	22	C19	C31	C31	C39	C51	C51	C51	C51	C63	C63
	38	C25	C39	C39	C51	C51	C63	C63	C63	C75	C75

出典：『現場で役立つ屋内配線図の基本と仕組み』P59、秀和システム。

施工上の注意点

- 電線管の屈曲は3か所以内。
- 管内の最大引入れ本数に注意する。

4-3 金属製可とう電線管工事

金属製可とう電線管工事は配管工事の延長線上で、振動の多い機械の電源接続部分付近やボックス類への配管接続部分付近に行われることの多い工事方法です。

金属製可とう電線管の種類

前章で紹介しましたが、金属製可とう電線管には一種金属製可とう電線管と二種金属製可とう電線管があります。一般的に一種金属製可とう電線管は**フレキシブルコンジット**、二種金属製可とう電線管は**プリカチューブ**と呼ばれています。

二種金属製可とう電線管には、施工場所や低圧内での使用電圧に制限はありません。しかし、一種金属製可とう電線管には、露出場所や点検できる隠ぺい場所で、かつ乾燥した場所でなければ施工ができません。使用に対する制限が大きいため、金属製可とう電線管工事を行う場合は、特殊な場合を除いてどのような場所でも使用できる二種金属製可とう電線管を使用することが多くなっています。

施工上の留意点

金属製可とう電線管内で電線の接続を行うことはできません。電線の接続はボックスなどの内部で行うこととします。

二種金属製可とう電線管の内部には耐水紙が使われています。ある程度の耐水性を持つ素材ではありますが、水気にはあまり強くありません。このため、湿気のある場所や水気のある場所に施工を行う際には、付属品として耐水性や防湿性のある製品を使用するなど、防湿措置を施さなくてはなりません。また、施工時にも、電線管を水に濡らさないよう注意が必要です。

二種金属製可とう電線管の切断はカッターナイフなどで行うこともできますが、安全性や作業効率を高めるために二種金属製可とう電線管切断専用の工具である**プリカナイフ**を使用します。

使用可能な電線

使用可能な電線は、屋外用ビニル絶縁電線を除く絶縁電線で、単線では直径3.2mm以下（アルミ線は4mm以下）、それ以外はより線を使用します。

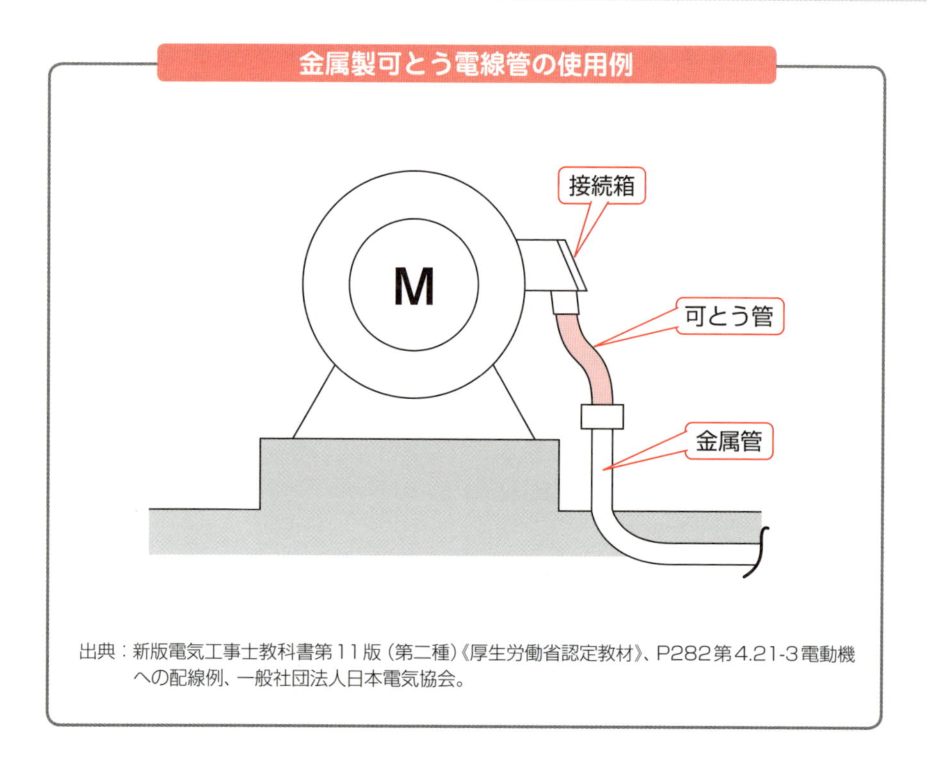

金属製可とう電線管の使用例

出典：新版電気工事士教科書第11版（第二種）《厚生労働省認定教材》、P282第4.21-3電動機への配線例、一般社団法人日本電気協会。

▼プリカナイフ

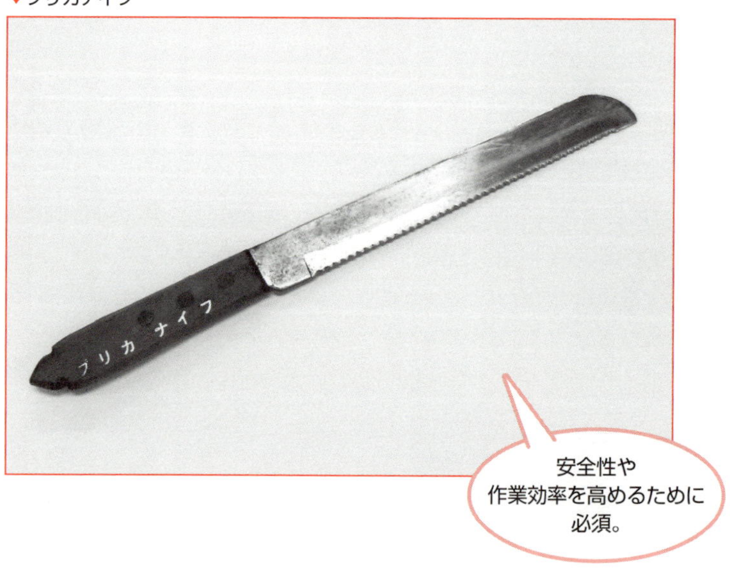

支持点間の距離

電線管を造営材の側面や下面に水平方向に施設する場合や人が触れる恐れのある場所に施設する場合は、支持点間の距離を1m以下とします。また、電線管相互を接続する場合や電線管を器具やボックス類と接続する場合は、接続箇所から30cm以内に支持点を設けます。それ以外の場合には支持点間の距離を2m以下とすることができます。

電線管の曲げ半径

一種金属製可とう電線管の曲げ半径は原則として電線管内径の6倍以上とします。施工上やむを得ない場合は電線管が潰れない程度まで屈曲部分を小さくすることができます。

二種金属製可とう電線管の曲げ半径は、露出場所もしくは点検できる隠ぺい場所で、管の取外しができる場所であれば電線管内径の3倍以上、それ以外の場合は配管内径の6倍以上とします。

接地工事

次のような場合、電線管と付属品に接地工事を行わなくてはなりません。

①配線の使用電圧が300Vを超える場合はC種接地工事を行います。ただし、人が触れるおそれのないように施設したものはD種接地工事とすることができます。

②配線の使用電圧が300V以下の場合はD種接地工事を行います。ただし長さ4m以下の配管を施設する場合は接地工事を省くことができます。

金属製電線路の特徴

- 金属管への配線は電磁的平衡を考慮する。
- 金属製可とう電線管は振動がある場所の配管に便利。
- 金属線ぴの切断は塗装焼けに注意する。

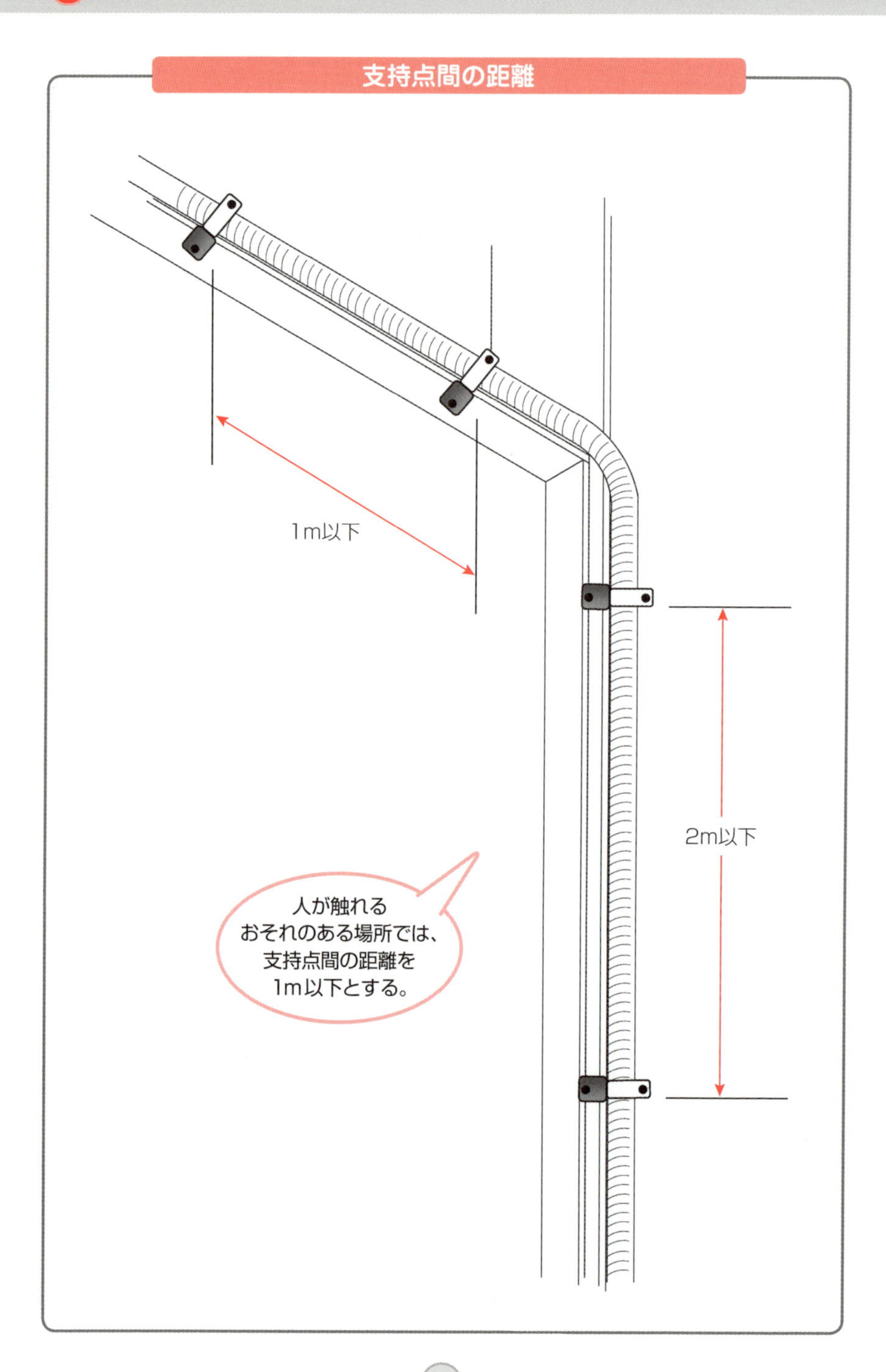
支持点間の距離
1m以下
2m以下
人が触れる
おそれのある場所では、
支持点間の距離を
1m以下とする。

4-4 金属線ぴ工事

金属線ぴ工事は、建物竣工後の後付け工事や照明、コンセントのレイアウト変更工事が行いやすくオフィスや工場など、改修が頻繁に行われやすい場所に多く用いられる工事方法です。

 金属線ぴの種類

前章にも紹介しましたが、金属線ぴには一種金属線ぴと二種金属線ぴがあり、一般的に一種金属線ぴは**メタルモール**、二種金属線ぴは**レースウェイ**（幅50mm未満）と呼ばれています。

メタルモールの施工例

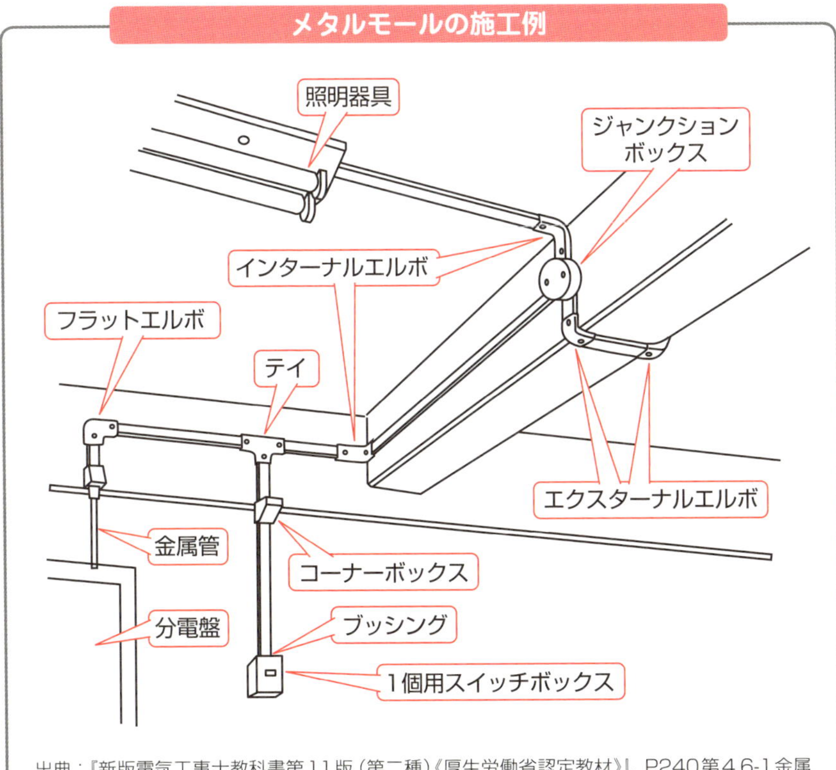

出典：『新版電気工事士教科書第11版（第二種）《厚生労働省認定教材》』、P240第4.6-1金属製線ぴの使用例、一般社団法人日本電気協会。

一種金属線ぴは主に屋内の天井面や壁面などの造営材に直接取り付ける露出工事に用いられ、二種金属線ぴは主に工場などの天井吊りの露出工事に用いられます。

施工できる場所は一種、二種を問わず屋内の露出場所または点検できる隠ぺい場所であって、外傷を受けるおそれのない乾燥した場所となっています。また、使用電圧は一種、二種ともに300V以下とされています。

電線の接続点

使用可能な電線は、屋外用ビニル絶縁電線を除く絶縁電線で、原則として金属線ぴ内に電線の接続点を設けることはできません。ただし、PSEマークの付された二種金属製線ぴを使用して、電線を分岐する場合であって、接続点を容易に点検できるように施設し、線ぴにD種接地工事を施した場合。さらに、線ぴ内の電線を外部に引き出す部分は、線ぴの貫通部分であり、電線が損傷を受けるおそれがないように施設した場合は、線ぴ内に接続点を設けることができます。

レースウェイの施工例

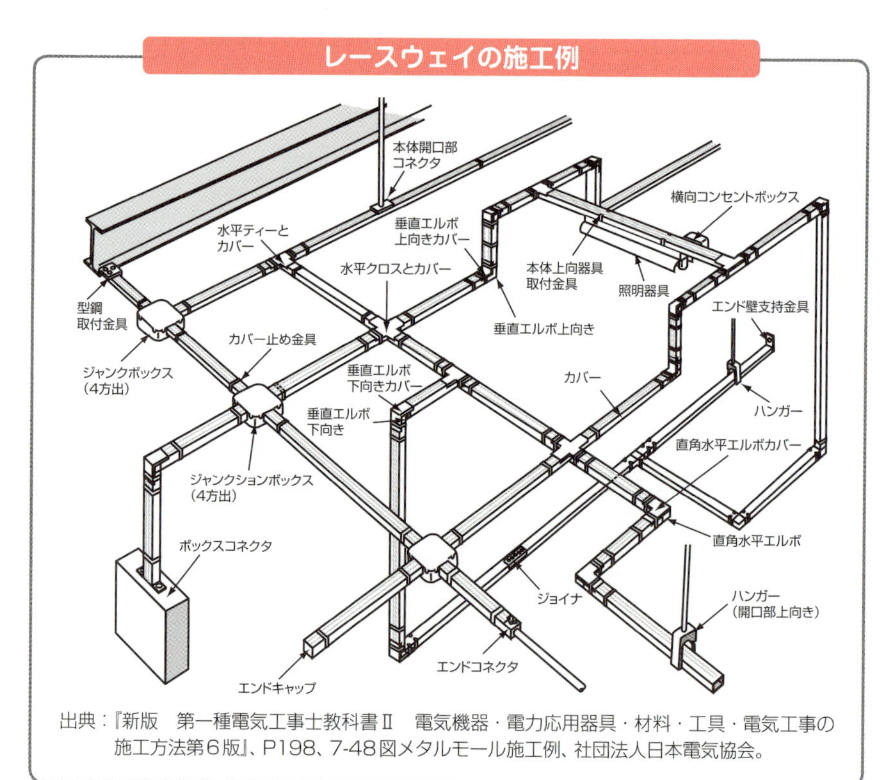

出典：『新版　第一種電気工事士教科書Ⅱ　電気機器・電力応用器具・材料・工具・電気工事の施工方法第6版』、P198、7-48図メタルモール施工例、社団法人日本電気協会。

金属線ぴと付属品等の施設方法

線ぴ相互を接続する場合や線ぴとボックスなどの付属品を接続する場合は、線ぴ専用の接続用付属品を使い機械的に堅ろうに接続し、さらに電気的にも完全に接続を行わなければなりません。このため、ボンド線の取付けが必要です。

接地工事

金属製線ぴには、原則としてD種接地工事を行う必要があります。ただし、線ぴの全長が4m以下の場合、もしくは全長8m以下の線ぴに**簡易接触防護措置***を施すか、乾燥した場所に施設する場合であって、直流300V以下または交流対地電圧150V以下で使用する場合は、接地工事を省略することができます。

施工上の留意点

金属製線ぴを切断する場合は金切りのこを使用します。切断本数が多い場合などは高速カッターやバンドソーを使用しますが、特に一種金属製線ぴ（メタルモール）を切断する場合は、高速カッターを使用すると塗装面が焼けて露出工事に使用できなくなるおそれがあります。このような場合はスタンド付きのバンドソーなどを使用すると焼けが起こらず、切断面のゆがみも少ないため作業効率を高めることができます。

▼スタンド付きバンドソー

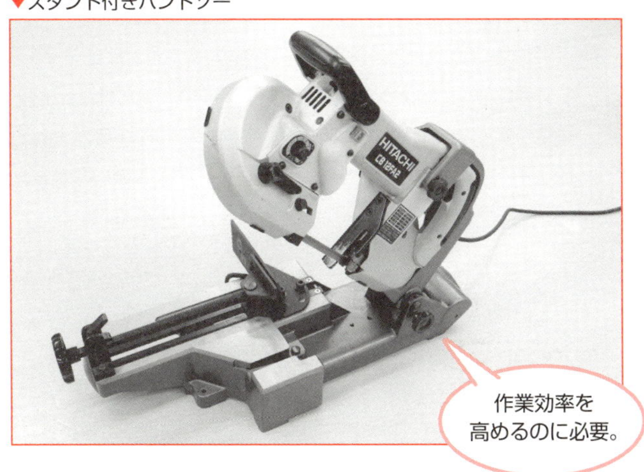

***簡易接触防護措置**　屋内では床上1.8m以上の高さで、人が容易に触れることのない範囲に施設すること、または人が接近、接触しないように柵、塀を設けるなどの防護措置を施すこと。

4-5 合成樹脂管工事

合成樹脂製電線管は腐食が起こりにくく、施工性に優れているため、湿気や水気のある場所、化学薬品などの影響を受けやすい場所などに多く使用されています。

使用可能な電線

使用可能な電線は、原則として屋外用ビニル絶縁電線を除く絶縁電線です。単線では直径3.2mm以下（アルミ線は4mm以下）、それ以外はより線を使用します。また、電線管内に電線の接続点を設けることはできません。

施工できる場所

合成樹脂管工事は、使用電圧、屋内、屋外を問わず、どこにでも施工を行うことができる施工方法です。ただし、電線管の主材となる合成樹脂は紫外線による劣化や直射日光による変形が懸念されますのでこのような場所に施工を行う場合は高耐候性能を持つものを使用するか、別の工事方法を考慮する必要があります。

電線管の切断方法

合成樹脂製電線管を切断する場合は、金切りのこや樹脂管カッターを使用します。切断後には切断面を滑らかにするため面取り器などで面取りを行います。このとき、面取りをしすぎると管の強度が弱くなりますので注意が必要です。また、切断に高速カッターやベビーサンダーなどの電動の研削砥石工具を使用すると大量の粉塵と管端の焼け焦げが生じますので、あまりお勧めできません。

▼金切りのこ

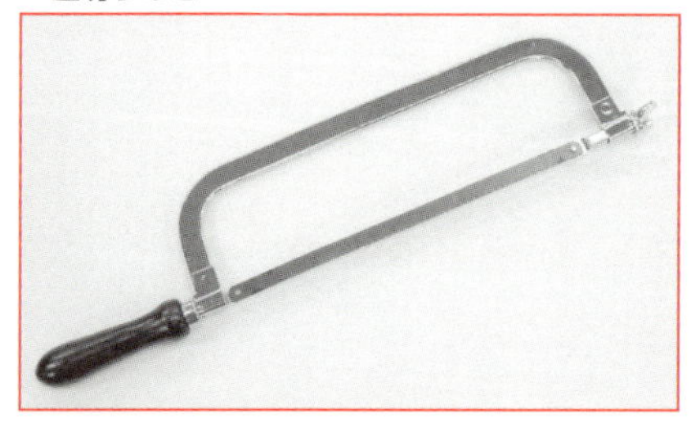

▼樹脂管カッター

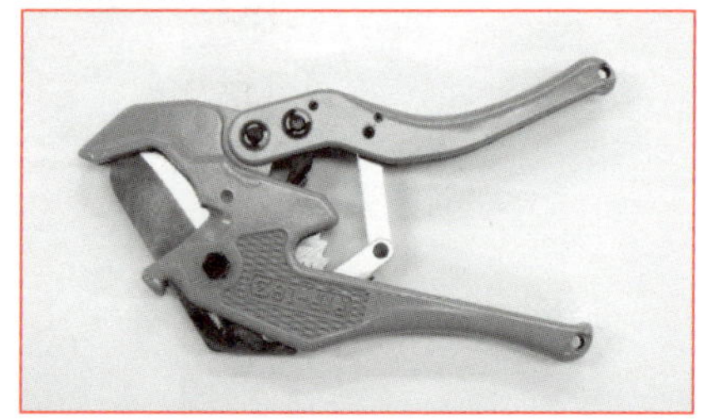

電線管の相互接続

電線管相互の接続にはカップリングに電線管を差し込んで行う方法と一方の管端を膨らませ、そこにもう一方の電線管を差し込む方法があります。接続の差込み部分に接着剤を用いる場合は、差込み深さを電線管外径の0.8倍以上、接着剤を用いない場合は電線管外径の1.2倍以上としなければなりません。

電線管の伸縮を緩衝するために用いる伸縮カップリングは、配管距離8mから10mごとに施設して、温度変化で起こる管の伸縮による変形や接続部分での配管の抜けを防ぎます。

電線管の曲げ方

電線管を曲げる場合は、曲げ半径を電線管内径の6倍以上とし、トーチランプなどを使用して電線管を加熱し軟化します。加熱によって軟化した電線管を所定の形状に成形して、水に濡らしたウエスなどで冷やして硬化させます。

加熱のポイントは、配管を回転させながら、炎と電線管の距離とトーチランプを動かす速さのバランスをとり、屈曲箇所を均一にあたためることです。また、屈曲したい長さの1.5倍程度の距離を温めます。不均一な加熱や狭い範囲の加熱は凹みや焦げ、折曲がりの原因になりますので注意が必要です。

電線管の支持点

露出などの配管工事において、電線管を造営材に固定する場合はサドルを使用します。サドルの取付けピッチは1.5m以下として見栄えのよい間隔とします。ただし、電線管相互の接続部や電線管とボックス類の接続部分など、管端の附近ではこれらの近く（30cm以内）に支持点を設けます。

合成樹脂製電線路の特徴

- 合成樹脂管は熱源配管から15cm以上離して施工する。
- コンクリートへの埋設配管は建物の強度を損なわないようにする。

配線引替えへの配慮

ボックスとボックスの間など、電線の引入れや引出しができる場所の間には4か所を超える直角の電線管屈曲箇所を設けないようにします。必要な場合は、屈曲箇所にプルボックスなどを配置します。また、配管長が長く電線の引替えが困難になる場合には、中間の作業がしやすい場所にプルボックスを設けるなどして、配管の引替えが容易にできるように施工を行います。

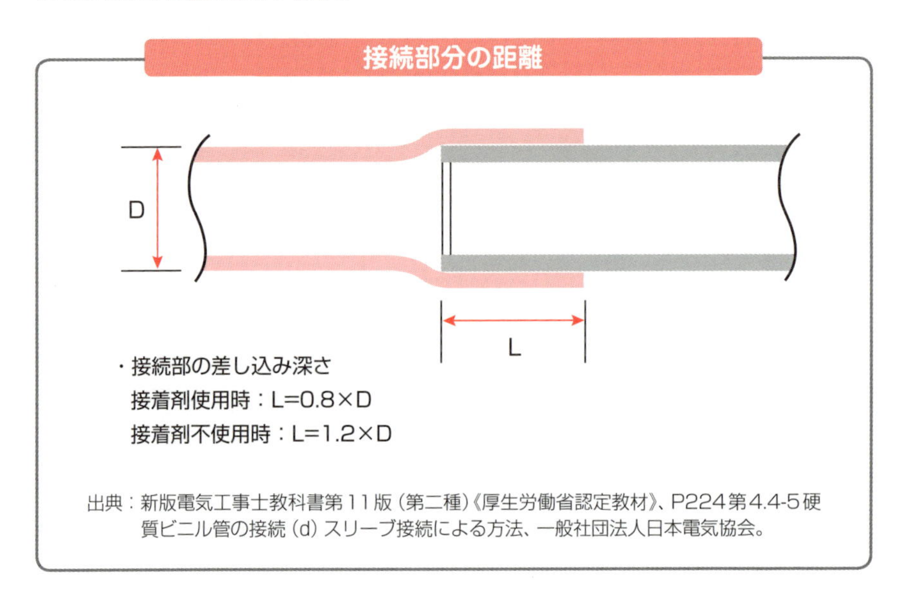

接続部分の距離

・接続部の差し込み深さ
接着剤使用時：L=0.8×D
接着剤不使用時：L=1.2×D

出典：新版電気工事士教科書第11版（第二種）《厚生労働省認定教材》、P224第4.4-5硬質ビニル管の接続（d）スリーブ接続による方法、一般社団法人日本電気協会。

▼トーチランプ

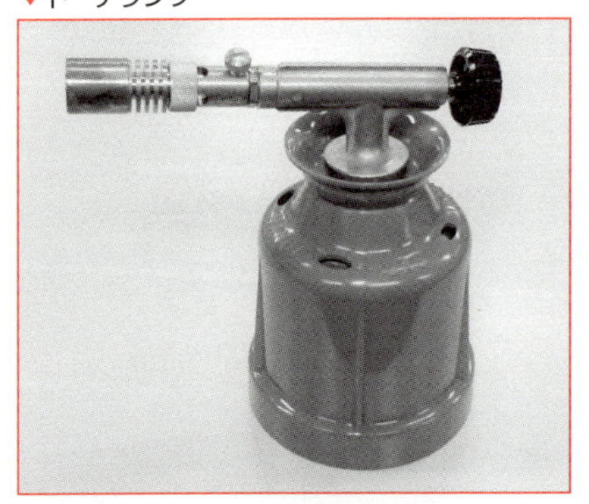

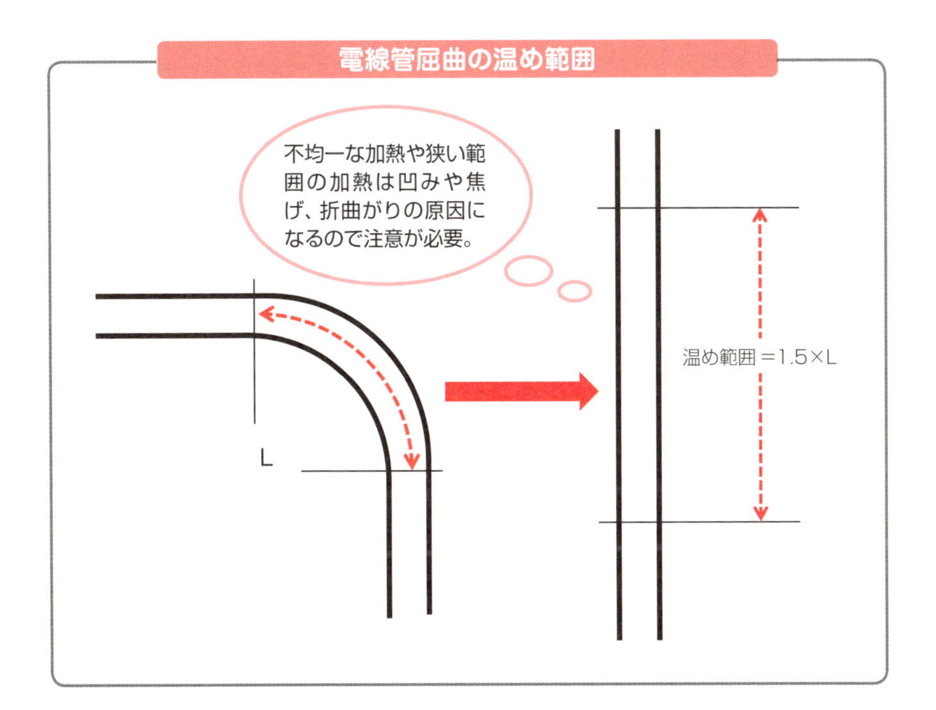

弱電線、水管、ガス管との離隔

電線管は弱電線、水管、ガス管などに接触しないように施設します。ただし、煙突や煙管、暖房ダクトのように熱を発するものからは15cm以上離して施設しなくてはなりません。

使用可能な付属品

合成樹脂管工事に用いる電線管および付属品は、PSEマークの付された合成樹脂製の電線管および付属品を用い、コンクリート埋込みを行う場合を除いて金属管工事のものを代用すべきではありません。

金属製ボックスの接地

コンクリート埋込工事において金属製のボックスを使用する場合はボックスに接地工事を施さなければなりません。接地工事の種類は、使用電圧が300Vを超える場合はC種接地工事、使用電圧が300V以下の場合はD種接地工事となっています。

ただし、使用電圧が直流300V以下、交流対地電圧150V以下であって、人が容易に触れるおそれのない場所、もしくは乾燥した場所に施設する場合は接地工事を省略することができます。

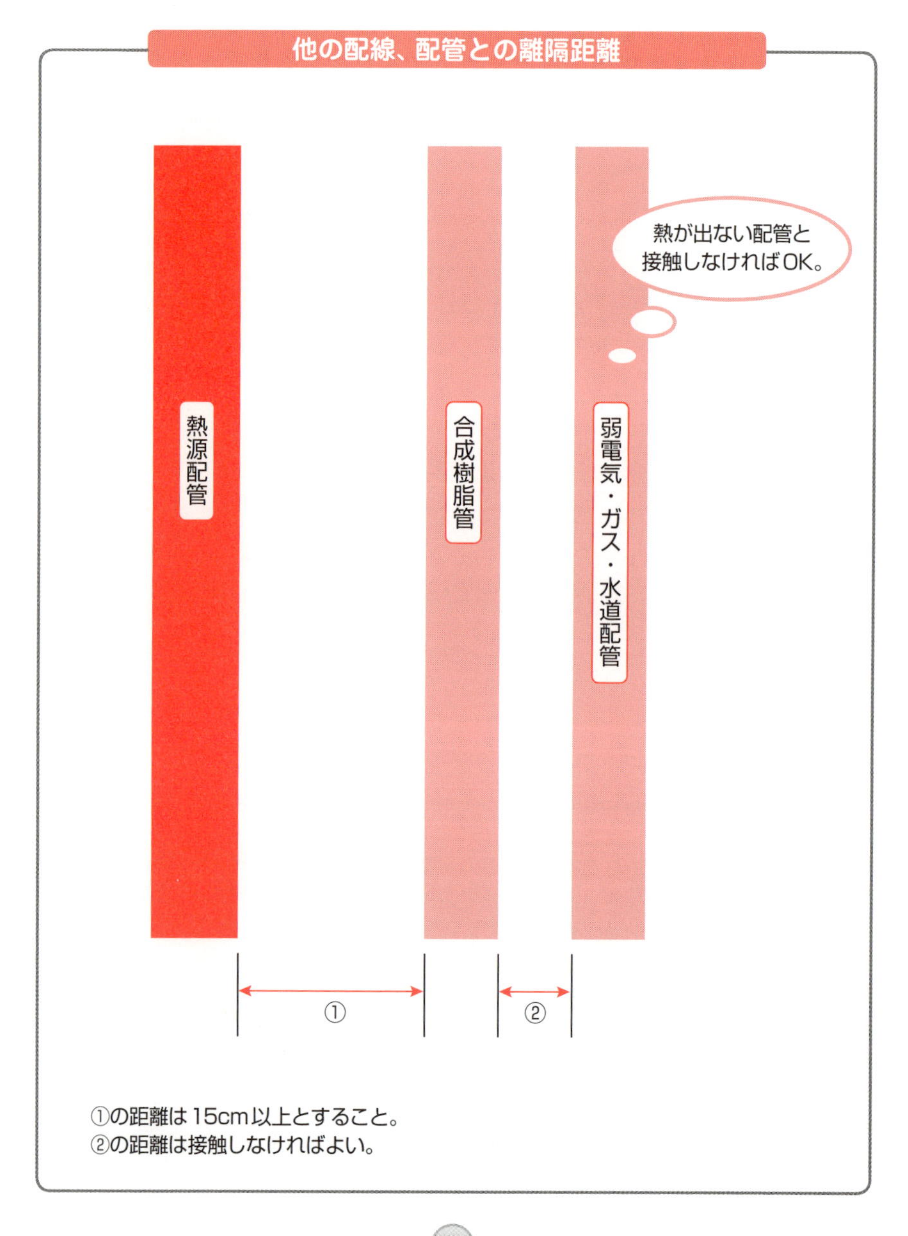

4-6 合成樹脂製可とう電線管による合成樹脂管工事

合成樹脂製可とう電線管を用いた合成樹脂管工事の工事方法は前節の合成樹脂管工事に準じて行います。ここでは合成樹脂製可とう電線管を用いる場合に特に留意したい項目を紹介します。

合成樹脂製可とう電線管の種類

合成樹脂製可とう電線管は、自己消火性（耐燃性）をもつ**PF管**と自己消火性を持たない**CD管**に分けることができます。PF管は合成樹脂性電線管と同様に屋内、屋外を問わずどこにでも施工が可能な電線管です。しかし、CD管は自己消火性を持たないため基本的にコンクリート埋込み工事にのみ使用されます。コンクリートに埋め込んで使用しない場合は、専用の不燃性または自消性をもつ難燃性の管またはダクトに収めて施設する必要があります。

電線管の支持点

電線管を固定する場合はサドルもしくは結束線を使用します。支持点の取付けピッチは1m以下として、電線管相互の接続部や電線管とボックス類の接続部分など、管端附近ではこれらの30cm以内に支持点を設けます。

コンクリート埋込み工事の留意点

コンクリート埋込み工事を行う場合は以下の点に留意して施設を行います。

- 埋込みの場合、支持点間の距離は原則1m以内とし、配管接続部では0.3m以内とする。
- 配管こう長30m以内にジャンクションボックスやプルボックスを設け、通線作業を容易にする。
- 構造物の強度を保つため、鉄筋に添わせた配管を行わない。
- 梁と電線管の直交部分などでは、あばら筋とあばら筋の間に配管1本を原則とする。やむを得ない場合は配管同士の間隔を少なくとも30mm以上離して配管する。
- 電線管の立上げ部やボックス部分ではコンクリートトロが電線管およびボックス内に侵入しないよう、キャップや粘着テープなどを用いて養生を行う。

埋込み配管の支持点

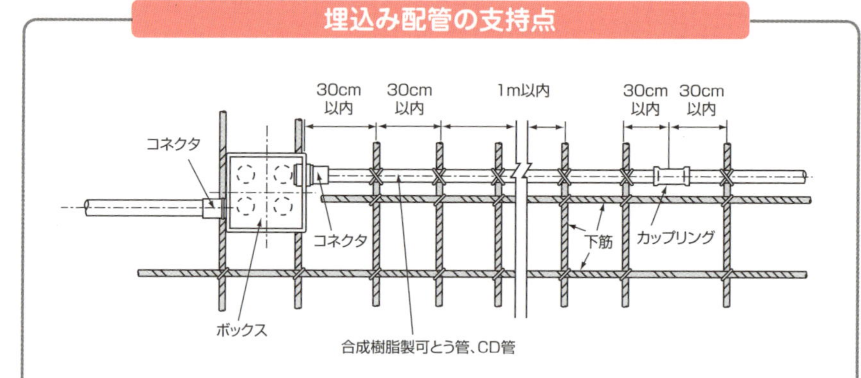

出典：『新版第一種電気工事士教科書Ⅱ 電気機器・電力応用器具・材料・工具・電気工事の施工方法第6版』、P180、7-28図シングル筋の場合の支持、一般社団法人日本電気協会より抜粋。

梁部のコンクリート埋込み配管

スラブ下端筋
梁主筋
電気配管
30mm以上
スラブ型枠
梁あばら筋
梁側面型枠
梁主筋
スペーサー
梁下型枠

4-7 ケーブル工事

ケーブル工事は、がいしによる支持の必要がないため電線路の確保が容易で、屈曲もしやすいため施工性が良く、様々な施設場所で用いられる施工方法です。

施工できる場所

ケーブル工事は、移動用に使用されるキャブタイヤケーブル工事を除いて、屋内、屋外を問わずどこにでも施工ができる工事方法です。配管などで電線を保護する場合に比べ、電線に損傷を受けやすいので、重量物の圧力や著しい機械的衝撃を受けるような場所に施工する場合は、適切な防護装置を設けるなど施工には注意が必要です。

ケーブルの支持点

ケーブルを造営材の下面または側面に沿って取り付ける場合は、2m以内の間隔で支持点を設けます。ただし、**接触防護措置**＊を施した場所で垂直にケーブルを取り付ける場合は支持点間の距離を6m以下とすることができます。また、キャブタイヤケーブルを用いて工事を行う場合は支持点間の距離を1m以内とし、被覆を損傷しないように取付けを行います。

ケーブルの曲げ半径

ケーブルの曲げ半径は原則として、屈曲部の内側半径がケーブル仕上がり外径の6倍以上となるように施工を行います。VVFケーブルのように断面が円形でない場合は、断面を楕円に見立てた場合に長径となる部分の距離を外径とみなします。

ケーブル工事の注意点

- ケーブルが傷つくおそれがある場合はケーブルの保護を行う。
- 吊り下げ配線ではケーブル振れ止めを行う。

＊**接触防護措置**　屋内では床上2.3m以上、屋外では地表上2.5m以上の高さで、人が手を伸ばしても触れる事のできない範囲に施設する。もしくは、設備の周囲に柵、塀などを設ける、あるいは金属管などに収めて人が接近、接触しないように施設すること。

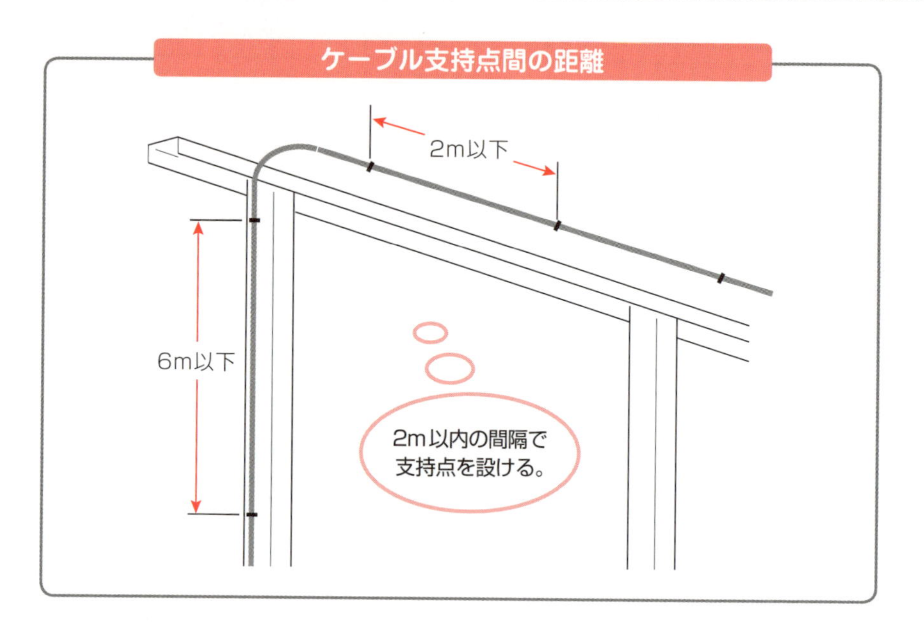

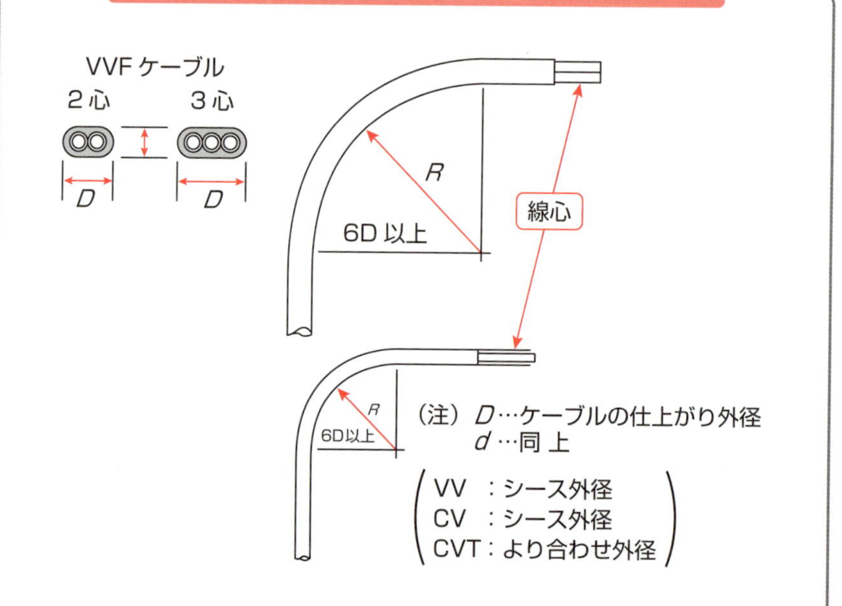

出典:『新版 電気工事士教科書第11版(第二種)《厚生労働省認定教材》』、P245 第4.8-5 ケーブルの屈曲、一般社団法人日本電気協会。

また、VVFケーブルを露出配線する場合などに、やむを得ない場合はケーブル被覆にひび割れが生じない程度であれば、仕上がり外径の6倍以下で屈曲を行うことができます。

天井裏、軽量間仕切りのケーブル工事

天井裏に配線を行う場合は、ケーブルラックやケーブルハンガーを用いて配線を行います。このときにも支持点の距離は2m以内とします。ただしケーブルに張力がかからないように施設する場合はころがし配線を行うことができます。ころがし配線を行う場合は、天井下地材の金物などでケーブルを損傷しないよう注意が必要です。

また、軽量間仕切りへの配線は軽量金物の切り口などでケーブルを損傷することが多いため、適宜ゴムブシングやビニルチューブなどで切り口部分の保護を行う必要があります。

吊下げ配線

幹線ケーブルをパイプシャフトに垂直に吊り下げて施設する場合などには、安全率を4以上とし、支持点にかかるケーブルなどの計算荷重に安全率を掛けた値以上の荷重に耐える方法と材料を用いて施設しなければなりません。また、電線や支持部分には充電部を露出しないように施設します。

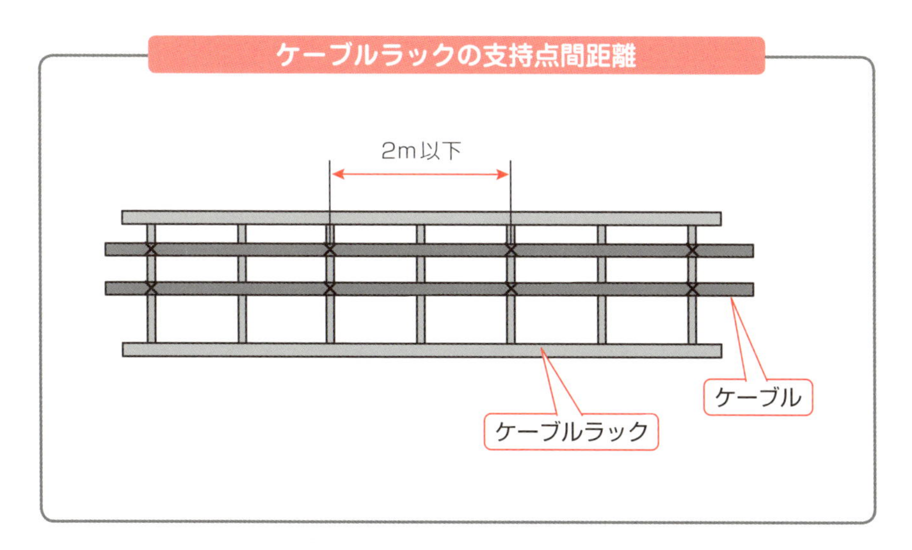

ケーブルに分岐点を設ける場合は、分岐線にケーブルを用いて張力が加わらないように施設して、地震などの振動によってケーブルを損傷しないよう、振止め装置を施設しなければなりません。分岐部分に振留め装置を施設しても電線に損傷を与える恐れがある場合は、分岐部分のほかにも適宜振止め装置を施設します。

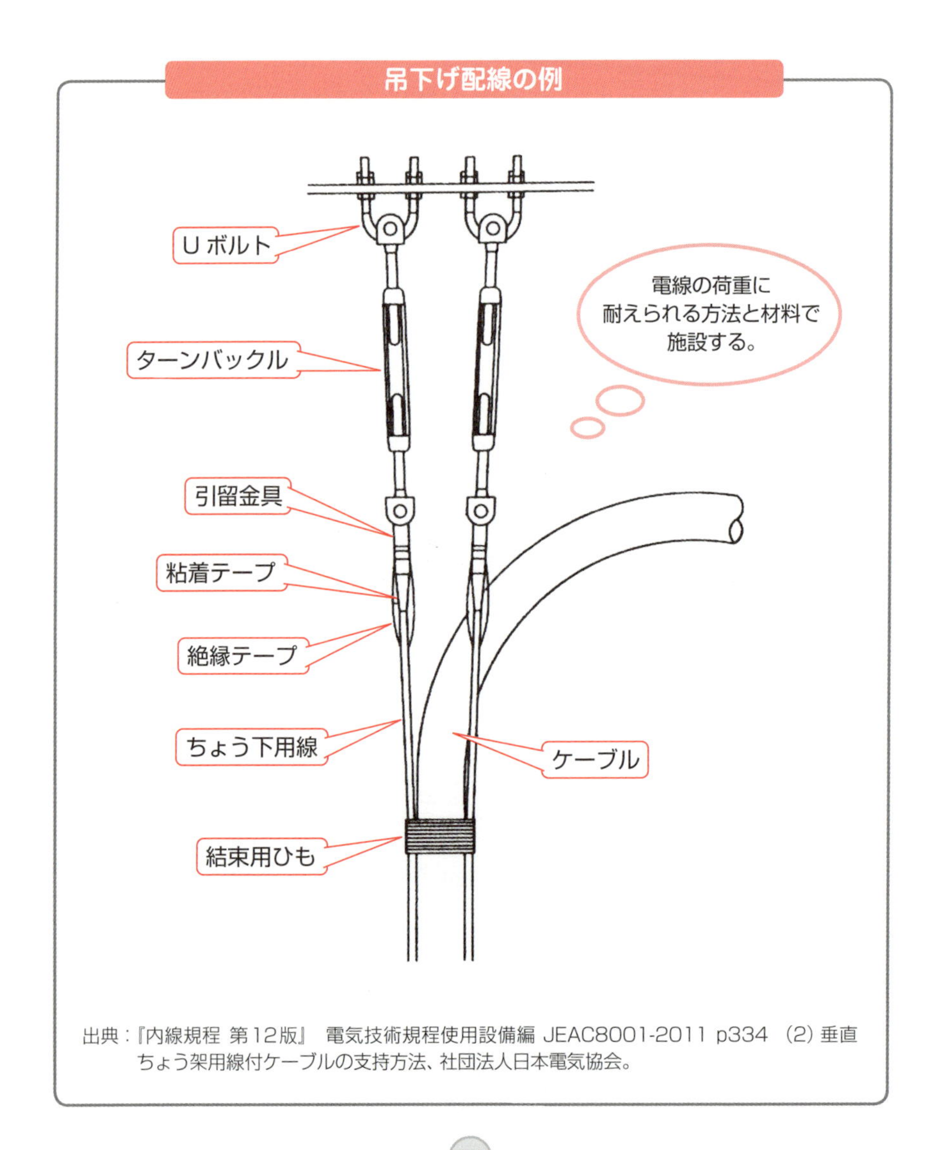

出典：『内線規程 第12版』 電気技術規程使用設備編 JEAC8001-2011 p334 (2) 垂直ちょう架用線付ケーブルの支持方法、社団法人日本電気協会。

4-8 接地工事および施設方法

接地工事は、普段は無電圧である機器の金属性外箱や電線路の一部をなす配線の金属性の支持物などを大地と電気的に接続するための工事です。電路の不具合による事故を防止するために重要な役割を果たします。

使用可能な電線

接地線には原則として、屋外用ビニル絶縁電線を除く絶縁電線または電力用ケーブルを使用します。なお、移動して使用する機械器具に接地を施す場合において可とう性を必要とする部分にはキャブタイヤケーブルを使用することができます。

また、接地線の色は原則、緑色としてやむを得ない場合は緑色のビニルテープなどで接地線であることを示します。接地線が損傷を受けるおそれのある場所に施設する場合は接地線を合成樹脂製電線管に収めるなど、適切な防護を施します。

接地工事の種類

接地する場所などにより、A種接地工事、B種接地工事、C種接地工事、D種接地工事に区分されます。

●A種接地工事

高圧や特別高圧など、特に高い電圧で使用している電気機器や金属製の電線路などに施す接地です。避雷針の接地としても用いられます。大地との接地抵抗は10Ω以下とされています。接地線として使用できる電線の最小太さは単線.2.6mmです。移動変電所など、移動して使用する電気機械器具への接地には、8mm^{2}以上のキャブタイヤケーブルの使用が認められています。接地線の太さ選定の目安は次ページの表によります。

●B種接地工事

特別高圧または高圧変圧器の二次側1端子に施す接地です。低圧・高圧混触時に低圧側の電位上昇を防止します。同時に漏電電流の還流経路を形成するための接地でもあります。接地抵抗は150を1線地絡電流で除した値です。なお、B種接地工事の接地抵抗値は管轄の電力会社に問い合わせることができます。使用できる電線の最小太さは単線2.6mmとなっています。接地線の太さ選定の目安は下表によります。

▼ A 種接地工事線の太さ

A 種接地工事の接地線部分	接地線の種類	接地線の太さ	
		銅	アルミ
固定して使用する電気機械器具に設置工事を施す場合および移動して使用する電気機械器具に設置工事を施す場合に可とう性を必要としない場合	−	2.6mm 以上 (5.5mm^2 以上)	3.2mm 以上
移動して使用する電気機械器具に設置工事を施す場合において、可とう性を必要とする部分	三種クロロプレンキャブタイヤケーブル、三種クロロスルホン化ポリエチレンキャブタイヤケーブル、四種クロロプレンキャブタイヤケーブル、四種クロロスルホン化ポリエチレンキャブタイヤケーブルもしくは高圧用のキャブタイヤケーブルの 1 心または多心キャブタイヤケーブルまたは高圧用のキャブタイヤケーブルの遮へい金属体もしくは接地用金属線	8mm^2 以上	−

出典：内線規程 第12版　電気技術規程使用設備編 JEAC8001-2011 p87 1350-4表 A種接地工事の接地線太さ、社団法人日本電気協会。

▼ B 種接地工事線の太さ

変圧器一細分の容量			接地線の太さ	
100V 級	200V 級	400V 級 500V 級	銅	アルミ
5kVA まで	10kVA まで	20kVA まで	2.6mm 以上	3.2mm 以上
10kVA まで	20kVA まで	40kVA まで	3.2mm 以上	14mm^2 以上
20kVA まで	40kVA まで	75kVA まで	14mm^2 以上	22mm^2 以上
40kVA まで	75kVA まで	150kVA まで	22mm^2 以上	38mm^2 以上
60kVA まで	125kVA まで	250kVA まで	38mm^2 以上	60mm^2 以上
75kVA まで	150kVA まで	300kVA まで	60mm^2 以上	80mm^2 以上
100kVA まで	200kVA まで	400kVA まで	60mm^2 以上	100mm^2 以上
175kVA まで	350kVA まで	700kVA まで	100mm^2 以上	125mm^2 以上

出典：内線規程 第12版　電気技術規程使用設備編 JEAC8001-2011 p89 1350-5表 B種接地工事の接地線太さ、社団法人日本電気協会。

●C種接地工事

使用電圧300Vを超える電気機器や金属製の電線路などに施す接地です。接地抵抗は10Ω以下です。ただし、電路に漏電が生じたときに定格感度電流100mA以下、0.5秒以内に動作する漏電遮断器で保護された電路では接地抵抗を500Ω以下とすることができます。

使用できる電線の最小太さは単線1.6mmとされています。また、機械・工具など移動して使用する電気機械器具への接地には0.75mm^{2}以上のキャブタイヤケーブルの使用が認められています。接地線の太さ選定の目安は下表によります。

●D種接地工事

使用電圧300V以下の電気機器や金属製の電線路に施す接地です。接地抵抗は100Ω以下とされています。ただし、電路に漏電が生じたときに定格感度電流100mA以下、0.5秒以内に動作する漏電遮断器で保護された電路では、接地抵抗を500Ω以下とすることができます。

▼C種、D種接地工事線の太さ

設置する機械器具の金属製外箱、配管などの低圧電路の電源側に敷設される過電流遮断器のうち最小の定格電流の容量	接地線の太さ				
	一般の場合			移動して使用する機械器具に設置を施す場合において可とう性を必要とする部分にコードまたはキャブタイヤケーブルを使用する場合	
	銅		アルミ	単心のものの太さ	2心を接地線として使用する場合の1心の太さ
20A以下	1.6mm以上	2mm^{2}以上	2.6mm以上	1.25mm以上	0.75mm以上
30A以下	1.6mm以上	2mm^{2}以上	2.6mm以上	2mm以上	1.25mm以上
50A以下	2.0mm以上	3.5mm^{2}以上	2.6mm以上	3.5mm以上	2mm以上
100A以下	2.6mm以上	5.5mm^{2}以上	3.2mm以上	5.5mm以上	3.5mm以上
150A以下		8mm^{2}以上	14mm^{2}以上	8mm以上	5.5mm以上
200A以下		14mm^{2}以上	22mm^{2}以上	14mm以上	5.5mm以上
400A以下		22mm^{2}以上	38mm^{2}以上	22mm以上	14mm以上
600A以下		38mm^{2}以上	60mm^{2}以上	38mm以上	22mm以上
800A以下		60mm^{2}以上	80mm^{2}以上	50mm以上	30mm以上
1,000A以下		60mm^{2}以上	100mm^{2}以上	60mm以上	30mm以上
1,200A以下		100mm^{2}以上	125mm^{2}以上	80mm以上	38mm以上

出典：『内線規程 第12版』 電気技術規程使用設備編 JEAC8001-2011 p86 1350-3表 C種又はD種接地工事の接地線太さ、社団法人日本電気協会。

最小の使用電線は単線1.6mmです。機械・工具など移動して使用する電気機械器具への接地には0.75 mm^{2}以上のキャブタイヤケーブルの使用が認められています。接地線の太さ選定の目安は前ページの表によります。

機械器具の金属製外箱などへの接地省略

金属製の外箱などを持つ電気機器には、原則として接地工事を施さなければなりません。ただし、次の項目に当てはまる場合は接地工事を省略することができます。

▼接地工事を省略できる場合

1) 対地電圧150V以下の機械器具を乾燥した場所に施設する場合。
2) 低圧用の電気機器を木製の床など絶縁物の上で取り扱うように施設する場合。
3) 電気用品安全法の適用を受ける二重絶縁構造の機械器具を施設する場合。
4) 低圧用の電気機器に電気を供給する電路の電源側に絶縁変圧器（二次側電圧 300V以下、定格容量3kVA以下のもの）を施設し、絶縁変圧器の負荷側を接地しない場合。
5) 水気のある場所以外の場所に施設する低圧用の電気機器に電気を供給する電路に漏電遮断器（定格感度電流15mA以下、動作時間0.1秒以内の電流動作形のもの）を施設する場合。

接地工法の種類

接地極の埋設工法には、銅板の埋設工法、接地棒の打込み工法、メッシュ工法、建築鋼材などへの構造体接地、また水道管管理者の承諾を得たものに関しては水道管を接地極として用いる工法が知られています。中でも、銅板の埋設工法もしくは接地棒の埋込み工法が一般的に用いられる工法です。

接地極

埋設もしくは**打込み工法**で使用する**接地極**には、銅板、銅棒、鉄棒、銅覆鋼板、炭素被覆鋼棒などを用いて、なるべく水気のあるところであってガス、酸などによって腐食するおそれのない場所を選んで工事を行います。

これは、乾燥した砂地などを選ぶと接地抵抗が大きすぎて適正な抵抗値を得られないことがあるためです。また、地中にガス、酸などが存在する場所では、接地極が腐食して接地極の用をなさなくなるおそれがあるからです。

接地工事に使用する接地極は原則として以下条件に当てはまるものを使用します。

- 銅板を使用する場合は、厚さ0.7mm以上、片面表面積900cm²以上のもの。
- 銅棒、銅溶覆鋼棒（鋼製の棒を銅で覆ったもの）を使用する場合は直径8mm以上、長さ900mm以上のもの。
- 鉄管を使用する場合は外径25mm以上、長さ900mm以上の亜鉛メッキを施したガス鉄管または厚鋼電線管。
- 鉄棒を使用する場合は、直径12mm以上、長さ900mm以上の亜鉛メッキを施したもの。
- 銅覆鋼板（鋼板の表面を銅で覆ったもの）を使用する場合は、厚さ1.6mm以上、片面表面積250cm²以上のもの。
- 炭素被覆鋼棒を使用する場合は、直径8mm以上、鋼心の長さ900mm以上のもの。

接地極と接地線の接続は、ろう付けその他の方法によって電気的、機械的に確実に行います。強度の面から、ろう付け部へのハンダの使用はお勧めできません。

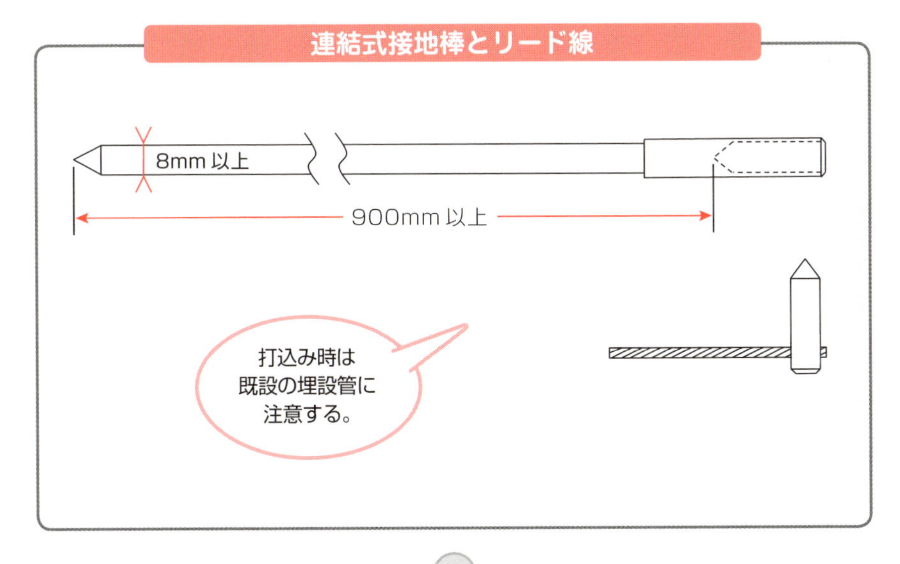

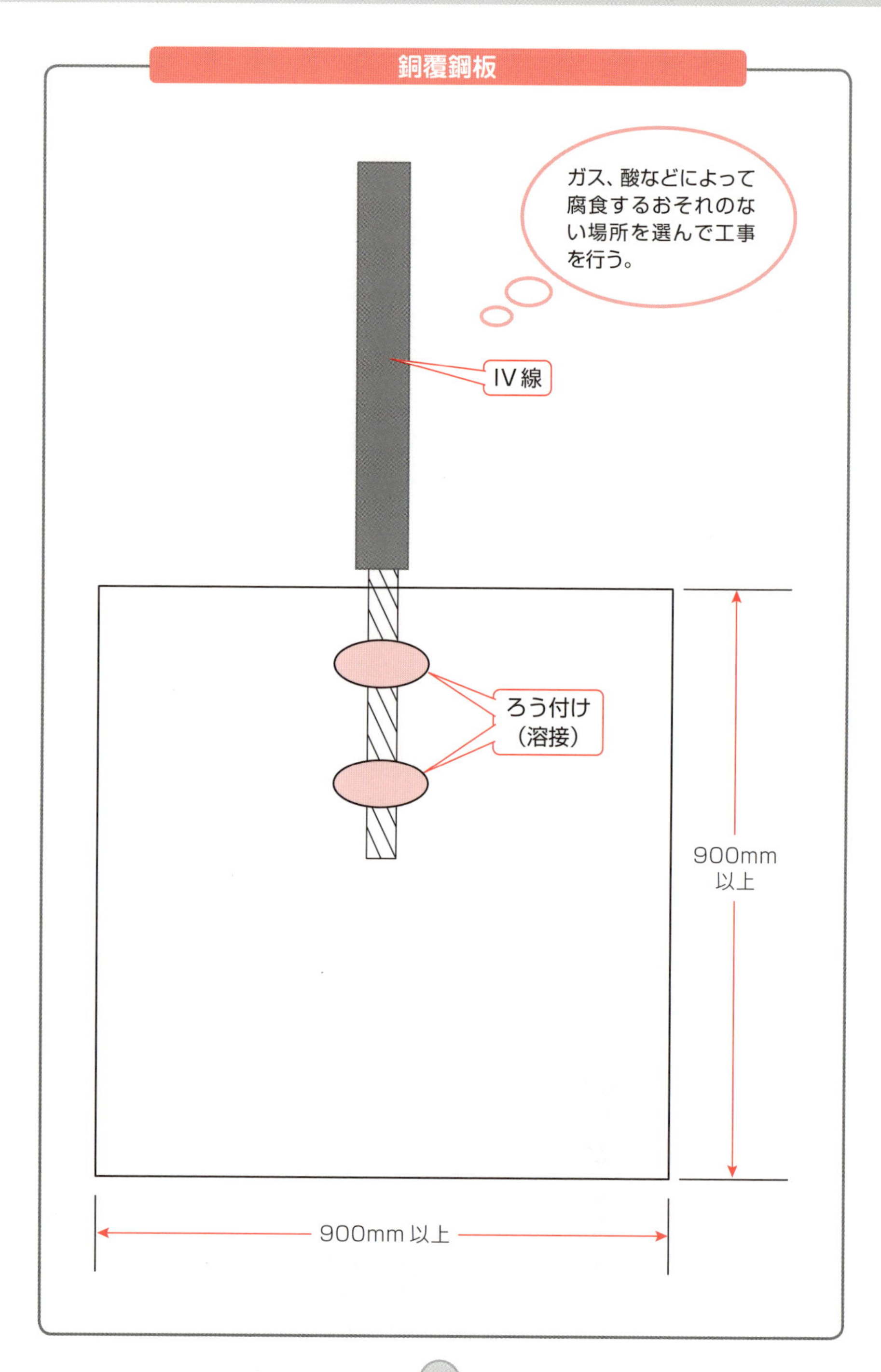
銅覆鋼板
ガス、酸などによって腐食するおそれのない場所を選んで工事を行う。
IV線
ろう付け（溶接）
900mm以上
900mm以上

銅板の埋設方法

銅板の埋設はA種接地工事、C種接地工事など低い接地抵抗値を要求される場合に多く用いられる工法です。また、これは工法によらず共通する事項ではありますが、A種またはB種接地工事を人が触れるおそれのある場所に行う際は原則として、接地極の上端を地下750mm以上の深さに埋設しなければなりません。

銅板の埋込みは、一般的に銅板を垂直に地面に埋め込みます。前記のように垂直に埋設した銅板の上端を地下750mm以上の深さとするためには、建築基礎工事の砕石敷込み前に接地工事を行う場合などを除いて、少なくとも2m程度の掘削工事をしなければなりません。1.5m以上の掘削には土留め工事を行いますので、矢板、腹起こしといった土留めの準備が必要になります。

埋戻しの際には、3分の1程度埋め戻したら周囲の土を転圧して接地抵抗を測定します。その時点で完全に埋め戻した際の接地抵抗値を予測して所定の抵抗値に達しないようであれば、銅板から少し離れた場所に追加の接地棒などを打ち込むなどの対処を行います。その後、さらに3分の1程度埋め戻して転圧を行い、最後の3分の1を埋め戻して転圧を行います。

接地棒の打込み方法

接地棒の打込み工法はD種接地工事など、比較的高い抵抗値でよい場合に多く用いられる工法です。接地棒には、一般的に連結式の銅覆鋼棒が用いられます。直径は10mmのものと14mmのものがあります。打込みの際には地面を300mm程度掘り下げて大ハンマーや1kg程度のセットハンマーで地面に打ち込みます。1本では所定の接地抵抗が得られない場合は、次の接地棒を連結してさらに打ち込みます。

それ以上打ち込むのが難しい場合や広範囲に接地棒を打ち込める場合は、接地棒の長さ以上の間隔をあけて、他の場所に接地棒を打込み接地線で連結を行います。地盤の状況にもよりますが、n本の連結で抵抗値はn分の1というのが接地抵抗値低減量の目安です。地盤が固い場合や連結数が多くなる場合は、接地棒の打込み機を使用します。

接地極の埋設

鉄筋またはパイプ
接地線
捨てコンクリート
結束
750mm(以上)
接地極(銅板)

出典：新版第一種電気工事士教科書Ⅲ電気機器・電力応用器具・材料・工具・電気工事の施工方法 第6版、P141、10-45図接地極(銅板)埋戻し図、一般社団法人日本電気協会。

接地棒間の距離

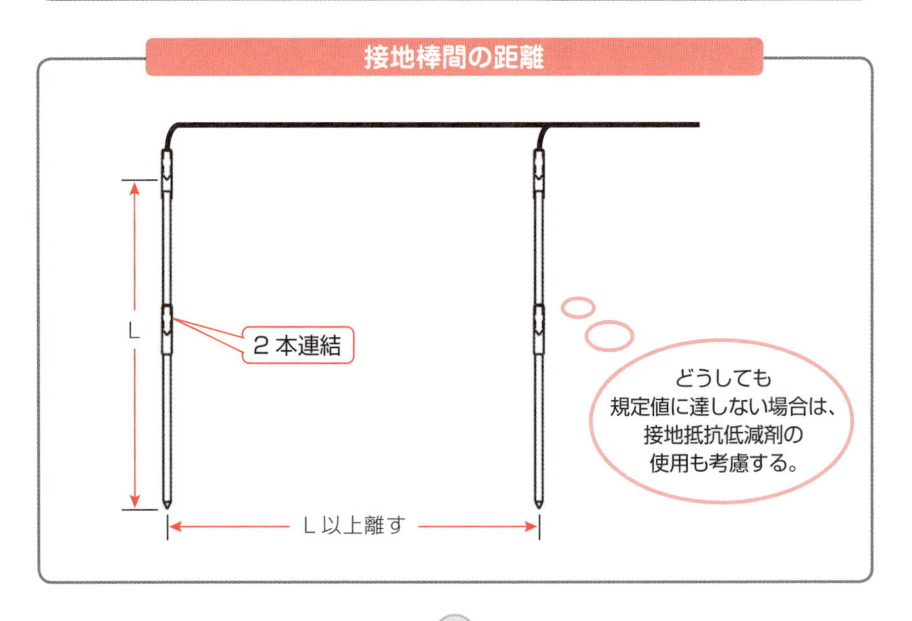

 ビル建築工事などの接地線の配線

ビル建築工事などで接地極の埋設を行った場合は、接地線が捨てコンクリートなどで埋まってしまわないように鉄筋などを棒杭として打ち込み、接地線の立上がりを支持します。地中梁の工事が完了後は接地線に地中梁の中で水切り端子を接続し、鉄筋に触れないように電気室接地盤や電気シャフトなど、所定の場所まで配線を行います。配線は建築の工程によって数回に分けて行われることが多いため、接地線には抵抗値や接地工事の種別、行き先などを表示しておくと便利です。

 電柱などへの接地工事の配線

電柱など人の触れるおそれのある場所にA種またはB種接地工事を行う場合には接地極の上端を地表から750mm以上の深さとするか、電柱の下端から300mm以上の深さとして接地極を埋設または打込み、接地極の上端から地表上2mの部分までの接地線を合成樹脂製電線管などで防護します。また、接地極上端から地表上600mmの間は絶縁電線やキャブタイヤケーブルなどを用いなければなりません。

 木造建築などの接地工事の配線

接地線が外傷を受けるおそれがある場合には、接地線をCD管以外の厚さ2mm以上の合成樹脂製電線管に収めなければなりません。ただし、人が触れるおそれのない場合やC種接地工事、D種接地工事の接地線は金属管に収めて防護を行うことができます。また、接地線は接地の対象となる機器から60cm以内の部分や地中以外の場所では、先述の条件に適合する合成樹脂製電線管で防護しなければなりませんが、絶縁電線をメタルラス張り、ワイヤラス張り、金属板張りの造営物以外で外傷を受けるおそれのない場所に施設する場合は、造営物にそのまま配線を行うことができます。

接地工事の重要性に留意する

- 接地工事は電気による事故や災害を防止する重要な工事であると心得える。
- 接地工事の種類ごとに最大の接地抵抗値が規定されている。
- 規定値以下の抵抗値が出ない場合は、接地極の連接、連結を行う。

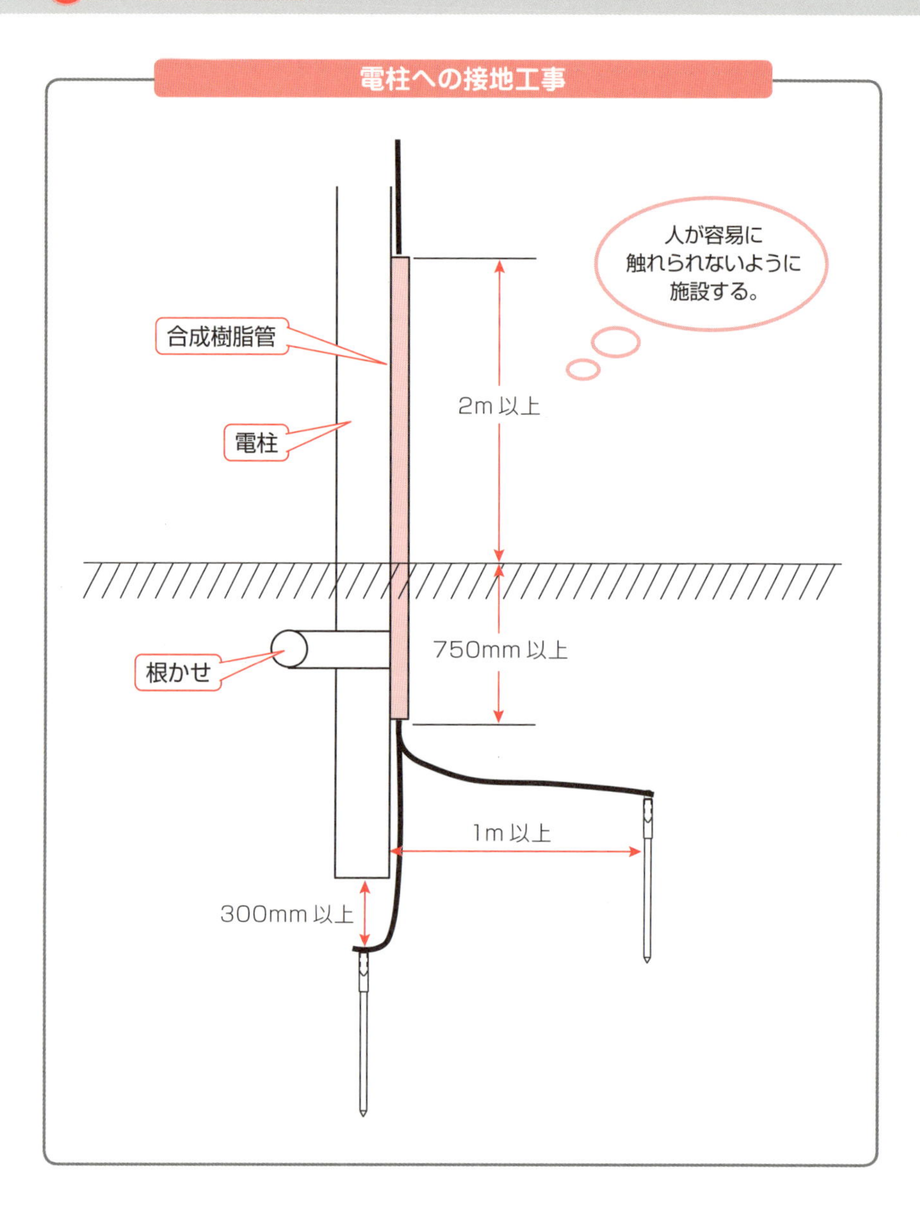
電柱への接地工事
人が容易に
触れられないように
施設する。
合成樹脂管
電柱
2m 以上
750mm 以上
根かせ
1m 以上
300mm 以上

Chapter 5

検査方法

完璧な工事をしているつもりでも思わぬ誤りをしている場合があります。不完全な施工は機器の損傷、火災、感電などの災害を引き起こしかねません。このようなことを起こさないために、電気設備の検査を怠ることはできません。

みんなが安全に電気を使えるよう、技術基準や各種規程に則った検査を行って設備の安全を確かめましょう。そのためには、測定器類の使い方をマスターする必要があります。本章では、測定器の種類と特徴、一般的な検査の項目、測定の行い方を理解しましょう。

5-1 絶縁抵抗計

絶縁抵抗計はメガーとも呼ばれる電路の絶縁状態を測定するための測定器です。電路に一定の電圧を加え、絶縁状態を測定します。

 絶縁抵抗計の種類

絶縁抵抗計には、測定数値をアナログ表示するものとデジタル表示するものがあります。測定の数値は瞬間ごとに微動して安定しないことがあり、デジタル表示のものでは表示された数字がチラついて数値の特定が難しい場合があります。簡易計測以外の場合ではアナログ表示のものが用いられることが多くなっています。

▼絶縁抵抗計

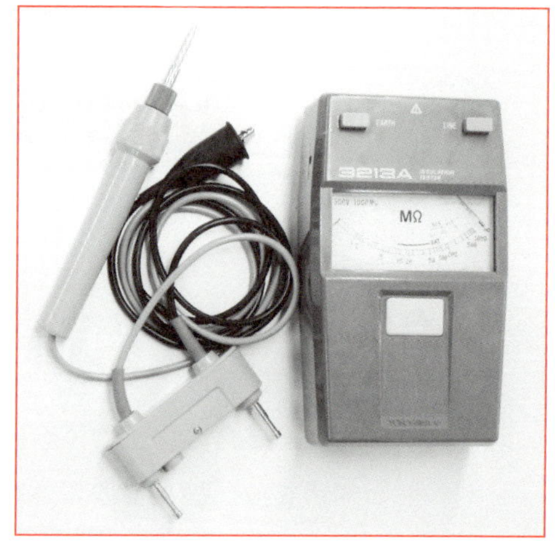

このほか、定格測定電圧と有効最大表示値による分類があり、機種によってはいくつかの定格測定電圧を切り替えることができるものもあります。この場合、アナログ表示のものでは定格電圧によって有効最大表示値が異なり、読み取る目盛りが違うので気をつけなければなりません。

 絶縁抵抗計の有効測定範囲

絶縁抵抗計の目盛りの単位はMΩでゼロから無限大（∞）まで振られています。しかし、正確な絶縁抵抗値の読取りができる範囲は、有効最大表示値から有効最大表示値の1/1000の値までの範囲となっており、この範囲外の部分に指針が止まった場合は、有効最大表示値以上、もしくは有効測定範囲以下との判断を下すことしかできません。

絶縁抵抗計の使い方

接地抵抗計は一般的に本体に押しボタンと表示窓を備えており、このほか、本体端子に接続するリード線が付属しています。リード線は先端にワニぐちクリップが付属しているアース用リード線と測定用プローブが付属したライン用リード線の２本です。

使い方は２本のリード線を本体に接続したあと、測定の対象となる電路の開閉器などの端子や接地線、接地極などとにそれぞれのリード線を接続して押しボタンを押すことで絶縁抵抗値の測定を行うことができます。

定格測定電圧と有効最大表示値

▼アナログ表示機種

定格測定電圧（直流）V	25		50		100		125		250		500			1000	
有向最大表示値　MΩ	5	10	5	10	10	20	10	20	20	50	50	100	1,000	200	2,000

▼デジタル表示機種

定格測定電圧（直流）V	25		50	100		125		250		500		1000	
有向最大表示値　MΩ	1	2	5	10	20	50	100	200	500	1,000	2,000	3,000	4,000

出典：新版電気工事士教科書第１１版（第二種）《厚生労働省認定教材》、p.313第5.3-1表アナログ形の種類及び第5.3-2表ディジタル形の種類、一般社団法人日本電気協会。

▼定格測定電圧と使用例

定格測定電圧（V）	おもな使用例
100	低圧用の電子部品、音響機器などの絶縁測定
250	100V、200V級の低圧配線電気機器の絶縁測定
500	低圧の配線、電気機器など一般の絶縁測定
1,000 2,000	常時使用電圧の高いもの（例えば、ケーブル、高電圧用電気機器および高電圧を使用する通信機器など）の絶縁測定

出典：『新版　電気工事士教科書第１１版（第二種）《厚生労働省認定教材》』、P313第5.3-2表絶縁抵抗計の主な使用例、一般社団法人日本電気協会。

5-2 接地抵抗計

接地抵抗計は、接地抵抗値が接地工事種別の所定の値に適合していることを確認するために接地抵抗値を測定するための測定器です。

接地抵抗計の種類

接地抵抗計には、測定数値をアナログ表示するものとデジタル表示するものがあります。絶縁抵抗計などと同様に簡易計測以外の場合はアナログ表示のものを用いることが多くなっています。また、測定の仕組みの違いにより電位差計式のものと電圧降下式があり、アナログで表示される場合、どちらも目盛りを直読みして抵抗値を測定することができます。

接地抵抗計の使い方

接地抵抗計は一般的に表示窓、測定ボタン、レンジ切替えスイッチ、とE、P、Cの名前が付いた3つの端子があります。場合によりダイヤル抵抗器も本体に備えています。また、E、P、Cの3つの端子に接続するリード線が3本と測定用の補助極が2本付属しています。

使い方は、本体のE、P、Cそれぞれの端子にリード線を接続し、Eの端子に接続したリード線は測定の対象となる接地線もしくは接地極に接続します。PとCの端子に接続したリード線の先端には地面に打ち込んだ補助接地極などに接続します。

次に本体のレンジ切替えスイッチを地電圧測定レンジにあわせて測定ボタンを押します。地電圧が接地抵抗測定に支障のない値であればレンジ切替えスイッチを測定レンジにあわせます。なお、地電圧は5Vで±5%、10Vで±30%程度の誤差を抵抗測定値に対して発生させるおそれがあります。最初は測定レンジの倍率を一番高いレンジにあわせて測定ボタンを押して抵抗値を読み取ります。ダイヤル抵抗器が付属している機種では、測定ボタンを押しながらダイヤルを回し、表示窓の指針が表示目盛りの中心で止まるように調整し、ダイヤルの目盛り数値を読み取ります。

▼接地抵抗計

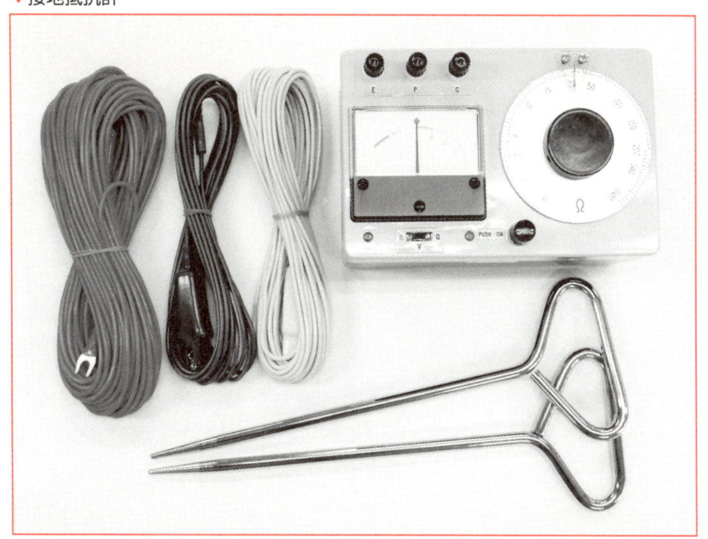

接地抵抗計本体の拡大写真

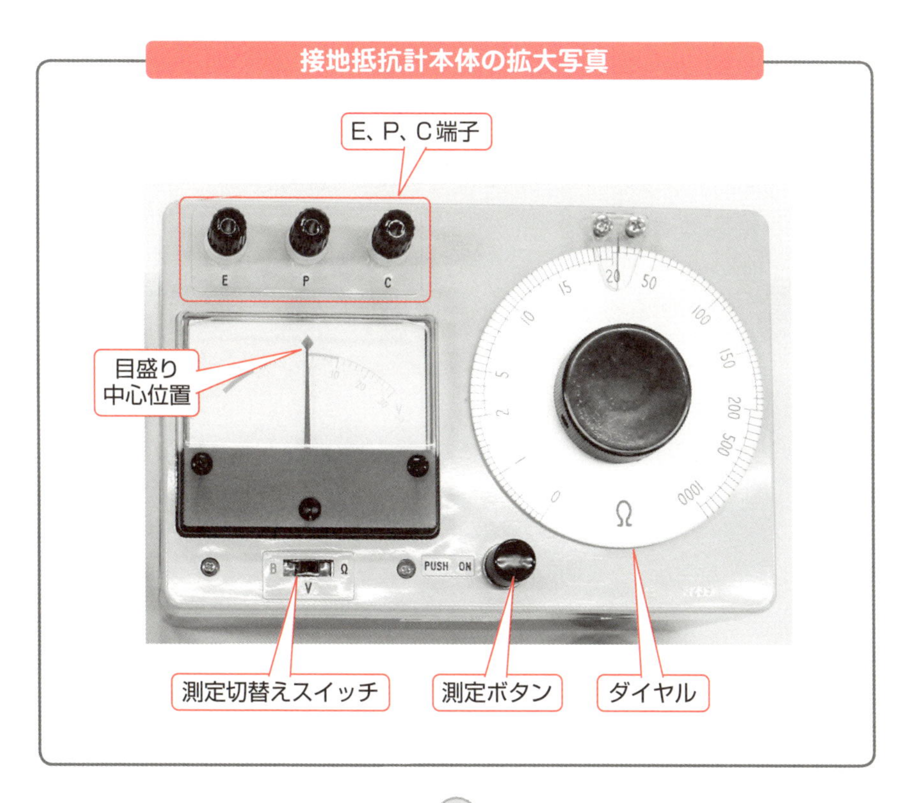

5-3 回路計

回路計は一般にテスターとも呼ばれ、直流及び交流の電圧と電流、抵抗などが測定できる測定器です。電気工事では電圧の測定や回路の導通チェックなどに使われています。

回路計の種類

回路計は本体に表示窓とレンジ切替えスイッチ、また計測用のプローブがついたリード線で構成されています。表示形式にはアナログ式のものとデジタル式があります。デジタル式のものは小型で持ち運びに便利なため、工事中の簡易検査などに多く用いられています。しかし、他の測定器と同様にデジタル表示では数字のチラつきなどが起きるため、簡易計測以外ではアナログ表示のものが好まれる傾向があります。

回路計の使い方

電圧の測定ではレンジを電圧測定レンジにあわせ、測定の対象にプローブをあてて測定を行います。レンジ倍率は測定対象の電圧にあわせて選定を行います。このとき、直流レンジと交流レンジを間違えないよう特に気を付けましょう。

導通検査では、レンジを抵抗レンジにあわせます。導通検査用のレンジがある場合はそちらを使いましょう。対象の電路の末端片側を短絡させて、もう一方の末端にプローブをあてて検査を行います。抵抗値がゼロであればその回路は導通していると判断することができます。

基本的な計器の用途をマスター

- 絶縁抵抗計は電路に一定の電圧を加え、絶縁性能を測定する。
- 接地抵抗計は接地極の接地抵抗値を測定する。
- 回路計は電圧の測定や回路の導通チェックなどに用いる。

▼回路計

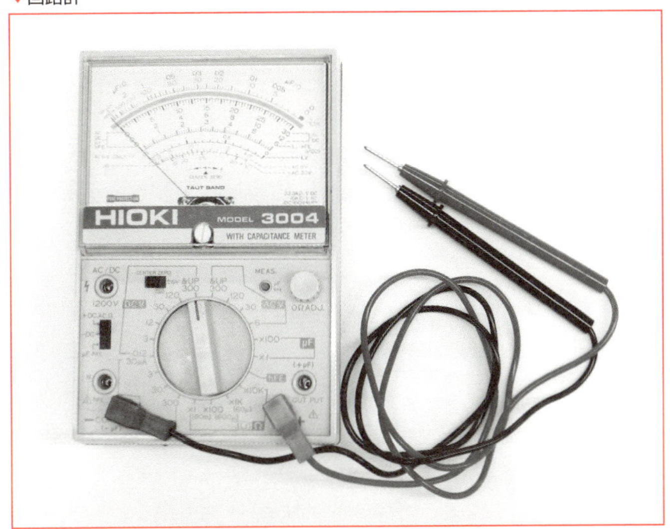
HIOKI
MODEL 3004
WITH CAPACITANCE METER

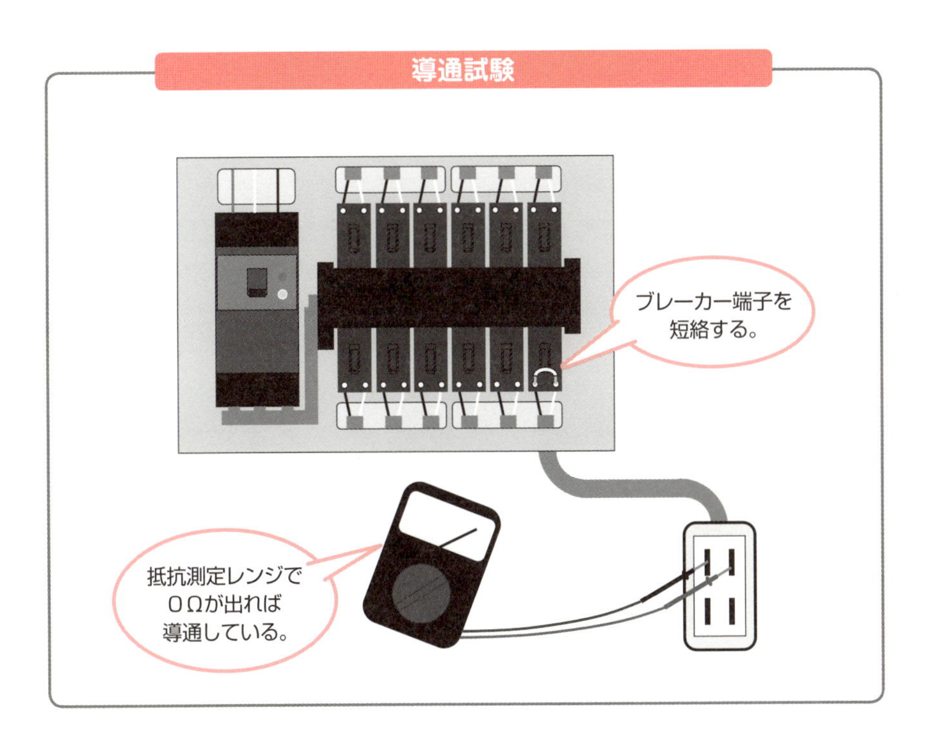
導通試験
ブレーカー端子を
短絡する。
抵抗測定レンジで
0Ωが出れば
導通している。

5-4 その他の測定機器

前節までに登場した測定器は法令によって電気工事業者の営業所への備え付けが義務付けられています。本節では、検査に使用されるそれ以外の測定器を紹介します。

クランプ型電流計

クランプで対象の電線を挟んで電流を測定できる測定器です。漏れ電流などの小さな電流から負荷電流まで測定できる機種などもあります。漏れ電流を測定できるものは回路の電線を一括（単相２線式の場合は２本、三相３線式や単相３線式の場合は３本）してはさむことで、電路に通電したまま絶縁状態を測定することができます。また、接地線を挟めば接地線に漏電電流が流れているか否かが判断できます。負荷電流を測定できるものは基本的に回路の電線１本をはさみ、そこに流れている電流値を読み取ることができます。過負荷電流の測定などに便利です。

検相器

検相器は**相回転計**とも呼ばれる三相回路の相順を調べることのできる機器です。電動機などは相順が間違うと回転方向が設計上の方向と異なってしまう場合がありますので、機器に送電を行う前に必ず相回転を確認します。相回転計には３本のリード線があり、これを三相回路の各端子に接続することで相回転の方向が表示されます。

極性判定器

単相100Vコンセントの電源極性を調べるための機器です。接地系統の単相100Vコンセントでは、接続時に接地側と非接地側の接続端子が決まっています。極性判定器は埋込みコンセントを壁から外さずに対象のコンセントに差し込むだけで、接続された電源線の極性を判定することができます。

▼クランプメーター

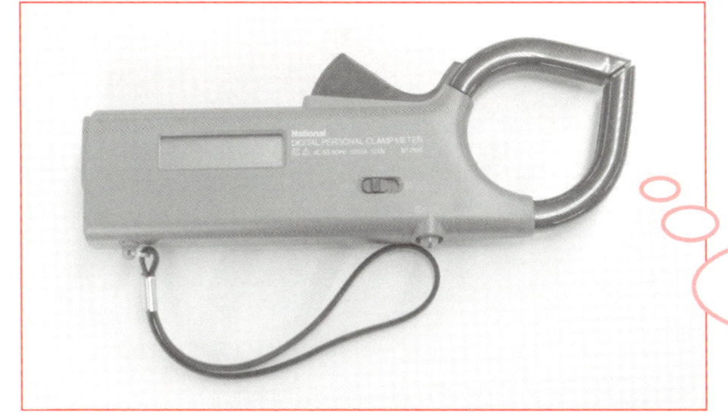

活線の計測が
可能。

▼相回転計

逆相が出たら
2本の電源線を
入れ替える。

▼極性判定器

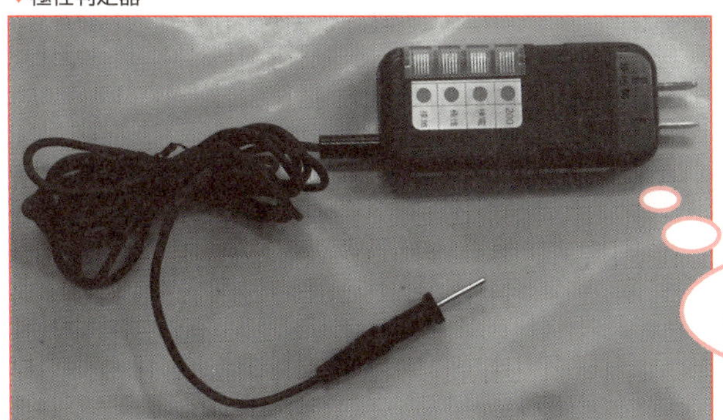

100/200Vの
電圧判定も可能。

5-5 検査の種別

検査は大きく、竣工検査、定期検査、臨時検査の３種類に分けることができます。また、それぞれの検査において点検と試験を実施して不良箇所の有無の確認や特定を行います。

点検と試験

点検は設備が、技術基準やその他の関係法令に則って施工されていることを、目視や触診などによって確認する検査方法です。これに対して試験は、設備の接地抵抗値や絶縁抵抗値が技術基準に適合していることや測定機器を用いた導通確認、機器が正常に動作することを確認するための試運転を行う検査です。これらの試験結果は書類に残す必要がありますので、それぞれの試験結果は記録として控えておく必要があります。

竣工検査

新規に設備した電気工作物が完成したときなどに行われる検査です。設備が引き渡される前の最終的な検査になりますので、点検箇所の状態、測定数値などはすべて記録しておきます。

定期検査

電気事業法に定められた検査と設備の管理者が自主的に行う検査があります。一般電気工作物に対して行う電気事業法で定められた定期調査は原則として、４年に１度、電気事業者もしくは電気保安協会などが行うこととなっています。

臨時検査

稼働中の電気工作物に不具合や異常が現れた場合に実施される検査です。臨時検査は漏電や短絡などにより電源の不具合が生じた場合。また、そのおそれがある場合や工作物に雨漏りや消火活動、洪水などにより水がかかった場合などに実施して、改修などの判断を行います。

竣工検査項目の例

- 施工状態の点検
- 電圧測定試験
- 絶縁抵抗試験
- 接地抵抗測定試験
- スイッチの点滅試験
- コンセントの極性試験
- 照明の照度測定
- 機器の動作試験
- 停電時の点灯試験（電池内蔵型器具の場合）
- 検相試験（三相回路の場合）

電気工事の竣工検査

- 機器の動作試験は回路が正しいことを確認してから行う。
- 極性判定器を使ってコンセントの電圧も確認する。

5-6 点検の方法

点検は主に目視で行われます。施工の状態や使用材料などの適性を確認して工事が技術基準に適合しているか、不良や不良につながる要因がないかなどを確認します。

点検

点検は目視を主体として検査のはじめに行います。事故や故障などの臨時検査では、不具合が疑われる箇所を目視と簡単な触診を行うことで発見できる場合があります。また、竣工検査では工事が設計どおりに行われているか、また、技術基準などに適合しているかを点検します。

竣工検査での点検項目

竣工検査では一般的に次の各部の点検を行います。

●引込み線の状況

引込み線の取付け高さや建造物、樹木などとの近接状態が技術基準に適合するかを目視または標尺などを用いて点検、計測します。

●引込み口配線の状況

施工に不良がないか、配線方法が設計や技術基準に適合しているか、また電力量計などの計器類の取付け状況などを目視で点検します。

●分電盤の状況

遮断器類の容量、接続された電線の太さ、端子類の締付け状況などを目視や触診を用いて点検します。

●その他設備の状況

配管、配線、器具などが設計や技術基準に適合しているか、不具合などがないかを目視などで点検します。

動作確認

動作確認は、検査点検、絶縁抵抗測定、接地抵抗測定、導通検査などがすべて終了したあと、不具合や是正箇所のない場合に、機器が正常に動作することを確認するために、実際に機器に通電をして行います。コンセントの極性検査や点滅器や照明の点灯確認などもこのタイミングで行うとよいでしょう。

標尺

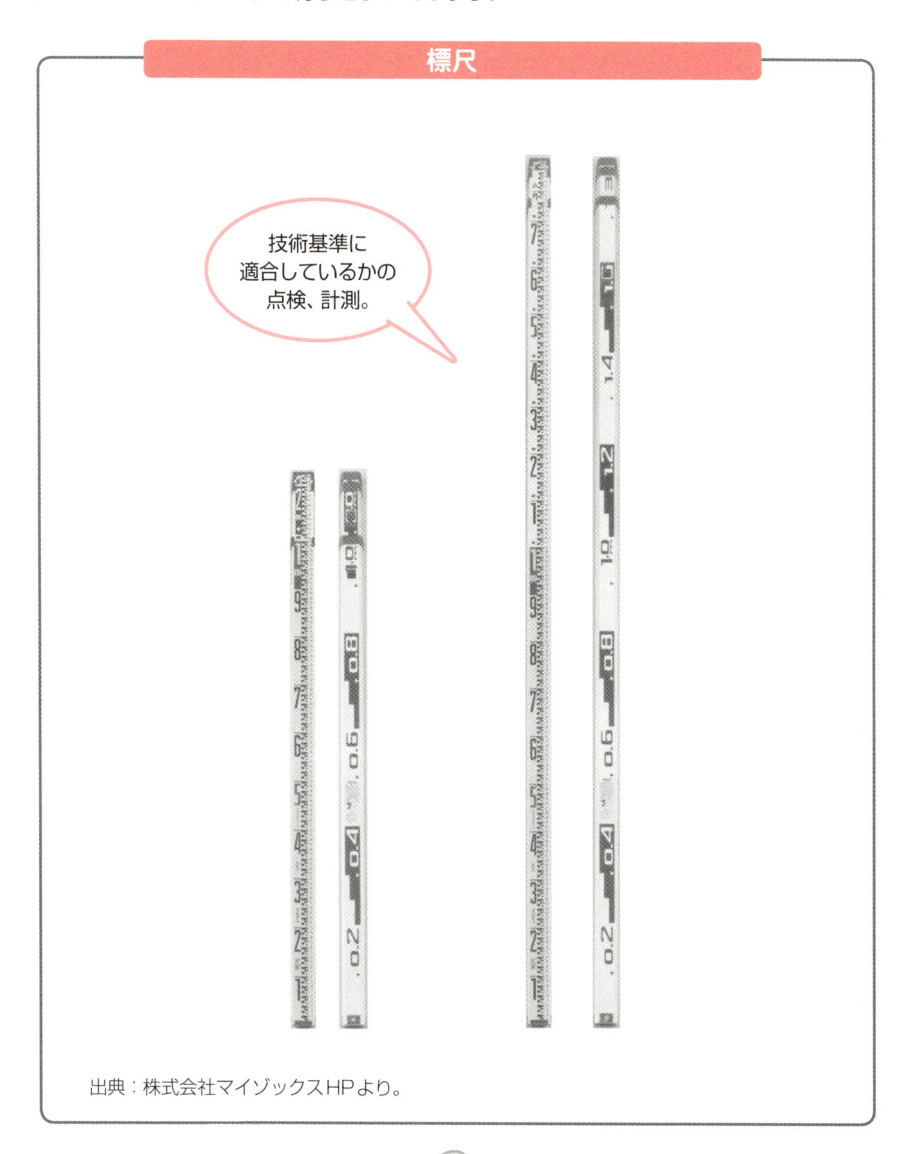

出典：株式会社マイゾックスHPより。

5-7 絶縁抵抗測定

絶縁抵抗測定は電路が技術基準や、それを踏まえた設備管理者の基準に適合する絶縁性能を有していることを確認するために行います。絶縁抵抗値が低い場合は漏電などのおそれがあります。

電路の絶縁性能

低圧電路の絶縁性能は技術基準により、開閉器や過電流遮断器で区切ることのできる電路ごとに次ページの表の値以上の絶縁抵抗値であることが定められています。測定の対象は電路と大地間の絶縁抵抗と電路の電線相互間の絶縁抵抗です。どちらの値も表の値を超えている必要があります。

表の値はあくまでも技術基準で定められた絶縁抵抗値の最小値です。特に新設工事の場合には新品の電線で工事を行いますので、絶縁抵抗計の有効最大表示値を超える値であることが一般的です。表の値以上の値であっても、絶縁抵抗値が想定されていた値より低い場合には、電路の引きかえや修繕が行われることがあります。

線間の絶縁抵抗測定

線間の絶縁抵抗測定の場合、測定対象に器具内の回路の絶縁抵抗は含まれません。このため、電源に接続された機器やコンセントに接続される機器類はすべて外し、照明器具の電球類も外した状態で測定を行います。このとき、点滅器は「入」の状態としておきます。これは、点滅器から負荷側の電路までを測定対象とするためです。

測定時は分電盤などの開閉器の電源1相の両端子に絶縁抵抗計のアース側とライン側のリード線をあてて測定を行います。測定の対象が三相電源の場合はR-S相、S-T相、R-T相と相ごとにすべての相を測定します。

▼電路ごとの絶縁抵抗値

電路の使用電圧区分		絶縁抵抗値
300V以下	対地電圧が150V以下の場合	0.1MΩ
	対地電圧が150Vを超える場合	0.2MΩ
300Vを超えるもの		0.4MΩ

出典：『新版　電気工事士教科書第11版（第二種）《厚生労働省認定教材》』、P338第5.4-1、一般社団法人日本電気協会。

線間の絶縁抵抗測定

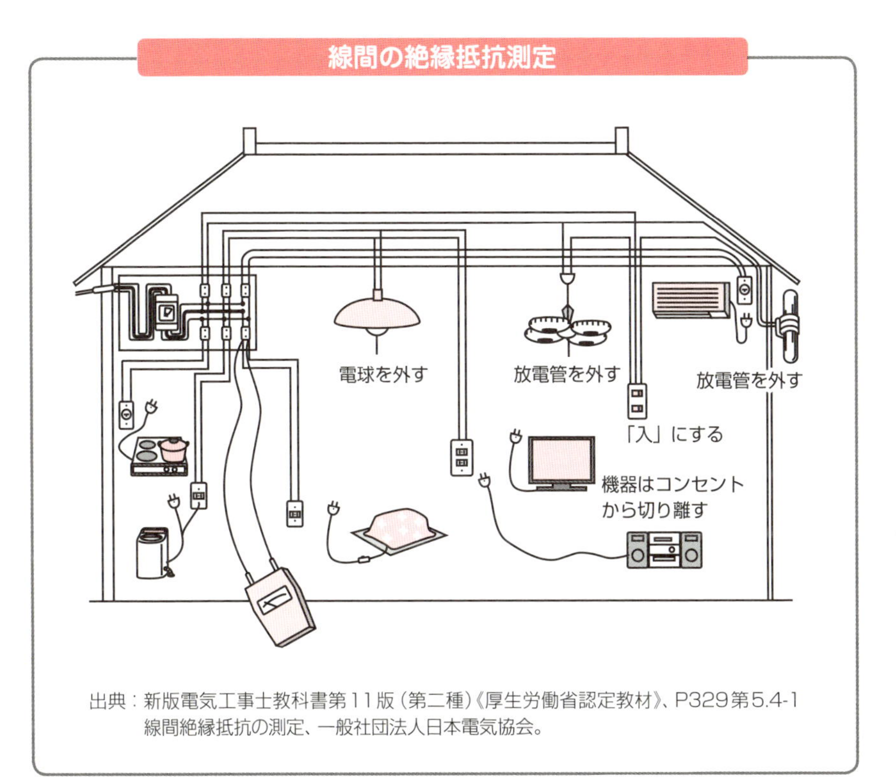

出典：新版電気工事士教科書第11版（第二種）《厚生労働省認定教材》、P329第5.4-1線間絶縁抵抗の測定、一般社団法人日本電気協会。

電路と大地間の絶縁抵抗測定

電路と大地（アース）間の絶縁抵抗測定をする場合は、測定対象に電路に接続する機器内部の回路も含みます。機器には電子回路など絶縁抵抗計の電圧で故障する危険のあるものが含まれていますので、定格測定電圧の選定には注意しなくてはなりません。

測定は回路の機器類をすべて接続し、点滅器類はすべて「入」の状態で行います。絶縁抵抗計のアース側リード線を分電盤の接地端子や大地と電気的に接続されていることが明確な金属に接続し、対象となる電路の開閉器端子をひとつずつ測定して行きます。測定用の接地極が得られない場合は接地系統の接地側線を代用することも可能です。

検査の目的は安全性の確保

- 検査の結果はすべて記録を残しておく。
- 絶縁抵抗測定は線間と大地間、2種類の測定対象を持つ。
- 接地抵抗は変化する。定期的な測定。

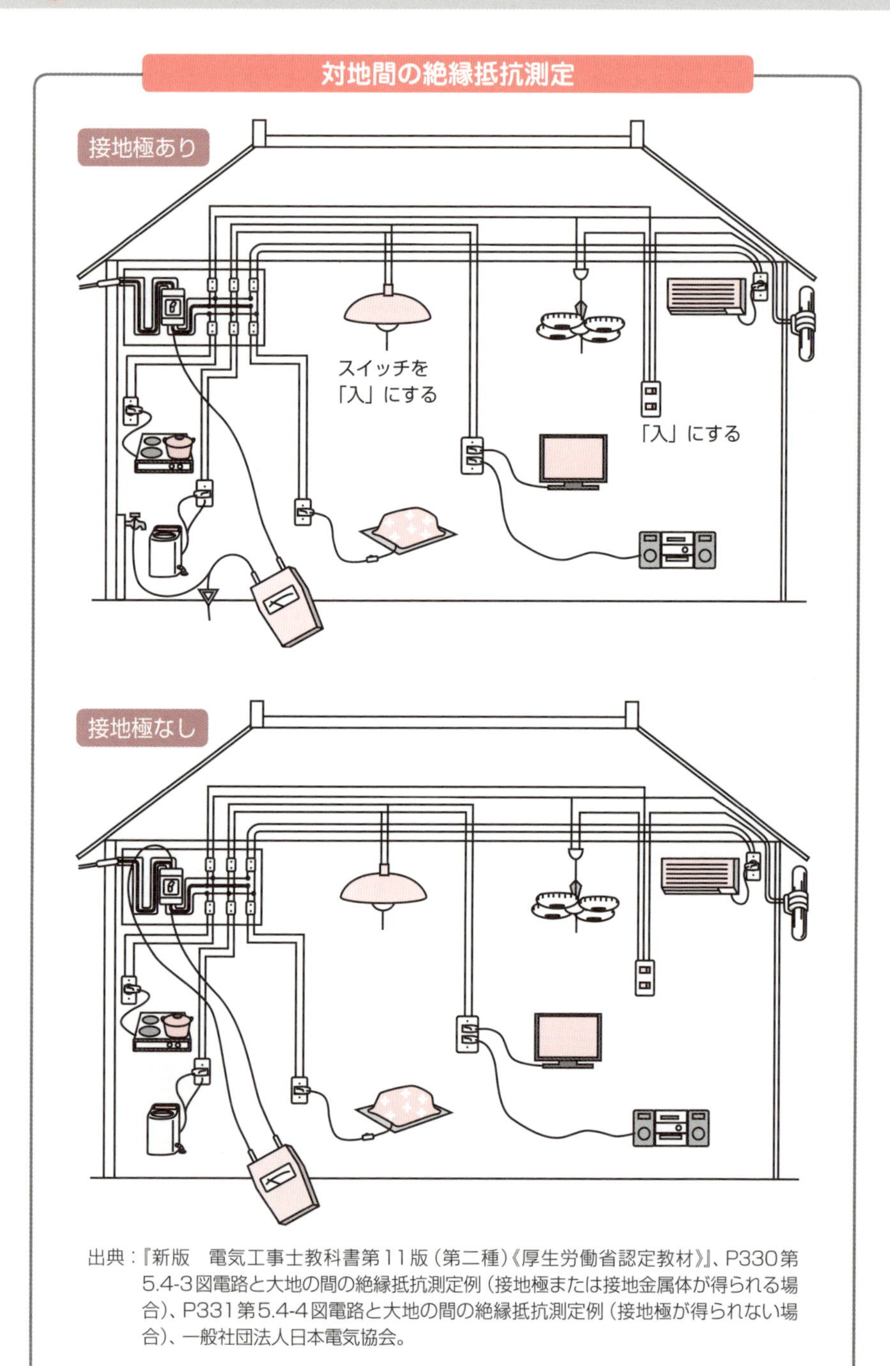

出典：『新版　電気工事士教科書第11版（第二種）《厚生労働省認定教材》』、P330第5.4-3図電路と大地の間の絶縁抵抗測定例（接地極または接地金属体が得られる場合）、P331第5.4-4図電路と大地の間の絶縁抵抗測定例（接地極が得られない場合）、一般社団法人日本電気協会。

5-8 接地抵抗測定

接地抵抗測定は接地極と大地の間の抵抗値が技術基準に定められた値以下であることを確認するための検査です。大地の湿り具合や大地と接地極の馴染み具合によって値が変化する場合があるため、定期検査などでも測定を行う必要があります。

接地抵抗値

接地抵抗値は技術基準によって接地工事の種別ごとの最大値が定められています。工事種別ごとの接地抵抗最大値は次のとおりです。

● A種接地工事

10Ω以下。

● B種接地工事

変圧器の高圧側または特別高圧側電路の1線地絡電流の値で150を除した値以下。ただし、高圧側または35,000V以下の特別高圧側の電路と低圧側の電路との混色により、低圧側電路の対地電圧が150Vを超えた場合に、自動的に高圧または特別高圧の電路を遮断する装置を設ける場合で、遮断時間が1秒を超え2秒の装置を設ける場合は1線地絡電流の値で300を除した値以下、遮断時間が1秒以下の装置を設ける場合は1線地絡電流の値で600を除した値とすることができます。

● C種接地工事

10Ω以下、ただし低圧電路において地絡を生じた場合に0.5秒以内に当該電路を自動的に遮断する装置を施設するときは500Ω以下とすることができます。

● D種接地工事

100Ω以下、ただし低圧電路において地絡を生じた場合に0.5秒以内に当該電路を自動的に遮断する装置を施設するときは500Ω以下とすることができます。

▼接地工事の種類と対象

接地工事の種類	対象機器、配線などの区分
A 種	1. 高圧または特別高圧の発電機、電動機、変圧器などの鉄台および金属製外箱（解釈第 29 条）など 2. 高圧電路の避雷器（解釈第 37 条） 3. 電極式温泉用昇温器の遮へい装置の電極（解釈第 198 条）など
B 種	高圧または特別高圧電路に結合する変圧器の低圧側の中性点または 1 端子（解釈第 24 条）など
C 種	1. 使用電圧 300V を超える低圧の電動機などの鉄台（解釈第 29 条） 2. 使用電圧 300V を超える低圧の金属管工事、可とう電線管工事、金属ダクト工事、バスタクト工事、ケーブル工事などのプルボックス、管、ダクト、ケーブル外被などの金属部分
D 種	1. 低圧の発電機、電動機などの鉄台（解釈第 29 条）など 2. 高圧計器用変成器の二次側（解釈第 28 条） 3. 架空ケーブルをちょう架するメッセンジャワイヤ（解釈第 67 条） 4. 使用電圧 300V 以下の金属管工事における管（解釈第 159 条）

出典：新版電気工事士教科書第11版（第二種）《厚生労働省認定教材》、P81第2.1-6表　接地工事の細目と適用例、一般社団法人日本電気協会。

接地抵抗計の補助極

接地抵抗測定を行う場合は一般的に接地抵抗計のP極とC極のリード線に測定用の**補助接地極**を接続します。補助接地極は、測定の対象となる接地極から1直線上にP極、C極となるように地面に打ち込みます。このとき、それぞれの接地極の間隔は10m以上離すのが理想的です。

地面がアスファルトやコンクリートなどで覆われて補助接地極が打ち込めない場合には、補助接地極を地面に寝かせ、布などをかぶせて水をかけると測定が可能になる場合があります。また、建物内での測定で補助接地極を設けることができない場合は、簡易測定としてP極とC極を短絡して、単相2線式100Vの接地側線に接続し、トランスのB種接地工事などを補助極とする方法もあります。

このとき、接地抵抗計に表示された値からB種接地工事の接地抵抗値を引いた値が測定対象の抵抗値となります。ただし、この方法で補助極として使用するB種接地工事や他の接地金属物などの接地抵抗値は、あらかじめ数値がわかっており、測定対象の接地抵抗値に対して無視できる程度の抵抗値でなければなりません。あくまでも簡易的な測定ですので誤差が大きく、D種接地工事の測定以外の測定には向きません。

接地抵抗計の補助極

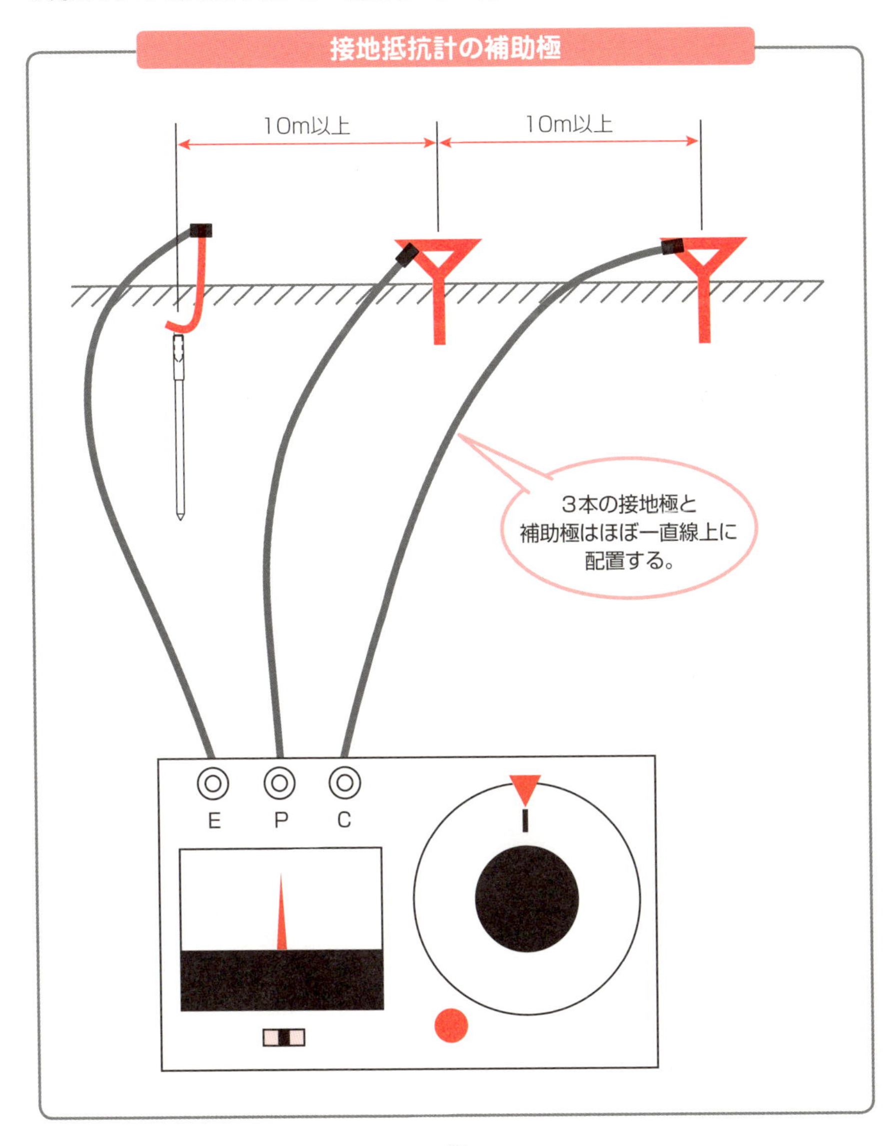

COLUMN

スマートハウス

近ごろ、スマートハウスの普及が始まっています。**スマートハウス**とは、太陽光発電設備や家庭用燃料電池（エネファーム）などの創エネ機器に加え、太陽電池などの不安定な電源を貯蔵・平準化するための家庭用蓄電池やLEDなどの省エネ性能に優れた家電製品を搭載し、これらの機器が相互に連携して効率的な電力使用を行うために情報通信技術を活用したHEMS（ホームエネルギーマネジメントシステム）で最適化された家です。中でも、家庭のエネルギーの収支がゼロになるように設計されたものは**ZEH**（ネット・ゼロエネルギー・ハウス：通称ゼッチ）と呼ばれ、今後の普及が見込まれています。

家電や設備機器を
最適に制御する。

▼スマートハウス「観環居」

Photo by Thirteen-fri

Chapter 6

配線設計と手順

電気設備をつくるためには設計から施工完了に至るまでに様々な図面が必要とされています。中でも配線図は電気工事やを行ううえで欠かすことのできない図面のひとつです。屋内配線図を読む、また作成するためには、基本的な設計の知識と工事方法、材料への理解が必要です。工事方法と材料に関しては前章までに登場していますので、本章では配線図作成手順の一例をあげ、その手順に従って配線設計に必要な項目を理解しましょう。

6-1 配線図の内容

配線図には分電盤や電気機械器具の配置、配線ルートと工事方法、配線の分岐状況などが記されています。配線図の設計は法令に則ったうえでコストや施工条件などに無理のないものでなければなりません。

配線図の目的

配線図の大きな目的は、設計者の意図を関係者に伝えることです。具体的には、配線図から材料などを拾い出し、工事に必要な人員数を割り出して工事費の見積もりや、施工に際しても現場での細部修正などが起こった場合の指針のひとつとなります。また、電力会社による落成後の検査や竣工後の修理、改修などにも使用される図面です。

配線図の種類

配線図には平面配線図、系統図、接続図、機器詳細図などがあります。

●平面配線図

1/50から1/200程度の縮尺の建築平面図上に電力量計、分電盤、電気機械器具の配置、配線ルートと工事方法、配線の種類などについて、配線図記号を用いて表現した図面です。

●系統図、接続図

系統図は受電点から分電盤までの幹線の分岐状況、配線の種類と工事方法などを示した図面です。また、**接続図**は分電盤内での分岐回路の状況を示した図面ですが、幹線分岐がない戸建住宅などでは系統図と接続図を合わせてひとつの図面とすることもあります。縮尺を考慮する必要はありませんが、受電点から計器類、開閉器などへの接続状況を紙面上にわかりやすく表現する必要があります。

●機器詳細図

機器の構造、仕様、結線方法などについて詳細に説明するための図面です。原図はメーカーのホームページなどから入手が可能な場合もあります。

6-2 配線用図記号

電気工事に使用する図記号はJIS C 0303に規格化された**屋内配線図記号**を基本的な図記号として用います。JIS図記号をベースに独自の図記号を用いている場合もありますので、個別の事例では工事図書などの凡例を参照してください。

一般配線の図記号

ケーブル、電線、配管の種類や太さ、露出、隠ぺいの別などを表す図記号です。建物の下階と上階の間の電線路の立上りや引下げ、受電点の記号などもここで紹介します。

▼一般配線の図記号

名称	図記号	
天井隠ぺい配線	――――――	絶縁電線の太さおよび電線数2.0は直径、2は断面積を示す。 例 ///1.6 //2.0 ///2 ///8 **数字の傍記の例** 1.6×5 5.5×1 ケーブルの太さおよび線心数(または対数) **例** 1.6 mm 3心の場合 1.6 - 3C 0.5 mm 100対の場合 0.5 - 100P 電線の接続点 鋼製電線管(ねじなし電線管) 1.6 (E19) 合成樹脂製可とう電線管(PF管) 1.6 (PF19) 2種金属製可とう電線管 1.6 (F217) 硬質塩化ビニル電線管 1.6 (VE16) 電線の入っていない(PF管) (P F16) フロアダクトの表示 **例** (F7) (FC6) ジャンクションボックス ケーブルラックの表示 CR または
床隠ぺい配線	— — —	
露出配線	- - - - - -	

名称	図記号	
		金属ダクトの表示 MD 金属線ぴの表示 MM1 ライティングダクトの表示 LD　LD □は、フィードインボックスを示す。 接地線の表示 例 E2.0 接地線と配線を同一管内に入れる場合 例 2.0 E2.0（PF22） ケーブルの防火区画貫通部 または
立上り 引下げ 素通し		防火区画貫通部 立上り 引下げ 素通し
プルボックス		
ジョイント ボックス		
VVF用ジョイント ボックス		
接地端子		
接地センタ	EC	
接地極		
受電点		

▼バスダクトの図記号

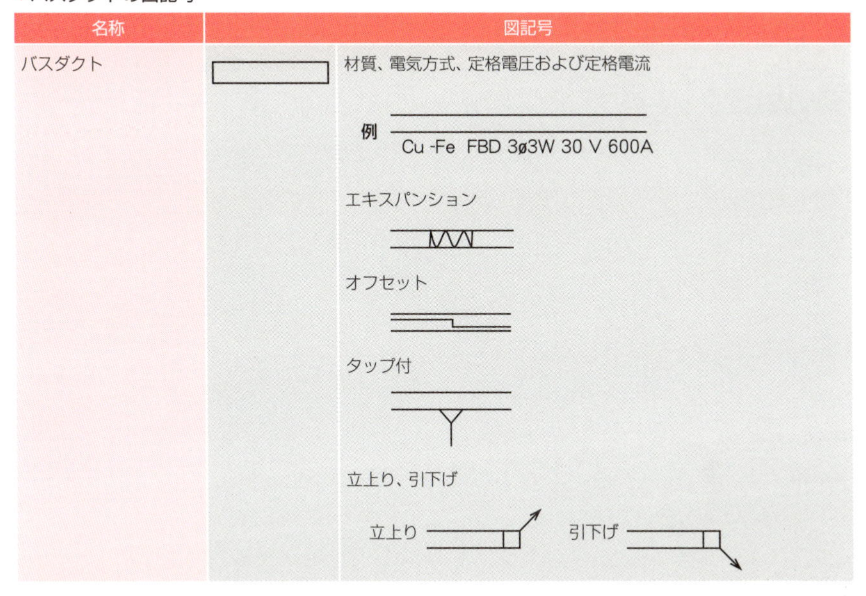

名称	図記号
バスダクト	材質、電気方式、定格電圧および定格電流 例 Cu -Fe FBD 3ø3W 30 V 600A エキスパンション オフセット タップ付 立上り、引下げ 立上り　引下げ

▼合成樹脂線ぴの図記号

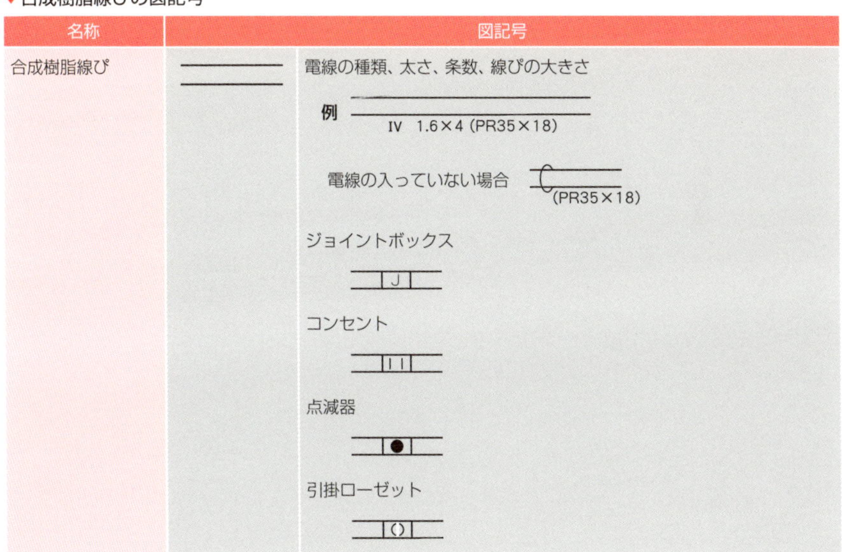

名称	図記号
合成樹脂線ぴ	電線の種類、太さ、条数、線ぴの大きさ 例 IV 1.6×4 (PR35×18) 電線の入っていない場合 (PR35×18) ジョイントボックス コンセント 点滅器 引掛ローゼット

出典：JIS C 0303-2000（構内電気設備の配線用図記号）。

機器の図記号

ここでは照明器具以外の機器の図記号を紹介します。機器にはコンデンサや電磁弁、発電機などを含んでいます。

▼機器の図記号

名称	図記号	
電動機	(M)	電気方式、電圧、容量 **例** (M) 3φ200V 3.7kw
コンデンサ	⊣⊢	
電熱器 換気扇	(H) (∞)	天井付き [∞]
ルームエアコン	[RC]	屋外ユニットはO、屋内ユニットはI $[RC]_O$ $[RC]_I$
電磁弁	(SV)	
電動弁	(MV)	
小形変圧器	(T)	ベル変圧器はB、リモコン変圧器はR、ネオン変圧器はN、蛍光灯用安定器はF、HID灯(高効率放電灯)用安定器はHを傍記 $(T)_B$ $(T)_R$ $(T)_N$ $(T)_F$ $(T)_H$
整流装置	▶|	
蓄電池	⊣|⊢	
発電機	(G)	

出典:JIS C 0303-2000(構内電気設備の配線用図記号)。

照明の図記号

照明の図記号には一般的な照明の他に非常用照明や誘導灯、保安照明を含んでいます。特に非常用照明、誘導灯、保安灯では色の塗り分けによって記号が示すものも違いますので注意が必要です。

▼照明器具の図記号

名称	図記号	
一般用照明 白熱灯 HID灯	○	ペンダント シーリング（天井直付） CL シャンデリヤ CH 埋込器具 DL 引掛シーリングだけ（角） （） 引掛シーリングだけ（丸） （） 壁付は、壁側を塗るか、またはWを傍記 W ワット（W）×ランプ数で傍記 **例** 100　200×3
蛍光灯		a）図記号　は、　としてもよい。 ただし、図記号　は、ボックス付を示す。 は、ボックスなしを示す。 器具の壁付および床付 1）壁付きは、壁側を塗るか、またはWを傍記 W 2）床付は、Fを傍記 F
		ワット（W）×ランプ数で傍記 **例** F40　F40×2 器具内配線のつながり方 **例** F40－2　F40－3

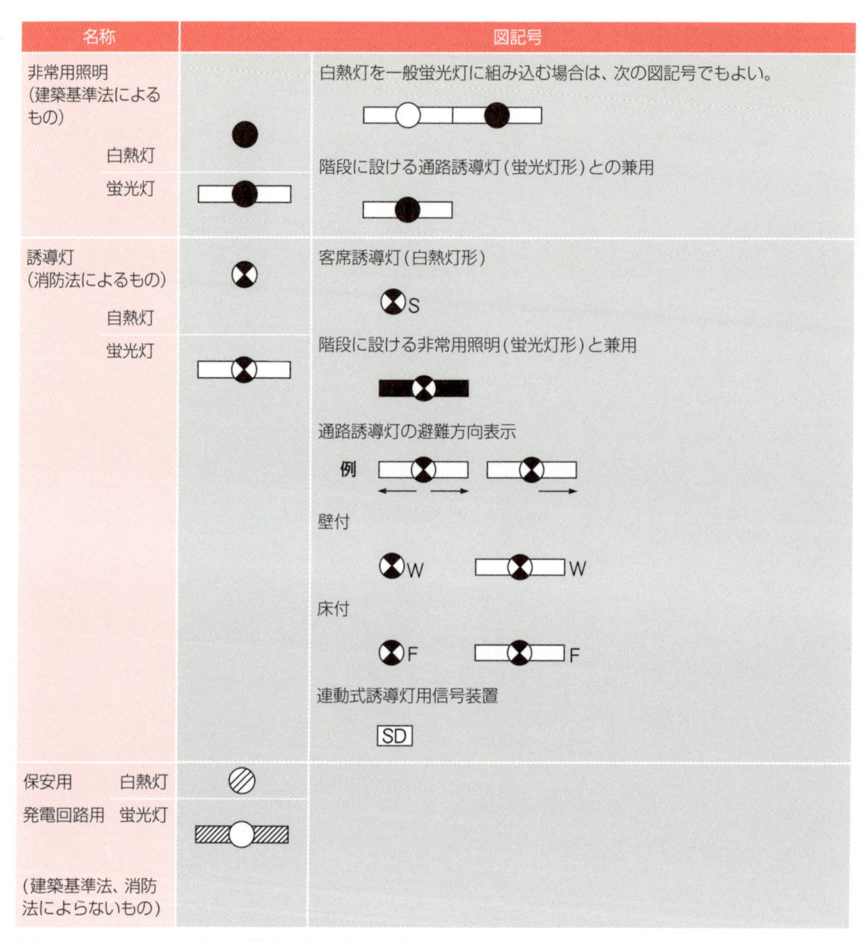

名称	図記号	
非常用照明（建築基準法によるもの） 白熱灤		白熱灯を一般蛍光灯に組み込む場合は、次の図記号でもよい。
蛍光灯		階段に設ける通路誘導灯（蛍光灯形）との兼用
誘導灯（消防法によるもの） 白熱灯		客席誘導灯（白熱灯形） S
蛍光灯		階段に設ける非常用照明（蛍光灯形）と兼用 通路誘導灯の避難方向表示 例 壁付 W W 床付 F F 連動式誘導灯用信号装置 SD
保安用 白熱灯		
発電回路用 蛍光灯（建築基準法、消防法によらないもの）		

出典：JIS C 0303-2000（構内電気設備の配線用図記号）。

図面はみんなが見るもの

- 建物の使い勝手やコストを考慮して設計を行う。
- 他者にも伝わりやすい図面を心がける。
- 図記号は傍記や色の塗分けに気をつける。

コンセントと点滅器の図記号

図記号では少数の基本図形に傍記を行うことで様々なタイプの器具を表現しています。特にコンセントと点滅器（スイッチ）の図記号ではこの傾向が顕著に表れています。図記号を理解するためには、傍記に注意することが大切です。

▼コンセントの図記号

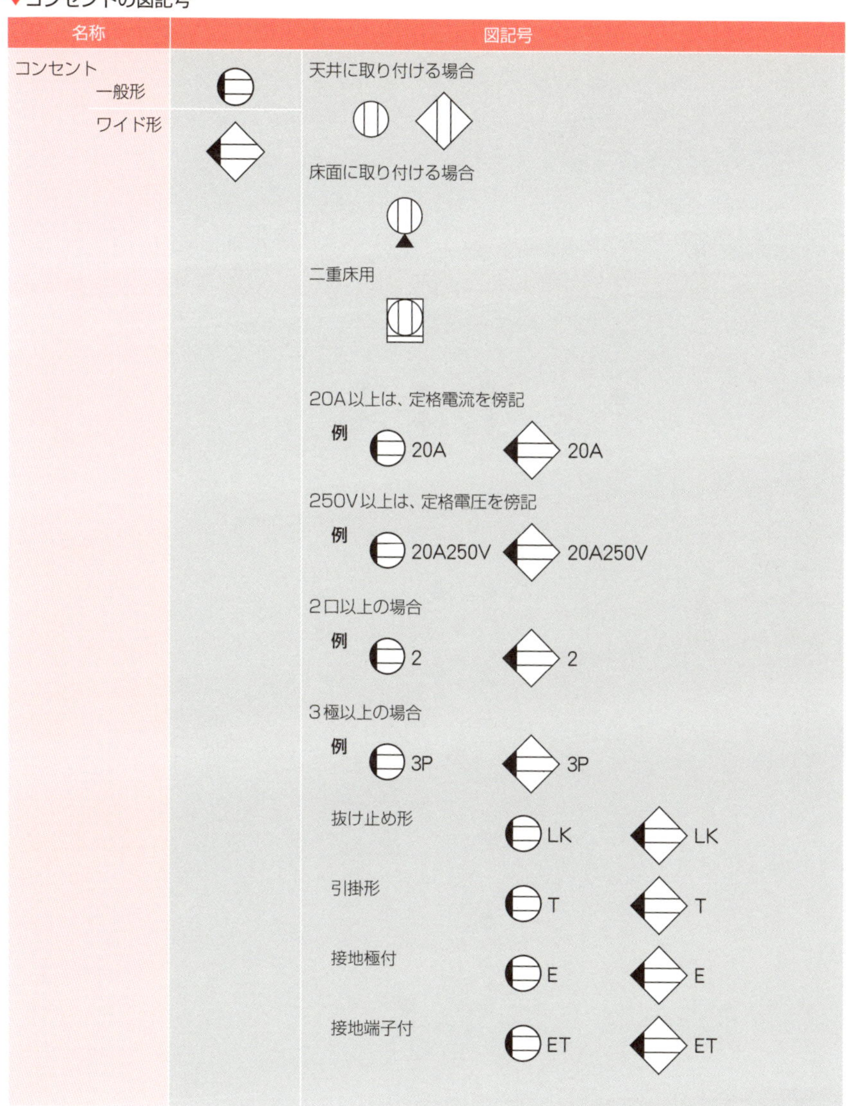

		接地極付接地端子付 EET EET 漏電遮断器付 EL EL 防雨形 WP 防爆形 EX 医用 H
非常用コンセント （消防法によるもの）		

▼点滅器の図記号

名称	図記号	
点滅器 一般形	●	極数を示す場合 3路、4路又は2極は、それぞれ3、4または2Pを傍記 ●3 ●4 ●2P ◆3 ◆4 ◆2P プルスイッチ ●P 位置表示灯を内蔵 ●H ◆H 確認表示灯を内蔵 ●L ◆L 別置された確認表示灯 例 ○● 防雨形 ●WP 防爆形 ●EX タイマ付 ●T ◆T
ワイドハンドル形	◆	

		遅延スイッチ ●D　◆D ●DF　◆DF（照明・換気扇用） 熱線式自動スイッチ ●RAS ●RA（センサ分離形）
点滅器 一般形	●	熱線式自動スイッチ用センサ ▽S 屋外灯などに使用する自動車点滅器 例 ●A (3A)
ワイドハンドル形	◆	
調光器　一般形	●↗	
ワイド形	◆↗	
リモコンスイッチ	●R	別置された確認表示灯 例 ○●R リモコンスイッチの種類 ●RM（多重伝送用） ●RG（グループ制御用） ●RP（パターン制御用）
リモコンセレクタスイッチ	⊛	
リモコンリレー	▲	集合して取り付ける場合はリレー数を傍記 例 ▲▲▲10 ターミナルユニット付 例 ▲▲▲T/U

出典：JIS C 0303-2000（構内電気設備の配線用図記号）。

開閉器、盤類、計器類の図記号

開閉器類、計器類の図記号は接続図をかく際に必要な図記号です。盤類は平面配線図、系統図などで必要です。盤類は色の塗り分けで種類を特定しますので間違えないようにしましょう。

▼開閉器の図記号

名称	図記号	
開閉器	S	極数、定格電流、ヒューズ定格電流 例 S 2P30A f 30A 電流計付は、Ⓢを用い、電流計の定格電流を傍記 例 Ⓢ 2P30A f 30A A5
配線用遮断器	B	極数、フレームの大きさ、定格電流 例 B 3P 225AF 150A モータブレーカ B M または B
漏電遮断器	E	過負荷保護付は、極数、フレームの大きさ、定格電流、定格感度電流など、過負荷保護なしは、極数、定格電流、定格感度電流などを傍記する。 過負荷保護付の例 E 2P 30AF 15A 30mA 過負荷保護なしの例 E 2P 15A 30mA

▼盤類の図記号

名称	図記号	
配電盤、分電盤および制御盤	▭	配電盤 分電盤 制御盤 実験盤 OA盤 警報盤 防災電源回路用配電盤 例 1種 2種

▼計器類の図記号

名称	図記号	
電磁開閉器用押しボタン	●B	確認表示灯付 ●BL
圧力スイッチ	●P	
フロートスイッチ	●F	
フロートレススイッチ電極	●LF	
電極切替函	⧄LFC	
タイムスイッチ	TS	
電力量計	(Wh)	
電力量計（箱入り、またはフード付）	[Wh]	
変流器（箱入り）	[CT]	
電流制限器	(L)	
漏電警報	G	
漏電火災警報（消防法による）	F	
地震感知器	(EQ)	

出典：JIS C 0303-2000（構内電気設備の配線用図記号）。

6-3 平面配線図作成の手順と注意点

本節では、配線図作成手順の一例をあげて手順ごとに必要な設計の注意点をまとめてゆきます。ここであげる作図の手順は絶対のものではありませんので、注意点を踏まえて実際のケースに応じた効率的な作図を行いましょう。

平面配線図の作成手順

平面配線図は以下の手順で作成します。

①トレースおよび原図の改変
②受電点の配置
③分電盤の配置
④コンセントの配置
⑤照明器具の配置
⑥点滅器の配置
⑦分岐回路の決定
⑧幹線太さの決定
⑨配線の書き込み
⑩分電盤接続図の作成

トレースおよび原図の改変

平面配線図を作成するためには、建物などの建築平面図を入手しなくてはなりません。新築などで建築会社や建設会社が平面図を持っている場合にはそこから図面を入手します。近年、図面を手がきで作成することはまれですが手がきで行う場合は図面の**トレース**（写図）を行います。トレースは原図に忠実に行わなくてはなりません。ただし、施工上不要と思われる壁内の断熱材やタイル目地などの建築図記号は適宜消去しても構いません。また、CADを用いて製図を行う場合には原図データを入手して、施工上不要と思われる記号等を消去して図面の改変を行います。

これに加え、改修や増設などで建築平面図が入手困難な場合は現場の間取り、建具の位置などについて、建築図記号を用いてスケッチして建築平面図の代用として使用します。このとき、2階建以上の建物であれば下階図面と上階図面の柱や階段の紙面上の位置を合わせるなどして、それらの位置関係をわかりやすく示します。

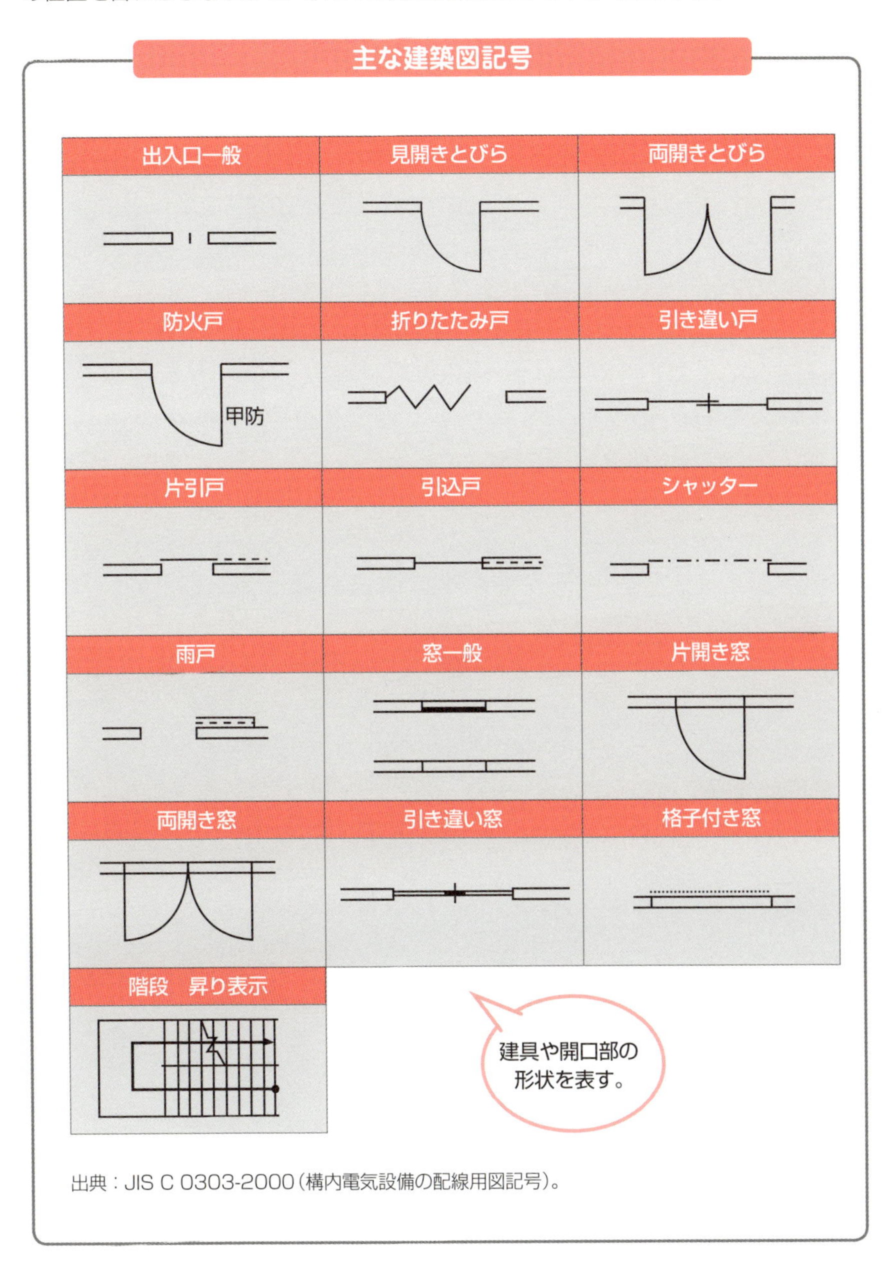

▼材料構造記号

縮尺度区別による区分 / 表示事項	縮尺1：100の場合（縮尺1：200または1：300の場合はこれに準ずる）	縮尺1：50または1：20程度の場合（縮尺1：30または1：10程度の場合はこれに準ずる）
コンクリートおよび鉄筋コンクリート		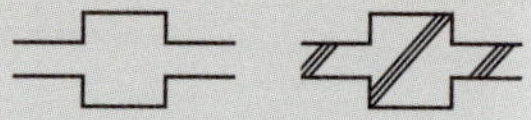
鉄骨		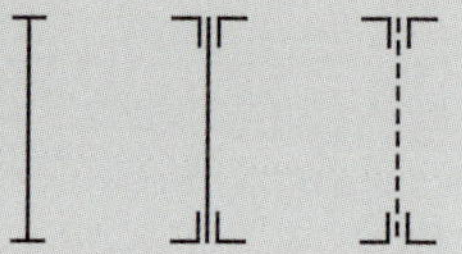
壁・床一般		
ALC		縮尺1：20程度の場合実形に準じて表示する。
コンクリートブロック	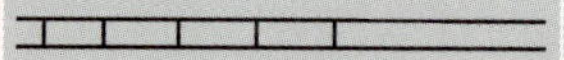	実形に準じて表示する。

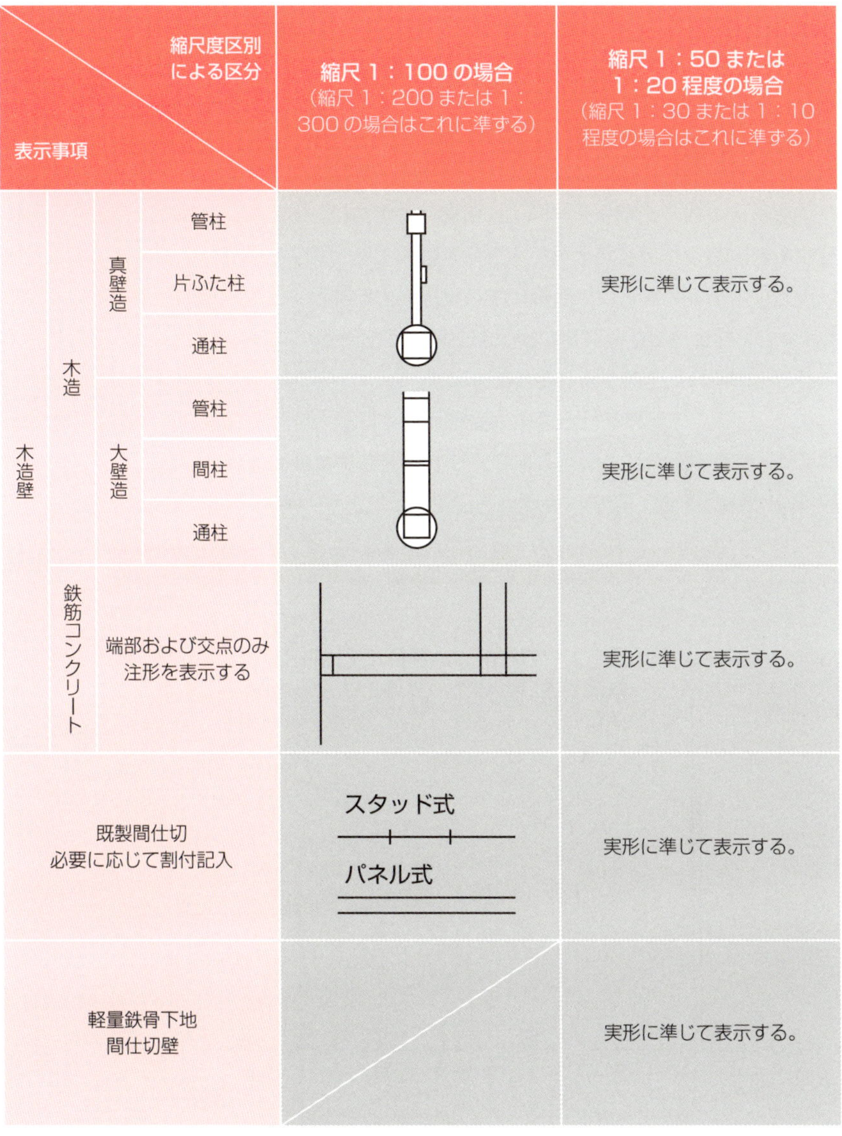

表示事項＼縮尺度区別による区分				縮尺1：100の場合 （縮尺1：200または1：300の場合はこれに準ずる）	縮尺1：50または1：20程度の場合 （縮尺1：30または1：10程度の場合はこれに準ずる）
木造壁	木造	真壁造	管柱		実形に準じて表示する。
			片ふた柱		
			通柱		
		大壁造	管柱		実形に準じて表示する。
			間柱		
			通柱		
	鉄筋コンクリート	端部および交点のみ注形を表示する			実形に準じて表示する。
既製間仕切 必要に応じて割付記入				スタッド式 パネル式	実形に準じて表示する。
軽量鉄骨下地 間仕切壁					実形に準じて表示する。

出典：JIS C 0303-2000（構内電気設備の配線用図記号）。

受電点の配置

受電点は**引込み線取付け点**とも呼び、電力会社の低圧配電設備に接続された引込み線を需要家に引き込むための接続点です。架空引込みの場合には、需要家の敷地内に設けられる引込み線の引留め点を指します。なお、受電点は電力会社と需要家の財産を区別するための財産分界点も兼ねることとなります。

架空引込み線の受電点を図面上に配置する場合は、架空引込み線が支持物を経ない空中配線である特徴を踏まえて人や車が触れることのないよう、架空電線の高さを電気設備技術基準・解釈により規定され高さ以上となるような場所に配置しなくてはなりません。もし、建物への引留めでは規定の高さに達しないようであれば、鋼管ポールなどでの引留めを考慮する必要があります。

また、受電点の配置を行う際には受電点近くに電力会社の電柱などがあることが必要です。受電する電柱と引込み線のルートなどを決めかねる場合は電力会社との協議を行い、間違いのない位置に受電点を配置しましょう。

受電点の高さ

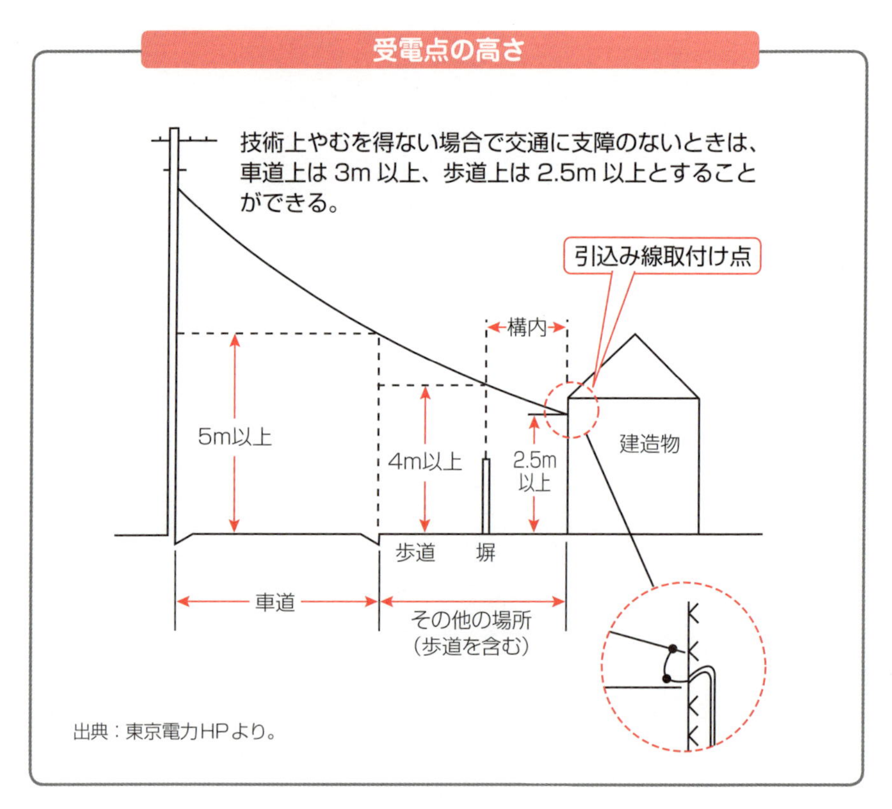

出典：東京電力HPより。

受電点を配置が終わったら積算電力量計などの計器類の配置を行います。**積算電力量計**は受電点付近の点検や検針のしやすい位置に配置します。風雨にさらされる場所には箱入り、フード付きのものを配置しましょう。

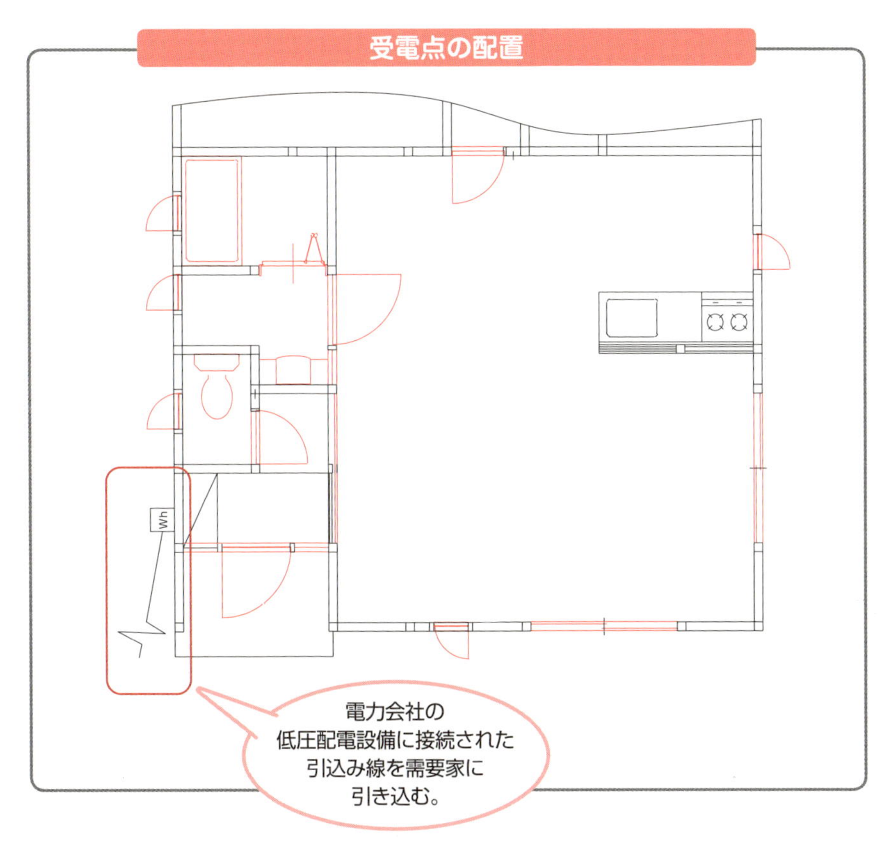

分電盤の配置

分電盤は需要家の電源の大もとになる設備です。事故や過電流により遮断器が動作した場合などに迅速かつ的確に操作をできるようにするため、戸棚の内部や押入れなど、すぐに操作がしにくい場所には配置してはなりません。

また、トイレや洗面所など緊急時に容易に立ち入ることのできない場所への配置も避けたほうがよいでしょう。さらに台所など汚れが付着しやすい場所では遮断器の故障を招くおそれがありますので配置は避けます。分電盤の取付け場所としてふさわしい場所は以下の条件を満たす場所です。

分電盤配置の条件

分電盤を配置するための条件を以下に示します。

①電気回路が容易に操作できる場所
②開閉器を容易に開閉できる場所
③露出場所
④安定した場所
⑤受電点から近く屋側配線の距離を短くできる場所

以前はなるべく目立たないように洗面所や台所などに分電盤を配置するケースが多く目立ちましたが、電気設備や電気器の数や種類が増えた現在、分電盤の重要性が高まっています。このため近年では玄関や勝手口付近など、わかりやすく操作がしやすい場所に分電盤を配置する傾向にあります。

受電点と分電盤配置の注意点

- 受電点は引込み本柱に近く、無理のない配線が行える位置にする。
- 分電盤の配置は受電点を決めてから。

分電盤の配置

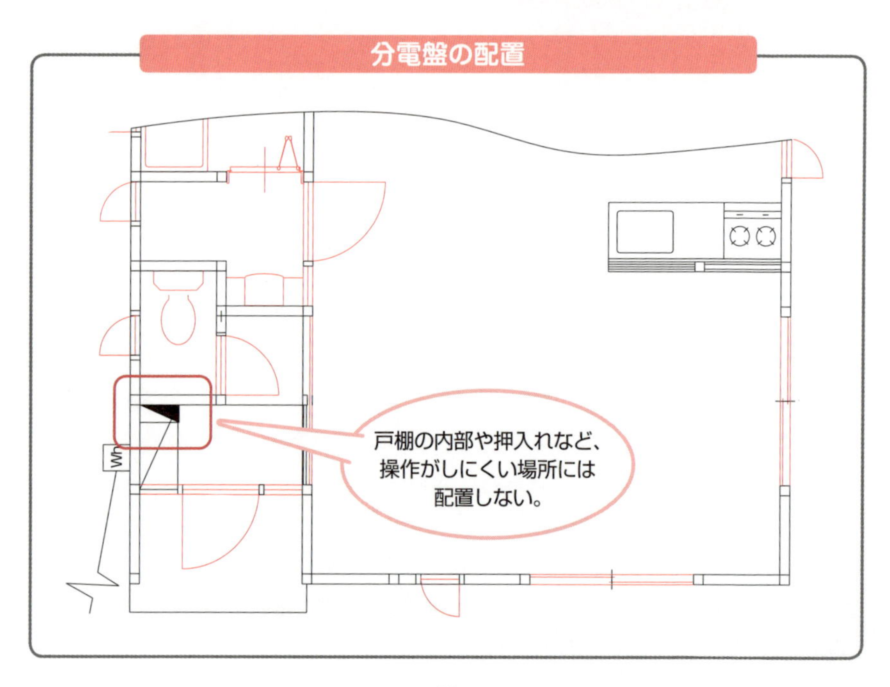

コンセントの配置

近年、家電製品の増加や情報通信の発達により**コンセント**の使用数が増加する傾向にあります。本項では一般的なコンセント数の目安を掲載しますが、使用者のニーズに応じて適宜増減することをお進めします。

コンセントを配置する数は部屋の使用目的に応じてコンセント数の目安を参考にします。また、配置する場所は部屋を使用する人の動線を考慮して使い勝手の良い場所に配置するとよいでしょう。コンセントの使用目的に応じて取付け高さを設定することも大切です。

コンセントの取付け高さは平面配線図上には引出し線などを用いて表現することも可能です。また、将来的に家具などで隠れてしまう可能性がある場所は避けて配置を行いましょう。

▼コンセント数の目安

場所		コンセント施設数（個）		想定される機器例
		100V	200V	
台所		6	1	冷蔵庫、ラジオ、コーヒーメーカー、電気ポット、ジューサー・ミキサー、トースター、レンジ台、オーブン電子レンジ、オーブントースター、食器洗い乾燥機、電気生ごみ処理機、電熱コンロ、ホットプレート、電気ジャー炊飯器、ホームベーカリー、電気鍋、卓上型電磁調理器
食事室		4	1	
居室など	5m²（3～4.5畳）	2	-	電気スタンド、ステレオ、ビデオ、DVD/CDプレーヤー、ラジカセ、扇風機、電気毛布、電気あんか、加湿器、ふとん乾燥機、ワープロ、パソコン、蚊とり器、ズボンプレッサー、テレビ、セラミックヒーター、ファンヒーター、電気カーペット、電気こたつ、電気ストーブ、掃除機、アイロン、空気清浄機、BS/CSチューナー、テレビゲーム機、FAX付電話、多機能コードレス電話、パソコン関連機器（モニター、プリンター）
	7.5～10m²（4.5～6畳）	3	1	
	10～13m²（6～8畳）	4		
	13～17m²（8～10畳）	5		
	17～20m²（10～13畳）	6		
トイレ		2	-	温水洗浄暖房便座、空調、換気扇、電気ストーブ
玄関		1	-	熱帯魚水槽、掃除機
洗面・脱衣所		2	1	洗濯機、掃除機、電気髭そり、洗面台、電動歯ブラシ、ホットカーラー、ヘアードライヤー、洗濯乾燥機、衣類乾燥機
廊下		1	-	掃除機

備考1：コンセントは、1口でも2口でも、さらに口数の多いものでも1個とみなす（コンセントは、2口以上のコンセントを施設するものが望ましい）。

備考2：エアコン、据付型電磁調理器、大容量機器、換気扇（トイレを除く）、庭園灯、浄化槽、給湯器、ベランダ、車庫などのコンセントは、この表の設置数とは別に考慮する。

出 典：内線規定2011、日本電気技術規格委員会、日本電気協会。

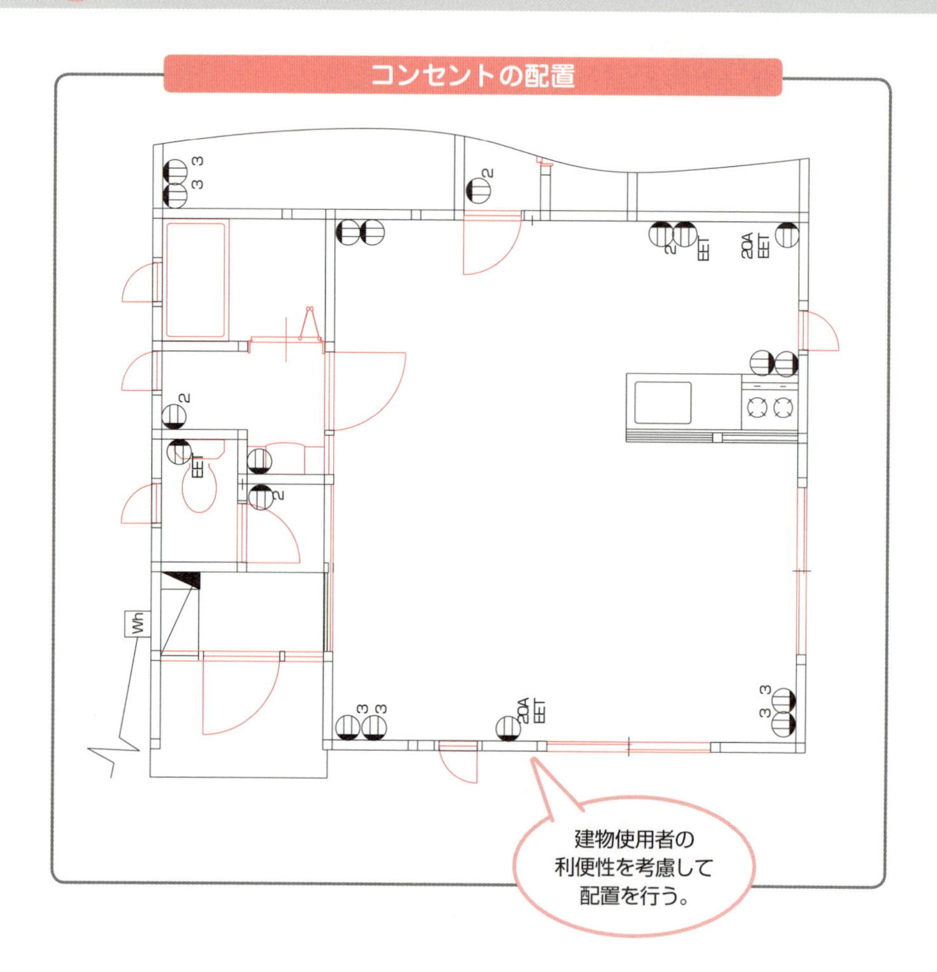

照明器具の配置

照明器具には様々な種類のものがあります。引掛シーリングを配置して、照明器具を使用者が選ぶ場合もありますが、この場合にも適切な照明器具を選定するための助言をすることも大切です。また、補助照明や意匠照明など、部屋の使用目的や使用者のニーズに応じて適切な配置を選定しましょう。

本項では一般住宅における照明の明るさの目安と近年普及が進んでいるLED照明の明るさの選定目安を紹介します。LED照明は全般配光型のものを掲載しました。

LEDと蛍光灯の照明の明るさ（目安）

▼LED照明の明るさ目安

適用畳数	～4.5畳（約7m²）	～6畳（約10m²）	～8畳（約13m²）	～10畳（約17m²）	～12畳（約20m²）	～14畳（約23m²）
標準定格光束（lm）	2,700	3,200	3,800	4,400	5,000	5,600
定格光束の範囲（lm）	2,200以上～3,200未満	2,700以上～3,700未満	3,300以上～4,300未満	3,900以上～4,900未満	4,500以上～5,500未満	5,100以上～6,100未満

出典:オーデリック株式会社 ホームページより。

▼蛍光灯の明るさ目安

適用畳数	～6畳（約10m²）	～8畳（約13m²）	～10畳（約17m²）	～12畳（約20m²）	～14畳（約23m²）
高周波点灯専用（Hf）形	FHC38W＋28W	FHC48W＋28W	FHC48W＋38W	FHC48W＋38W＋28W	FHC58W＋48W＋38W
スターター形	FCL32W＋30W	FCL40W＋32W			

出典：図解入門　屋内配線図の基本と仕組み、秀和システム。

なお、照明器具の配置は、部屋の中に暗い箇所ができないように柱や梁などで光が遮られない場所や光にムラができないように配置するのが基本です。

照明器具の配置

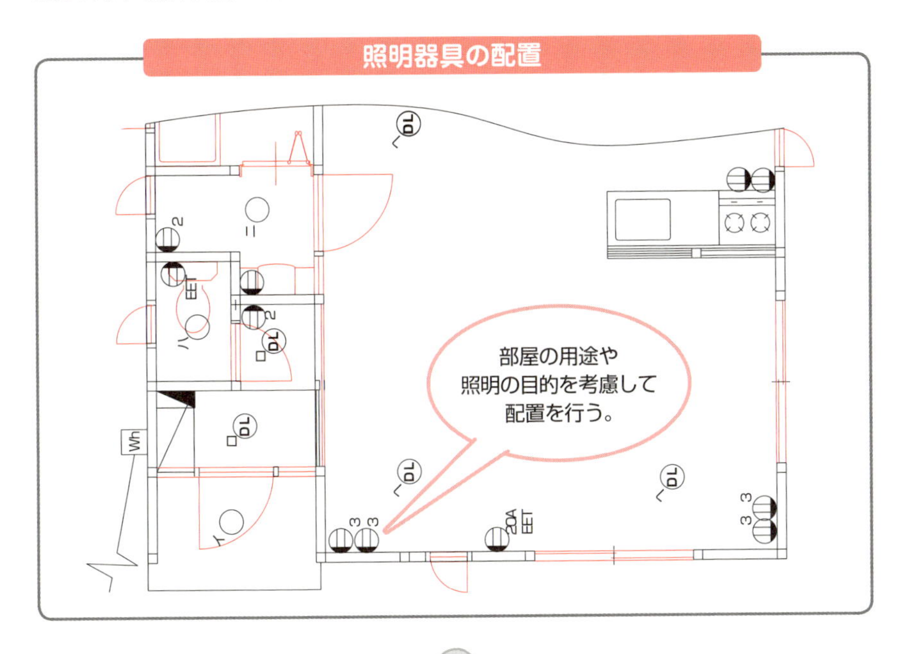

点滅器の配置

点滅器の選定、配置は人の動線と使い勝手を考慮して決定します。扉の開閉時に扉の後ろに隠れないか、スイッチが隠れるような家具を置くスペースではないか、といった配慮も必要です。

また、スイッチの取付け位置を部屋の中にするのか、外にするのかについては、部屋の用途によって決定します。ふだん、人が部屋の中にいることが多い居室などには、部屋の中にスイッチを配置することが一般的です。

また、使用するときだけ照明を点灯させるトイレや浴室といった場所には、部屋の外にスイッチを配置することが一般的となっています。廊下、階段、出入口が複数ある部屋などには3路スイッチや4路スイッチを選定すると利便性が向上します。

点滅器の配置

	部屋内に配置	部屋外に配置
外開き扉の場合	部屋内	部屋内
内開き扉の場合	部屋内	部屋内
内開き扉の場合 （家具あり）	家具 部屋内	家具 部屋内
内開き扉の場合 （家具、壁あり）	家具 部屋内	家具 部屋内

分岐回路の決定

需要家内のすべての負荷機器の配置が終わりましたので、各負荷を**分岐回路**に割り振ります。単相３線式の場合は確認のため負荷不平効率の計算も行います。

分岐回路は原則として、定格電流が10Aを超える据置形の大型電気機械器具については専用の分岐回路を設けます。

一般回路では**連続負荷**（常時３時間以上連続して使用されるもの）を有する分岐回路の負荷容量は、その分岐回路を保護する過電流遮断器の定格電流の80%を超えないように設計を行います。一般住宅などの分岐回路に使用される過電流遮断器の容量は一般的に20Aです。 また、他の標準的な負荷回路でもこの程度で設計を行うことで遮断器や配線に余裕を持たせることができ、安全性が高まります。

一般回路の割振りは、照明とコンセントを合わせて部屋やエリアごとに1回路とする方法です。照明とコンセントを分けて部屋やエリアごとに1回路とする方法と2つの方法が混在した方法があります。オフィスなど照明数、コンセント数、ともに多数になる場合は,照明回路とコンセント回路を分ける方法がとられますが一般住宅など比較的負荷数が少ない場合には照明とコンセントを合わせる方法もしくは2つの方法が混在した回路分けを行うことが一般的です。分電盤には一般的に1回路から2回路ほどの予備回路を設けることも考慮します。

近年では、スマートハウスなどの普及が始まり、住宅用エネルギーマネジメントシステム（HEMS）の導入事例も増えています。このような住宅では負荷ごとの電気使用量を可視化するために照明回路とコンセント回路を分ける方法がとられています。 分岐回路数が増えてしまいますが、管理という視点から考えてみると利便性の高い方法ということができます。

▼専用回路と一般回路

回路の種類	分岐回路の目的
専用回路	食洗機、温水便座、洗濯機、エアコン、電子レンジなど
一般回路	洋室、和室、書斎、寝室、洗面所、浴室、リビング、ダイニング、キッチン、納戸、玄関などの照明・コンセント
予備	予備回路として1回路から2回路程度

分岐回路を割り振る

分岐回路の割振りを行う際は、1分岐回路に割り振る負荷の名前と容量などを記載した表を作成すると、間違えが減って効率的です。作成した表は相の割振りや幹線の太さ決定にも使用することができます。本項では「負荷容量の例」にあげた負荷容量を使用して分岐回路の割当て表を作成しています。

▼負荷容量の例

負荷名	容量
引掛シーリング	300VA（最大想定値）
ダウンライト	60VA
一般照明	100VA
壁付灯	100VA
100V15Aコンセント	150VA
100V15Aコンセント（単独）	1500VA
100V20Aコンセント	1500VA

▼分岐回路の割当て

分岐回路名	負荷名	負荷容量	負荷容量合計
玄関照明コンセント	一般照明	100VA	370VA
	ダウンライト	120VA	
	15A コンセント	150VA	
トイレ・浴室照明コンセント	一般照明	200VA	750VA
	壁付灯	100VA	
	15A コンセント	450VA	
トイレ単独コンセント	15A コンセント	1500VA	1500VA
LDK コンセント	15A コンセント	900VA	900VA
LDK 照明	ダウンライト	180VA	480VA
	引掛シーリング	300VA	
LDK 単独コンセント	20A コンセント	1500VA	1500VA
キッチン照明コンセント	15A コンセント	450VA	570VA
	ダウンライト	120VA	
キッチン単独コンセント 1	20A コンセント	1500VA	1500VA
キッチン単独コンセント 2	15A コンセント	1500VA	1500VA
廊下・WIC 照明コンセント	一般照明	100VA	370VA
	ダウンライト	120VA	
	15A コンセント	150VA	
洋室 1 照明コンセント	引掛シーリング	300VA	750VA
	15A コンセント	450VA	
洋室 2 照明コンセント	引掛シーリング	300VA	750VA
	15A コンセント	450VA	
洋室 3 照明コンセント	引掛シーリング	300VA	750VA
	15A コンセント	450VA	
			総負荷容量
			11690VA

相の割振り

単相3線式電源の2つの相にバランスよく分岐回路を割り振り、回路番号を決定します。状況により片方の相にすべての負荷を接続する**片寄せ配線**と呼ばれる方法をとることもありますが、一般的には、2つの相につなぐ負荷の容量の合計になるべく差がないように割り振ります。

回路番号は分電盤の分岐ブレーカー上段にあたるL1相に奇数番号を、下段にあたるL2相に偶数を割り当てます。

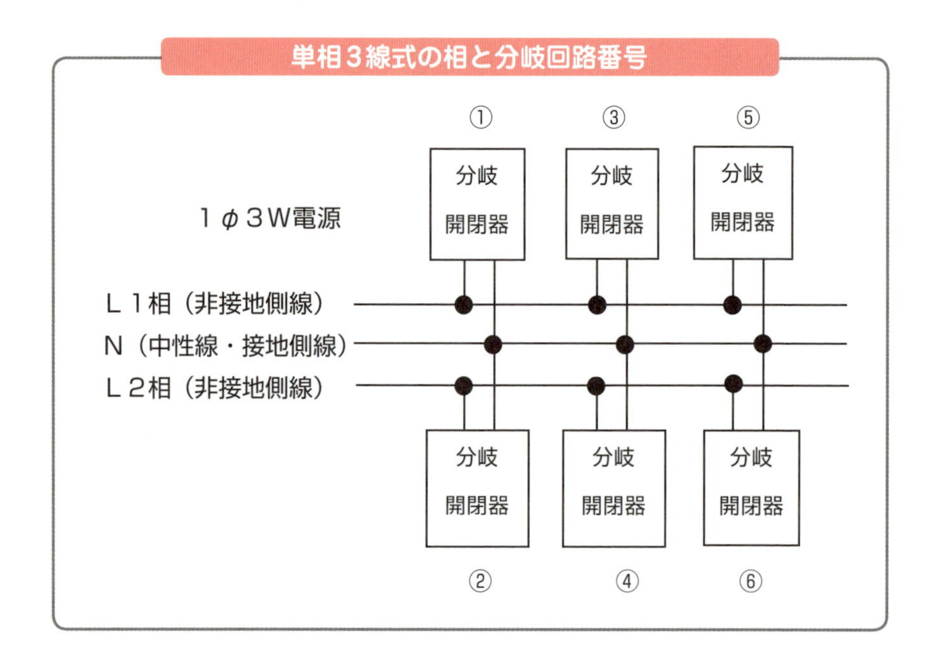

負荷不平効率の算出

各相に割り振った負荷容量の差が許容範囲内であることを確認するために、**負荷不平効率**を算出します。負荷不平効率が40%以下であれば許容範囲内とみなすことができます。

負荷不平効率を算出するために、相の**平均負荷容量**を算出します。平均負荷容量は、建物のすべての負荷容量の合計（**総負荷容量**）を相の数である2で除した値です。

平均負荷容量＝総負荷容量÷2

次に負荷不平効率を算出します。負荷不平効率は相ごとの合計負荷容量の差を平均負荷容量で除した値を百分率で表したものです。

負荷不平効率＝相差／平均負荷容量×100

この建物の負荷不平効率を計算すると次のようになります。

平均負荷容量＝総負荷容量 11690VA ÷ 2=5845VA
相差＝L1 相の合計負荷容量 5990VA
－L2 相の合計負荷容量 5700VA=290VA
負荷不平効率＝相差 290VA ÷平均負荷容量 5845VA × 100=5%

相	回路番号	分岐回路名	負荷名	負荷容量	負荷容量合計
L1 相	①	玄関照明コンセント	一般照明	100VA	370VA
			ダウンライト	120VA	
			15A コンセント	150VA	
	③	トイレ・浴室照明コンセント	一般照明	200VA	750VA
			壁付灯	100VA	
			15A コンセント	450VA	
	⑤	廊下・WIC 照明コンセント	一般照明	100VA	370VA
			ダウンライト	120VA	
			15A コンセント	150VA	
	⑦	洋室 1 照明コンセント	引掛シーリング	300VA	750VA
			15A コンセント	450VA	
	⑨	洋室 2 照明コンセント	引掛シーリング	300VA	750VA
			15A コンセント	450VA	
	⑪	トイレ単独コンセント	15A コンセント	1500VA	1500VA
	⑬	LDK 単独コンセント	20A コンセント	1500VA	1500VA
					計 5990VA

相	回路番号	分岐回路名	負荷名	負荷容量	負荷容量合計
L2 相	②	LDK 照明	ダウンライト	180VA	480VA
			引掛シーリング	300VA	
	④	LDK コンセント	15A コンセント	900VA	900VA
	⑥	キッチン照明コンセント	15A コンセント	450VA	570VA
			ダウンライト	120VA	
	⑧	洋室 3 照明コンセンド	引掛シーリング	300VA	750VA
			15A コンセント	450VA	
	⑩	キッチン単独コンセント 1	20A コンセント	1500VA	1500VA
	⑫	キッチン単独コンセント 2	15A コンセント	1500VA	1500VA
					計 5700VA

幹線太さの決定

総負荷容量から幹線１線あたりに流れる電流値を算出して幹線の太さを決定します。なお、需要率は内線規定に従って適用していますが、需要率が的確に想定される場合はそちらを適用します。

①負荷容量を合計して総負荷容量を算出する。

例：11690VA

②総負荷容量10kVAを超えた部分に対して需要率を適用して値を算出する。

▼電灯負荷回路の需要率

建物の種類	需要率（%）
住宅、寮、アパート、ホテル、病院、倉庫	50
学校、事務所、銀行	70

例：1690×0.5＋10000=10845VA

③算出した値を使用電圧で割り電流値を算出する。

例：10845÷100≒108A

④単相３線式で引込みの場合は２つの相で電力を供給するため値を２で割る。

例：108÷2=54A

⑤算出した値以上の許容電流を持ったケーブルなど選定する。ただし、分岐回路の数を考慮し、以下の表の太さに満たない場合は表の太さを採用することが望まれる。将来の増設などが見込まれる場合はそちらも考慮すること。

出典：『内線規程 第12版』 電気技術規程使用設備編 JEAC8001-2011 p669 3605-11表 幹線の需要率、社団法人日本電気協会。

▼住宅幹線の太さ

分岐回路数	電線太さ（銅線）			
	単2		単3	
	mm^2	mm	mm^2	mm
2	5.5	2.6	—	2.0
3	8	3.2	5.5	2.6
4	14		5.5	2.6
5～6	—		8	3.2
7～8	—		14	4.0
9～10	—		14	4.0
11	—		22	5.0

※表は3心以下のVVケーブルを使用する場合の太さ

例：許容電流のみで判断すると3心のVVRケーブルでは14mm^2となるが、分岐回路数と予備回路文など将来の増設を見込んで、太さを22mm^2とする。

出典：『内線規程 第12版』 電気技術規程使用設備編 JEAC8001-2011 p670 3605-12表 住宅の幹線の太さ、社団法人日本電気協会。

将来性を考慮した設計

- 電線の太さは余裕を持って設計する。
- 分電盤には予備回路を設けるなど、将来の増設も視野に入れる。

配線の書込み

分岐回路の割り当てや幹線が決定したら、平面図上に配線を以下の手順で書き込みます。可能であれば、配線は想定される配線ルートを通るように書き込みます。

手順1 電線の接続点となるジョイントボックスなどを配置する。

手順2 分岐回路ごとに図記号を使って配線を書き込む。

手順3 回路の分電盤接続側の配線は先端を矢印として分電盤に向け、回路番号を明記する。

手順4 必要があれば配線および配管の種類、電線条数を傍記で示す。条数は配線に対する斜線で示してもよい。

文字で条数を表す場合

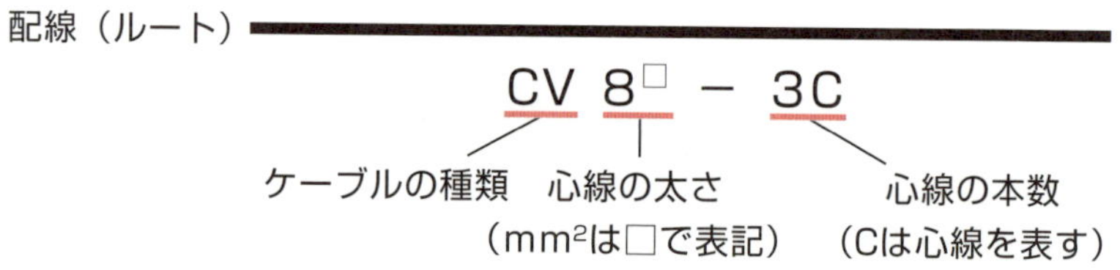

配線（ルート）

CV 8□ － 3C

ケーブルの種類

心線の太さ（mm²は□で表記）

心線の本数（Cは心線を表す）

斜線で条数を表す場合

例：VVFケーブル、太さ2.0mm、2心×1本、3心×1本の場合

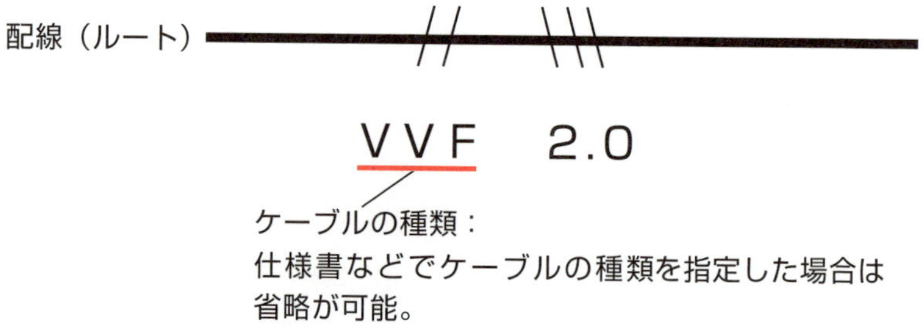

配線（ルート）

VVF　2.0

ケーブルの種類：
仕様書などでケーブルの種類を指定した場合は省略が可能。

配線の書込み

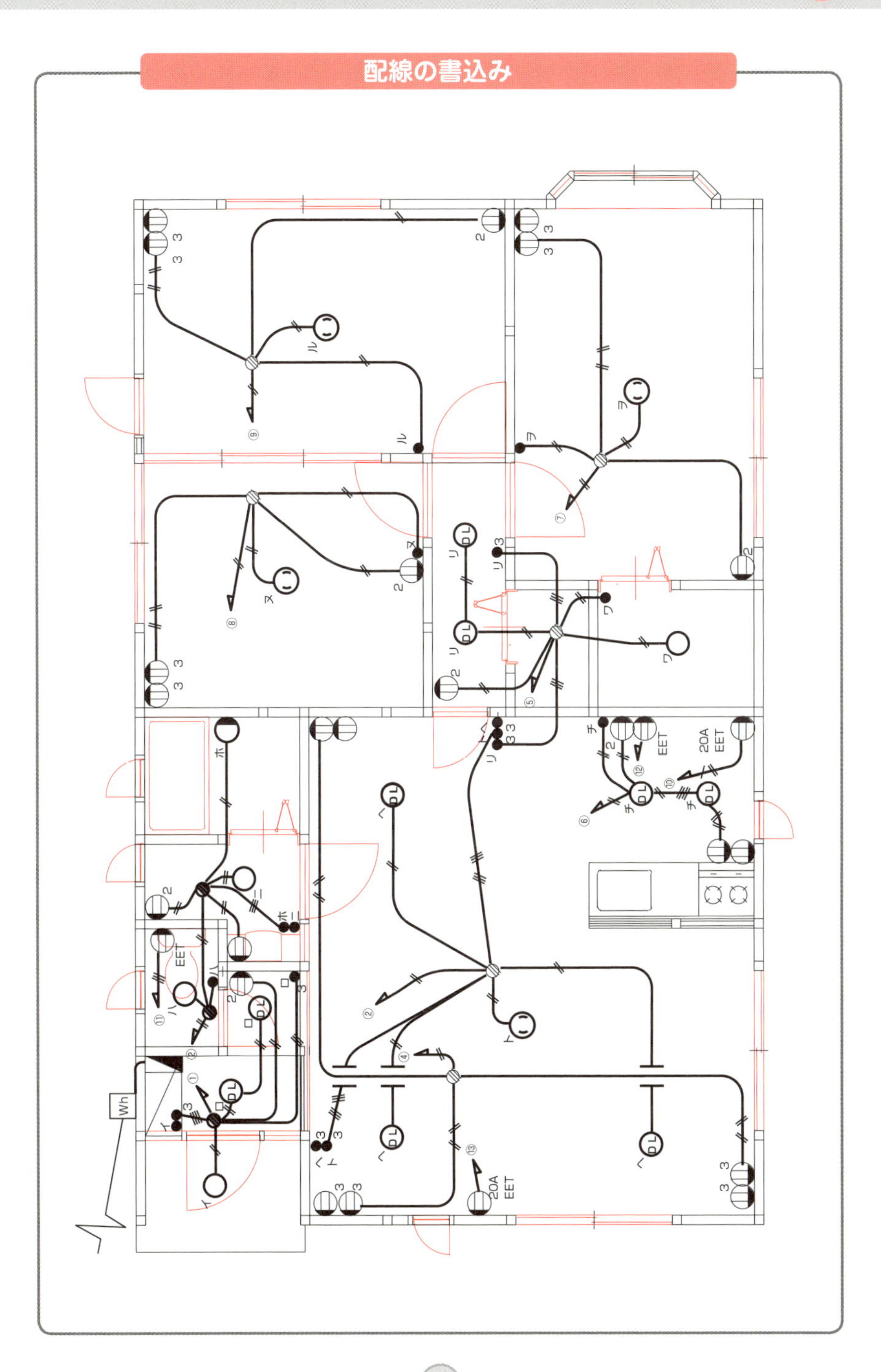

接続図の作成

最後に**接続図**を作成します。接続図には引込線および幹線の太さ、ブレーカーの容量、分岐回路数、回路番号などを書き込みます。今回は分岐回路数を13回路としましたので予備回路を1回路設けて14回路とし、分岐回路数から幹線の太さを22mm²としました。ブレーカーの容量は内線規定の簡便設計表を参照して決定します。

▼幹線の簡便設計表

1線当たりの最大想定負荷電流（A）	配線の種類による幹線の最小太さ（銅線）			開閉器の定格（A）	過電流遮断器の定（A）	
	がいし引き配線	電線管、線ぴに3本以下の電線を収める場合およびVVケーブル配線など	CVケーブル配線		B種ヒューズ	配線用遮断器
20	2mm (9) m (18)	2mm (9) m (18)	2mm² (6) (11)	30	20	20
30	2.6 (10) (20)	2 (10) (20)	2 (4) (7) 〔B種ヒューズの場合は3.5 (7) (13)〕	30	30	30
40	8mm² (11) (22)	8mm² (11) (22)	3.5 (5) (10)	60	40	40
50	8 (9) (18)	14 (16) (31)	5.5 (6) (12)	60	50	50
60	8 (7) (15) 〔B種ヒューズの場合は14 (13) (26)〕	14 (13) (26) 〔B種ヒューズの場合は22 (20) (41)〕	8 (7) (15)	60	60	60
75	14 (10) (21)	22 (16) (33)	14 (10) (21)	100	75	75
100	22 (12) (24)	38 (21) (41)	14 (8) (16) 〔B種ヒューズの場合は22 (12) (24)〕	100	100	100
125	38 (16) (33)	60 (27) (53)	22 (10) (20)	200	125	125
150	38 (14) (28)	60 (22) (44) 〔B種ヒューズの場合は100 (37) (75)〕	38 (14) (28)	200	150	150
175	60 (19) (38)	100 (32) (64) 〔B種ヒューズの場合は150 (49) (98)〕	38 (12) (24)	200	200	175
200	60 (16) (33)	100 (28) (56) 〔B種ヒューズの場合は150 (43) (86)〕	60 (16) (33)	200	200	200
250	100 (22) (45)	150 (34) (69)	100 (22) (45)	300	250	250
300	150 (28) (57)	200 (36) (73)	100 (19) (37)	300	300	300
350	150 (24) (49) 〔B種ヒューズの場合は200 (31) (63)〕	250 (40) (81) 〔B種ヒューズの場合は325 (52) (14)〕	150 (24) (49)	400	400	350
400	200 (27) (55)	325 (45) (90)	150 (21) (42)	400	400	400

出典：『内線規程 第12版』 電気技術規程使用設備編 JEAC8001-2011 p671 3605-13表 幹線の太さ、開閉器および過電流遮断器の容量、社団法人日本電気協会。

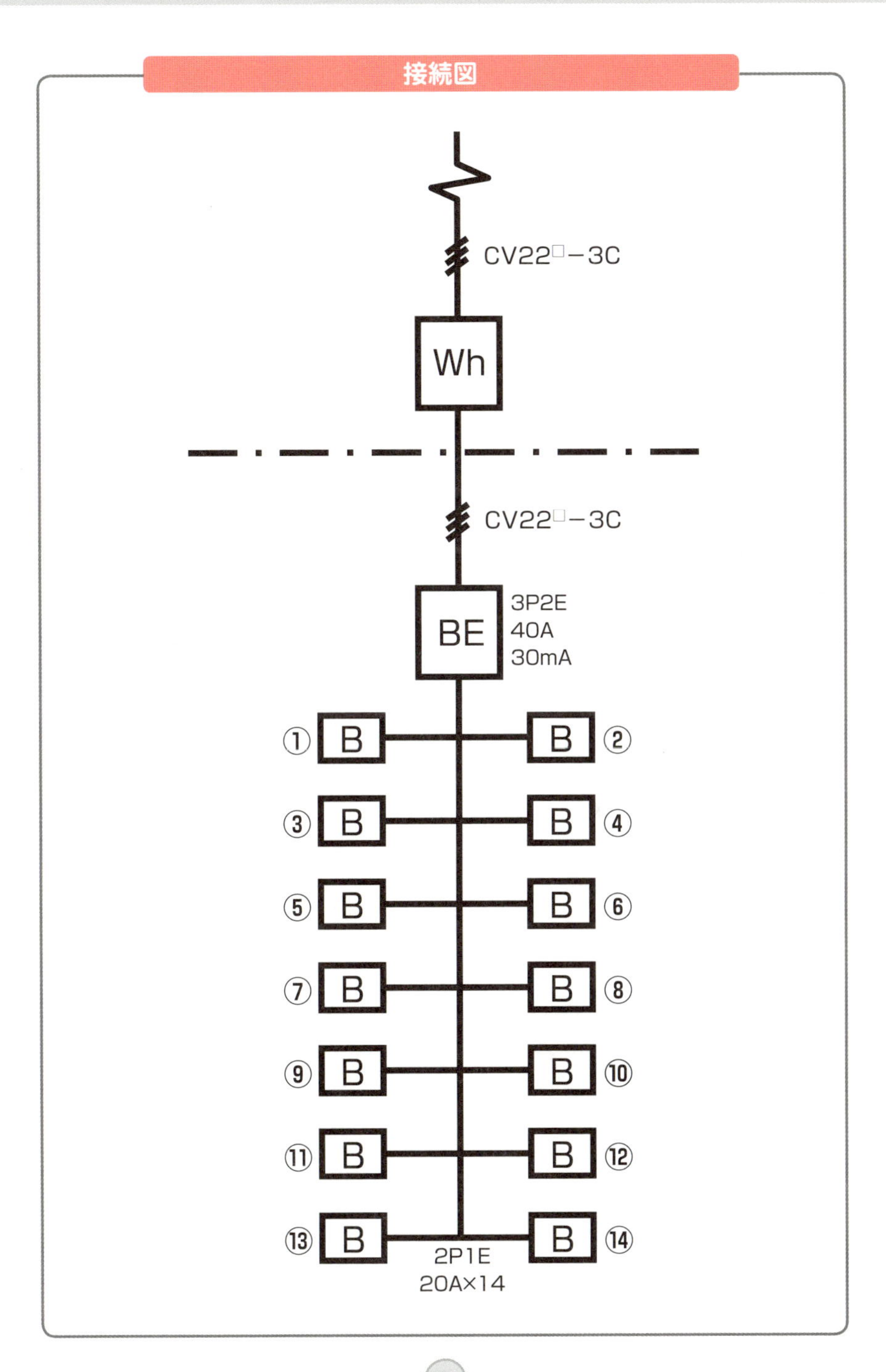
接続図
CV22□－3C
Wh
CV22□－3C
BE
3P2E
40A
30mA
① B
B ②
③ B
B ④
⑤ B
B ⑥
⑦ B
B ⑧
⑨ B
B ⑩
⑪ B
B ⑫
⑬ B
B ⑭
2P1E
20A×14

COLUMN 住宅用エネルギーマネジメントシステム「HEMS」

HEMSは住宅用エネルギーマネジメントシステムの総称です。Home Energy Management Systemのそれぞれの頭文字をとってHEMS（ヘムス）と呼ばれています。情報通信技術（ICT）を駆使して、エネルギー節約の意識を高めるためにエネルギーの使用量や削減量などをわかりやすくモニターに表示する「エネルギーの見える化」、外出先から宅内の家電製品をコントロールする「遠隔操作」、宅内の家電機器が生活の利便性を犠牲にすることなく効率的にエネルギーを使用するために「エネルギーの効率化を管理」する機能を持つシステムです。

HEMSと各機器間の通信には「ECHONET Lite」通信規格が使用されています。通信規格を統一することで、様々なメーカーの機器が連動、制御できるようになります。しかし、セキュリティ確保や誤動作対応、各機器の連携や保守などの責任分担など課題も多くあります。

現在は、スマートメーター、太陽電池、蓄電池、燃料電池、エコキュート、照明機器、EV(電気自動車)・PHV（プラグインハイブリッド自動車)、エアコンの８機器が経産省の標準化検討会により課題解決の重点機器に指定され、課題の解決が急がれています。

▼LGのHEMS管理画面

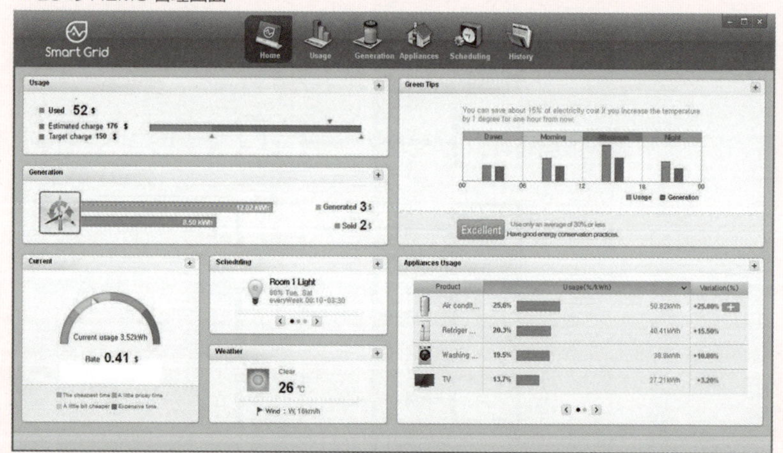

by LG

Chapter 7

電気工事に関する法令

電気は生活を便利にすると共に経済活動を動かす重要なエネルギーでもあります。この反面、感電や火災、電気の不安定供給による経済的損失を被るおそれも持っています。わが国では電力使用の安全性の確保や経済活動の促進を図るため、法令によってこれを取り締まっています。

電気工事を行う際には、様々な角度から様々な法令が関わりますので、本章で関係する法令の概要を理解しましょう。

7-1 電気保安体制と法令

電力を便利に安全に利用するために、日本国内では電気の保安体制が法令によって定められています。保安体制は「電気事業法」を中核に「電気工事士法」、「電気工事の業務の適正化に関する法律（電気工事業法）」、「電気用品安全法」の４法で規制が行われています。

電気事業法

電気事業法では保安の対象となる電気工作物の範囲を規定しています。このなかでは、電圧30V未満の単独回路など危険性の低いものや、鉄道の電気設備など他の法令で規制が行われているものについては規制の対象外としています。また、対象となる電気工作物については高圧以上の電圧を用いる「事業用電気工作物」と低圧を用いる「一般用電気工作物」に区分を設けています。

電気工事士法

電気工事士法は「一般用電気工作物」と事業用電気工作物の一部である「自家用電気工作物」の施工について、電気工事の作業に従事するための資格と義務を定めて、欠陥工事による災害の発生を防止するための法律です。

電気工事業の業務の適正化に関する法律（電気工事業法）

「電気工事業の業務の適正化に関する法律」は一般に**電気工事業法**とも呼ばれており、電気工作物の保安の確保を目的として、電気工事業を営む事業者の登録や業務の規制を行っています。

電気用品安全法

電気用品安全法は、電気用品の安全性を確保し、電気用品による危険や障害の発生を防止することを目的に電気用品の製造、販売などを規制するための法律です。

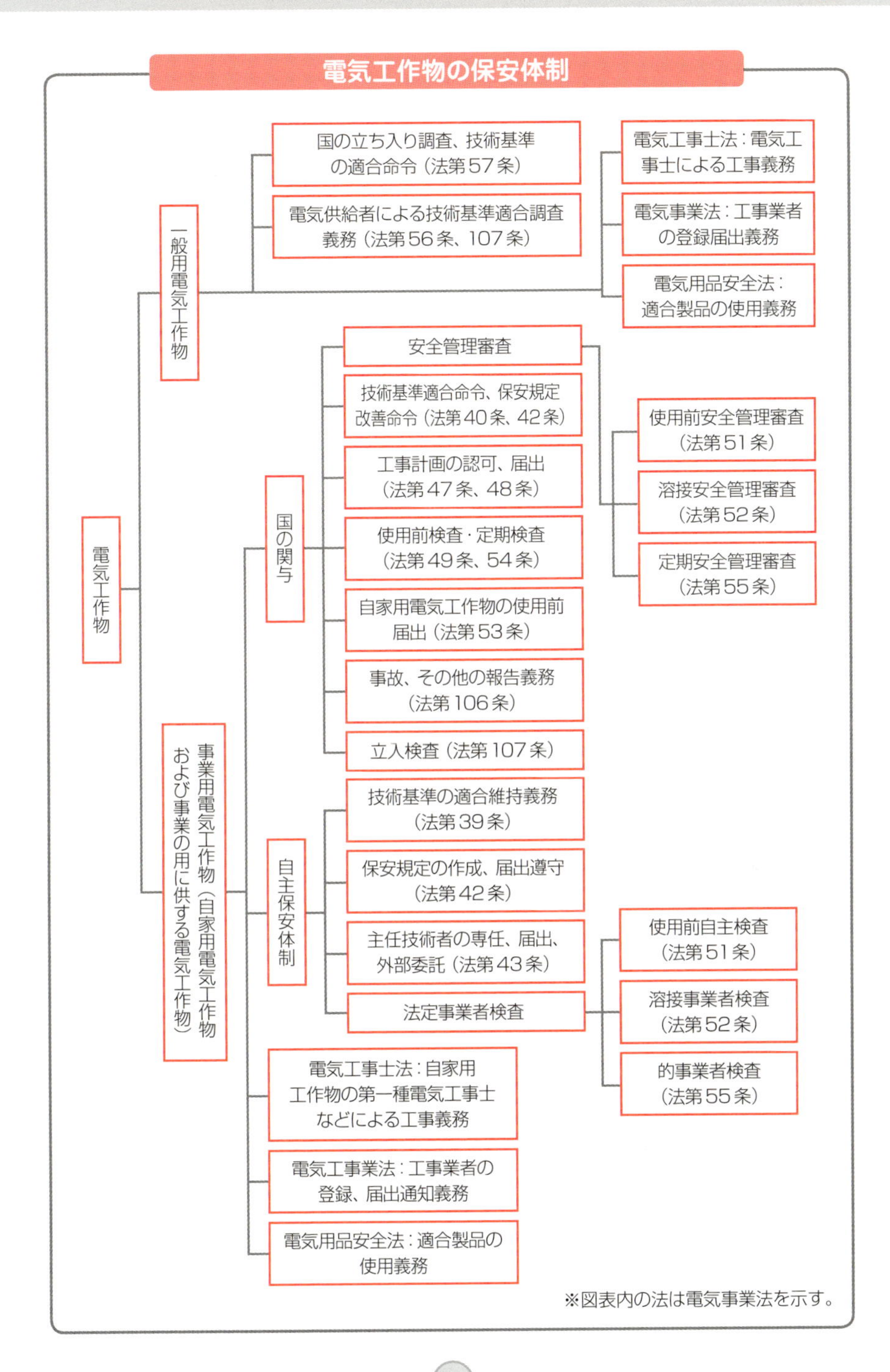
電気工作物の保安体制
電気工作物
一般用電気工作物
国の立ち入り調査、技術基準の適合命令（法第57条）
電気供給者による技術基準適合調査義務（法第56条、107条）
電気工事士法：電気工事士による工事義務
電気事業法：工事業者の登録届出義務
電気用品安全法：適合製品の使用義務
事業用電気工作物（自家用電気工作物および事業の用に供する電気工作物）
国の関与
安全管理審査
技術基準適合命令、保安規定改善命令（法第40条、42条）
工事計画の認可、届出（法第47条、48条）
使用前検査・定期検査（法第49条、54条）
自家用電気工作物の使用前届出（法第53条）
事故、その他の報告義務（法第106条）
立入検査（法第107条）
使用前安全管理審査（法第51条）
溶接安全管理審査（法第52条）
定期安全管理審査（法第55条）
自主保安体制
技術基準の適合維持義務（法第39条）
保安規定の作成、届出遵守（法第42条）
主任技術者の専任、届出、外部委託（法第43条）
法定事業者検査
使用前自主検査（法第51条）
溶接事業者検査（法第52条）
的事業者検査（法第55条）
電気工事士法：自家用工作物の第一種電気工事士などによる工事義務
電気工事業法：工事業者の登録、届出通知義務
電気用品安全法：適合製品の使用義務
※図表内の法は電気事業法を示す。

7-2 電気事業法

電気事業法は大きく電気事業の規制と電気工作物の保安規制の2つの目的を持った法律です。本節ではこの中から特に理解の必要な電気工作物の定義と種類について紹介します。

電気工作物の定義

電気事業法第2条に電気工作物の定義が次の文言で示されています。

> 第2条第十六号
> 電気工作物とは、発電、変電、送電若しくは配電又は電気の使用のために設置する機械、器具、ダム、水路、貯水池、電線路その他の工作物（船舶、車両又は航空機に設置されるものその他の政令で定めるものを除く）をいう。

このように電気工作物は発電から電気使用機器に至るまでの電気に関わる工作物を含んでいます。しかし、他の法令によって規制をうける船舶や車両などについては2重の規制となってしまうため除かれています。また、電圧30V未満の単独回路など、危険性の低いものも電気事業法の電気工作物の定義からは除かれています。

一般用電気工作物

一般用電気工作物は電気事業法第38条第1項において定義されています。内容を要約すると主に商店や住宅などの100V、200Vで受電を行う電気設備や小出力発電設備を指しています。

事業用電気工作物

事業用電気工作物は電気事業法第38条第3項において定義されています。事業用電気工作物は一般用電気工作物以外の工作物を指し、電力会社などの設備である「電気事業の用に供する電気工作物」と、一般用電気工作物にも電気事業の用に供する電気工作物にもあてはまらない電気工作物である「自家用電気工作物」に区分されます。

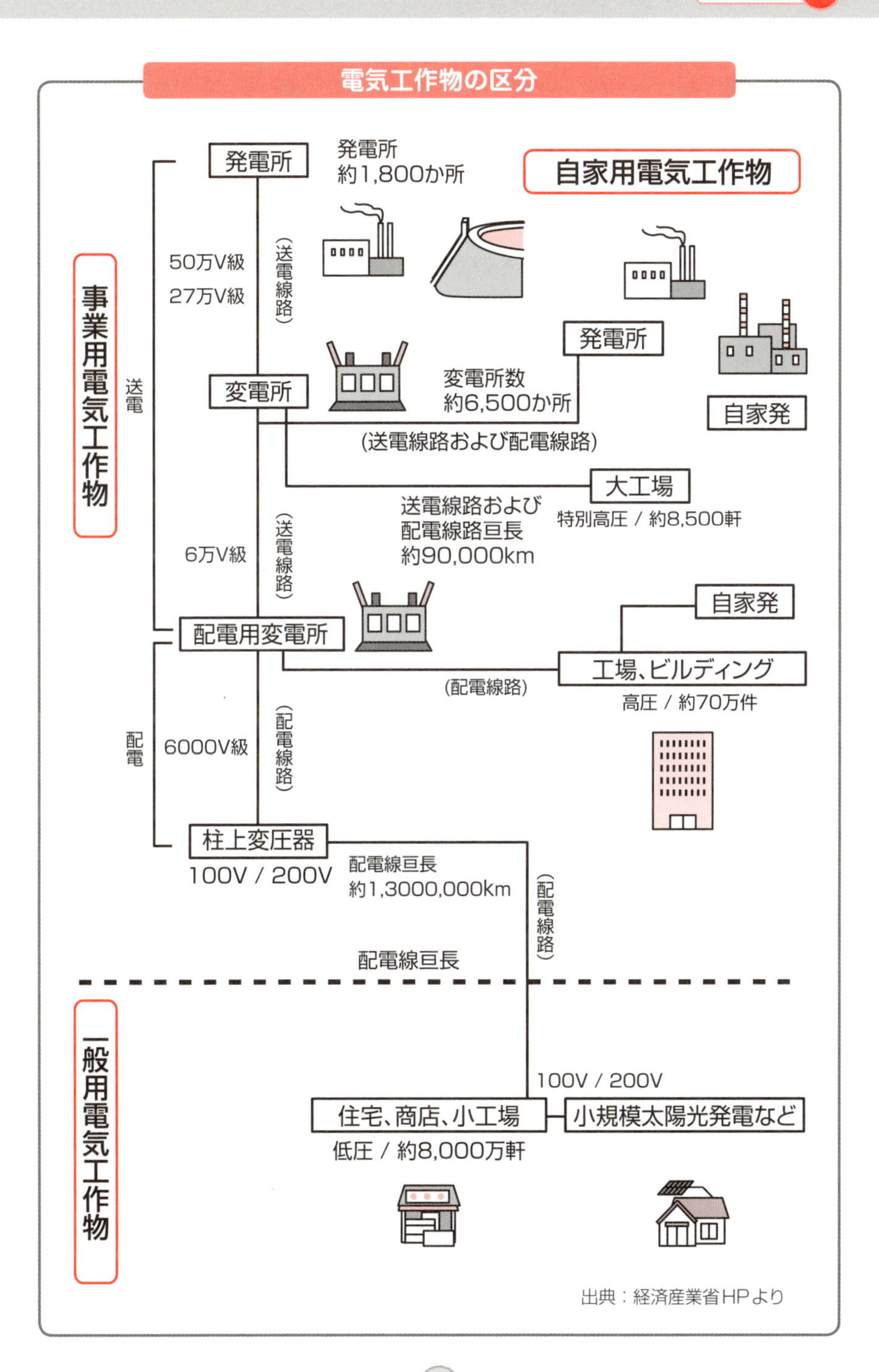
電気工作物の区分
事業用電気工作物
送電
配電
発電所
発電所
約1,800か所
自家用電気工作物
50万V級
27万V級
(送電線路)
発電所
変電所
変電所数
約6,500か所
自家発
(送電線路および配電線路)
大工場
送電線路および
配電線路亘長
約90,000km
特別高圧 / 約8,500軒
6万V級
(送電線路)
自家発
配電用変電所
工場、ビルディング
(配電線路)
高圧 / 約70万件
6000V級
(配電線路)
柱上変圧器
100V / 200V
配電線亘長
約1,3000,000km
(配電線路)
配電線亘長
一般用電気工作物
100V / 200V
住宅、商店、小工場
小規模太陽光発電など
低圧 / 約8,000万軒
出典：経済産業省HPより

7-3 電気工事士法

電気工事士法は一般用電気工作物と自家用電気工作物での欠陥工事による災害を防止するために電気工事の作業に従事する者の資格と義務を定めた法律です。電気工作物の工事に必要な資格を見てみましょう。

資格と電気工作物範囲

電気工事に従事するための資格としては、第一種電気工事士、第二種電気工事士の他に特殊電気工事（ネオン工事、非常用予備発電装置工事）に関する特殊電気工事資格と簡易電気工事への従事が認められる認定電気工事従事者の資格があります。

なお、最大電力が500kW以上の自家用電気工作物の工事は電気主任技術者の監督下で工事が行われるため、電気工事士などの資格がなくても工事を行うことができます。

▼資格と電気工作物範囲

資格の種類		電気工作物の範囲
第一種電気工事士		一般用電気工作物と自家用電気工作物（最大電力 500kW 未満の需要設備等で特殊電気工事資格の範囲を除く）
第二種電気工事士		一般用電気工作物
特殊電気工事資格者	ネオン工事資格者	自家用電気工作物のネオン用として設置される分電盤、主開閉器より二次側、タイムスイッチ、点滅器、ネオン変圧器、ネオン管とその付属品
	非常用予備発電装置工事資格者	自家用電気工作物の非常用予備発電装置として設置される原動機、発電機、配電盤（他の需要設備との間の電線との接続部分を除く）とこれらの付属品
認定電気工事従事者		自家用電気工作物のうち電線路以外の低圧部分

電気工事士資格の範囲

- 第一種電気工事士は最大電力500kw未満の工作物。
- 第二種電気工事士は低圧で引込みを行う工作物。
- 500kw未満の工作物の低圧部分。

電気工事士でなければできない作業

電気工事士法第３条に基づく施工規則第２条によって電気工事士でなければできない作業は次のように規定されています。

①電線相互を接続する作業（電気さくの電線を接続するものを除く）
②がいしに電線（電気さくの電線及びそれに接続する電線を除く。3、４及び８において同じ。）を取り付け、又はこれを取り外す作業
③電線を直接造営材その他の物件（がいしを除く）に取り付け、又はこれを取り外す作業
④電線管、線樋、ダクトその他これらに類する物に電線を収める作業
⑤配線器具を造営材その他の物件に取り付け、若しくはこれを取り外し、又はこれに電線を接続する作業（露出型点滅器又は露出型コンセントを取り換える作業を除く）
⑥電線管を曲げ、若しくはねじ切りし、又は電線管相互若しくは電線管とボックスその他の附属品とを接続する作業
⑦金属製のボックスを造営材その他の物件に取り付け、又はこれを取り外す作業
⑧電線、電線管、線樋、ダクトその他これらに類する物が造営材を貫通する部分に金属製の防護装置を取り付け、又はこれを取り外す作業
⑨金属製の電線管、線樋、ダクトその他これらに類する物又はこれらの附属品を、建造物のメタルラス張り、ワイヤラス張り又は金属板張りの部分に取り付け、又はこれらを取り外す作業
⑩配電盤を造営材に取り付け、又はこれを取り外す作業
⑪接地線（電気さくを使用するためのものを除く。以下この条において同じ。）を自家用電気工作物（自家用電気工作物のうち最大電力五百キロワット未満の需要設備において設置される電気機器であって電圧六百ボルト以下で使用するものを除く。）に取り付け、若しくはこれを取り外し、接地線相互若しくは接地線と接地極（電気さくを使用するためのものを除く。以下この条において同じ。）とを接続し、又は接地極を地面に埋設する作業
⑫電圧六百ボルトを超えて使用する電気機器（電気さく用電源装置を除く。）に電線を接続する作業。

7-4 電気工事業の業務の適正化に関する法律（電気工事業法）

電気工事業法は電気工事業の登録や届出、業務の適正な実施を図り電気工作物の保安を確保するための法律です。電気工事業法では電気工事業者の区分や業務上の規制を設けています。

電気工事業者の区分

電気工事業者は原則、一般用電気工作物と自家用電気工作物の設置または変更を行う**登録電気工事業者**と自家用電気工作物のみに係る電気工事業を営む**通知電気工事業者**に区分されています。事業を始める場合はどちらも１つの県に営業所を設置する場合は管轄の都道府県知事、２つ以上の県に営業所を設置する場合は経済産業大臣または所轄産業保安監督部長に対して、登録電気工事業者は登録を、通知電気工事業者は登録を行わなければなりません。

特例として建設業を行う場合には、登録電気工事業者と同様の届出をした場合には**みなし登録電気工事業者**として登録電気工事業者の業務を行うことができます。また、通知電気工事業者と同様の届出をした場合は**みなし通知電気工事業者**として通知電気工事業者と同様の業務を行うことができます。これは、工事の請負金額の違いによるもので、請負金額が500万円未満の場合は電気工事業法、500万円以上の場合は建設業法の規制を受けることによります。

業務の規制

電気工事業者の業務に関しては次のような規制が設けられています。

●主任電気工事士の設置（第19条）

登録電気工事業者は一般用電気工作物の電気工事業務を行う営業所ごとに、作業を管理するための主任電気工事士を設置しなくてはなりません。主任電気工事士には第一種電気工事士か、免状を取得してから電気工事に関する３年以上の実務経験を持つ電気工事士を選任する必要があります。

●有資格者以外の業務への従事（第21条）

電気工事業者は、その業務に関し、第一種電気工事士でない者を自家用電気工事の作業に従事させてはなりません。また、特種電気工事資格者でない者を当該特殊電気工事の作業に従事さることもできません。ただし認定電気工事従事者を簡易電気工事の作業に従事させることは認められています。

登録電気工事業者は、その業務に関し、第一種電気工事士または第二種電気工事士でない者を一般用電気工事の作業に従事させてはなりません。

●電気工事の請負について（第22条）

電気工事業者は、その請け負った電気工事を当該電気工事に係る電気工事業を営む電気工事業者でない者に請け負わせてはなりません。

●電気用品について（第23条）

電気工事業者は、電気用品安全法に基づく表示が付されている電気用品でなければ、これを電気工事に使用してはなりません。

●器具の備付けについて（第24条）

電気工事業者は、一般電気工事のみを行う営業所では、絶縁抵抗計、設置抵抗計、回路計を、自家用電気工事のみを行う営業所では、絶縁抵抗計、設置抵抗計、回路計、検電器、継電器試験装置および絶縁耐力試験装置を備えなければなりません。

●標識の掲示について（第25条）

電気工事業者は、その営業所および電気工事の施工場所ごとに、その見やすい場所に、氏名又は名称、登録番号などを記載した標識を掲げなければなりません。

●帳簿の備付けについて

電気工事業者は、その営業所ごとに帳簿を備え、その業務に関し電器工事ごとに注文者の氏名（名称）、住所、電器工事の種類、施工場所、施工年月日、主任電気工事士と作業者の氏名、配線図並びに検査の結果を記載し、これを保存５年間しなければなりません。

7-5 電気用品安全法

電気用品安全法は電器用品の製造、販売などについて、規制などを行い電気用品の安全性を確保して、電気用品による危険や障害の発生を防止することを目的とした法律です。電気用品安全法では電気用品の定義と種類や電気用品の技術上の基準などが定められています。

電気用品の定義と種類

電気用品安全法に規定される電気用品は「一般用電気工作物の部分となり、またこれに接続して用いられる機械・器具・材料、携帯発電機及び蓄電池であって、政令電定めるもの」とされており、電気用品は「特定電気用品」と「特定電気用品以外の電気用品」に区分されています。

特定電気用品は、「構造、使用方法から見て、特に危険又は障害の発生するおそれの多いもの」とされています。具体的には、消費者の意思で選択することのできない絶縁電線やヒューズ、配線器具などや、幼児など身体的弱者が使用する電動式のおもちゃ、身体に直接触れて使用する電気マッサージ機や自動洗浄乾燥式便座などがこれにあたります。

特定電気用品以外の電気用品には「構造、使用方法から見て、特に危険又は障害の発生するおそれの多いもの」以外の電気用品が指定されています。具体的には一般の電気使用者が身近に利用することの少ない100mm^{2}以上の絶縁電線やケーブル配線用のスイッチボックスなど、また構造、使用方法から見て危険や障害を発生するおそれの少ない電気ひざ掛けや電気カーペットなどの電熱器具。ほかにも小形交流電動機や電動直応用器具などが対象となっています。

詳細については電気用品安全法施行令別表に記載されていますのでそちらを参照してください。

●事業届出（第3条）

電気用品の製造または輸入の事業を行う者は、電気用品の区分に従い、事業開始の日から30日以内に、経済産業大臣に届け出なければなりません。

●基準適合義務（第８条）、特定電気用品の適合性検査（第９条）

届出事業者は、届出の型式の電気用品を製造し、または輸入する場合においては、技術上の基準に適合するようにしなければなりません。また、これらの電気用品について（自主）検査を行い、検査記録を作成し、保存しなくてはなりません。

届出事業者は、製造または輸入に係る電気用品が特定電気用品である場合には、その販売するときまでに登録検査機関の技術基準適合性検査を受け、適合性証明書の交付を受け、これを保存しなくてはなりません。

●表示（第10条、12条）

届出事業者は、登録検査機関による技術基準適合せい検査を受けた電気用品に省令で定める方式による表示を付することができます。

▼電気用品に付される表示

特定電気用品	特定電気用品以外の電気用品
PS E（ひし形マーク）	PS E（丸形マーク）
実際は上記マークに加えて、認定・承認検査機関のマーク、製造事業者等の名称（略称、登録商標を含む）、定格電圧、定格消費電力等が表示される。	実際は上記マークに加えて、製造事業者等の名称（略称、登録商標を含む）、定格電圧、定格消費電力等が表示される。
・電気温水器 ・電熱式・電動式おもちゃ ・電気ポンプ ・電気マッサージ器 ・自動販売機 など全116品目	・電気こたつ ・電気がま ・電気冷蔵庫 ・電気歯ブラシ ・電気かみそり など全341品目

出典：経済産業省HPより。

7-6 その他の電気関係法令

電気保安４法に登場した法令外にも、電気工事を行ううえで必要となる法令があります。本節では、電気工事と関わりの深い法令の概要を紹介します。

電気設備技術基準とその解釈

電気設備技術基準は、電気設備の安全と電気の安定供給を確保するために守るべき基準として定められています。解釈では大まかに定められた技術基準の詳細を定めていおり、国の審査や検査の基準としても用いられており、電気工作物の保安確保の要となっています。内線規定はこの法令をもとに民間で定めた基準となっており、より詳細に技術解説を行っているところが特徴です。

工業標準化法

工業標準化法は、工業標準化の促進によって工業生産の合理や取引の単純公正化、消費の合理化などを図るための法律です。工業標準化法によって国家規格である**日本工業規格**（JIS）が誕生しました。

建築基準法

建築基準法は建築物の敷地、構造、設備および用途に関する最低の基準を定める法律です。建築物の電気設備に関する項目も多数あり、特に避雷設備や避難設備などでは電気工事との関わりが密になります。

建設業法

工事の請負契約の適正化や建設業の許可などを定めた法律です。工事の請負金額によって建設業の区分を行っており、それぞれに施工管理技士などの資格を有した専任の技術者の設置を義務付けています。

消防法

防火対象物や消防用設備などについて定めた法律です。火災警報器や非常コンセント設備などは電気工事と関わりが深い分野といえます。消防用設備の工事や整備には消防設備士の資格が必要です。

エネルギーの使用の合理化に関する法律（省エネルギー法）

エネルギーをめぐる経済的社会的環境に応じた燃料資源の有効な利用の確保に資するため、工場など、輸送、建築物および機械器具などについてのエネルギーの使用の合理化に関する所要の措置、電気の需要の平準化に関する所要の措置その他エネルギーの使用の合理化などを総合的に進めるために必要な措置などを講ずるための法律です。

建築・住宅分野の省エネルギー対策や消費者の省エネルギーへの取組みを促す規定の整備が進んでおり、今後ますます電気工事と関連する法律です。

消費生活用製品安全法

消費生活用製品による一般消費者の生命または身体に対する危害の防止を図るため、特定製品の製造および販売を規制すると共に、特定保守製品の適切な保守を促進し、併せて製品事故に関する情報の収集および提供などの措置を講ずる法律です。

この法律で特定保守製品に指定されているビルトイン式電気食器洗機と浴室用電気乾燥機の設置を行う際には「製造または輸入事業者に所有者情報の提供や変更（住所変更など）の知らせをしているか否か」「法定点検期間などに点検を行っているか」などの確認が必要になります。

**法令を遵守した施工は
基本中の基本**

- 電気事業法では保安の対象となる電気工作物の範囲を規定している。
- 電気工事士法は電気工事の作業に従事するための資格と義務を定めている。
- 電気用品安全法は電気用品の製造、販売等を規制している。

COLUMN スマートメーター

スマートメーターは、需要家の電力量計と電力会社のデータ管理システム等が相互に通信を行うための機能を備えた電力量計です。スマートメーターを使用することで、電力会社は電力の使用状況を30分ごとに収集できるようになり、人による検針の必要がなくなります。また、現在は準備が整っていないため実施には至りませんが、電力会社から需要家機器に対する遠隔操作が可能になるため、電力需要が急増する夏場などにエアコンの設定温度をコントロールするなどの制御ができるようになります。スマートメーターと他のシステム間の通信経路はAルート、Bルート、Cルートに分けられています。Aルートは電力会社のMDMSと呼ばれるデータ管理システムとスマートメーターをつなぐルートです。Bルートはスマートメーターと HEMSをつなぐルート、Cルートは電力会社のMDMSから情報サービスを行う企業などの第三者が情報を入手するルートです。スマートメーターからの情報を活用した新サービスを検討する企業が増えています。

現在、都市部においてはスマートメーターの導入が急速で進んでいます。先ごろ、電力小売完全自由化によって一般家庭でも電力会社の乗り換えが可能となりましたが、乗り換えにはスマートメーターの導入が必須となっています。

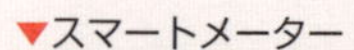
▼スマートメーター

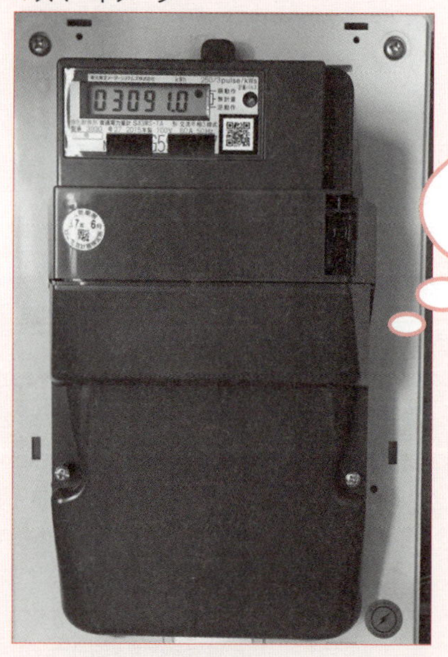

電力をデジタルで
計測する
次世代計量計。

Appendix 1

配線器具

電気工事に使用される主な配線器具の種類と特徴を理解しましょう。配線器具についての知識は、施工を行う際にも設計を行う際にも、また、見積もりを行う際にも役に立つものとなります。また、それぞれの特徴を知ることでどのような場面でどのような配線器具や配線材料を用いるべきなのかをイメージできるようになります。配線器具の適材適所を見極めて技術者としてのスキルアップを目指しましょう。

1 配線用差込み接続器

配線用差込み接続器は差込みプラグとそれを受ける受け口からなります。差込みプラグを受け口に差し込むことで、電路同士の接続と切断を容易に行える配線器具です。受け口にはコンセント、マルチタップ、コードコネクタボディがあります。

配線用差込み接続器の規格

配線用差込接続器は日本工業規格（JIS）によってJIS C 8303として規格化されています。また、電気用品安全法により特定電気用品として指定されています。インターネットで個人輸入を行った場合などには注意が必要です。

配線用差込み接続器の種類

コンセントは、壁や床、柱など造営材に固定して使う形状の差込み接続器です。埋込みコンセント、露出コンセント、アップコンセントなどが一般的です。

マルチタップは主にコンセントの差込み口１つに対して複数の差込みプラグを差し込めるようにするための器具です。**テーブルタップ**などと呼ばれる家庭用のものやオフィスなどのOAフロア用などがあります。

コードコネクタボディは延長コードの先端接続部分に使用されるコネクタです。
配線用差込み接続器の種類は使用する用途に応じて選定を行います。

配線用差込み接続器の形別

配線用差込み接続器には種類の他に防水性能と構造の違いにより、普通形、防雨形、防まつ形、防浸形などの形別があります。なお、防水性能はJIS C 0920により呼び方が規定されています。

例えば、普通形は防水構造をもたず、雨などの影響を受けない建物内で使用できる形状の器具です。防雨形は雨や散水などの影響を受ける雨線外で使用できる構造の器具です。防浸形はコネクタ接続部が水に浸かってしまうおそれのある場所で使用できる構造の器具です。

これらの形別は、例えば「普通形コードコネクタボディ」や「防浸形コードコネクタボディ」のように、配線用差込み接続器を使用する環境に応じて選定を行います。

差込み口の形状

例えば、100V機器のプラグを200V用の差込口に差し込むと機器が破損することは容易に想像できることと思います。このようなことが起こるのを防ぐため、配線用差込み接続器の差込み口は、定格の異なる器具同士を誤って接続できないように、極数や形状が規定されています。極数および形状の主な種類は表のとおりです。

差込み口の形状

接続器の種類、極性、極配置および定格　JIS C 8303-1993

種類		極数	極配置（刃受）	定格
名称	形別			
差込プラグ コンセント コードコネクタボディ	普通形・防雨形・防侵形	2		15A　125V
				15A　250V
				20A　125V
				15A　125V
				20A　125V
				20A　250V
		2 （接地極付）		15A　125V
				15A　250V
				20A　125V
				20A　250V
				30A　250V
				50A　250V
				20A　125V

				20A　250V
				15A　125V
		3		15A　250V
				20A　250V
				30A　250V
		3 （接地極付）		15A　250V
				20A　250V
				30A　250V
引掛形差込プラグ 引掛形コンセント 引掛形コードコネクタボディ	普通形	2		15A　125V
				20A　250V
		2 （接地極付）		15A　125V
				15A　250V
		3		20A　250V
		3 （接地極付）		20A　250V
マルチタップ	普通形	2		（10A　125V）
				12A　125V
				15A　125V

注１　防侵形のものの極配置は、規定しない。
　２　コンセントを除き、極性を付けることが使用上必要がないもの、または構造上困難なものは、極性を付けなくてもよい。

2 屋内用小形スイッチ類

スイッチには様々な種類の製品がありますが、ここでは屋内用小形スイッチ類を中心に低圧屋内電気工事で使用される主なスイッチを紹介します。

屋内用小形スイッチ類の規格

屋内用小形スイッチ類は、主に屋内や屋側で使用される電灯照明や家庭用換気扇など、小形電気機器のスイッチとして使われる定格電圧交流300V以下、定格電流20A以下の小形スイッチ類です。屋内用小形スイッチ類は日本工業規格（JIS）によりJIS C 8304として規格化されています。また、JIS規格の適用を受けないスイッチも定格電流30A以下のものは特定電気用品として電気用品安全法の適用を受けることになります。

屋内用小形スイッチの形状

屋内用小形スイッチ類は大きく埋込み形と露出形に分類することができます。露出形の屋内用小形スイッチ類はタンブラ形のものが多く機構、形状が製品によって大きく異なることはありません。これに比して埋込み形には、旧来普及しているタンブラ形、操作が容易なワイド形に加え、近年普及が始まっているスマートハウスなどに組み込まれるHEMSとの通信やスマートフォンから操作が行えるタッチパネル式のものなど、高機能を備えたものが製品も登場しています。

屋内用小形スイッチの種類*

屋内用小形スイッチは、その目的や機能により様々な種類があります。

●単極スイッチ（片切りスイッチ）

部屋の照明などに使われる1つのスイッチで1つの回路に接続された機器をON、OFFするための単極スイッチです。

＊**屋内用小形スイッチの種類**　写真提供：パナソニック株式会社。

●3路スイッチ

切替え用のスイッチです。2つの3路スイッチを組み合わせることで、1つの回路に接続された機器を2か所からON、OFFすることができます。階段の照明などに使われています。

●4路スイッチ

切替えスイッチの一種ですが、2つの3路スイッチと組み合わせることで、1つの回路に接続された機器を3か所以上でON、OFFすることができます。

●パイロットランプ付きスイッチ

スイッチ内にパイロットランプを組み込んだスイッチです。内蔵のパイロットランプは、スイッチがONのときに点灯する方式のものと、OFFのときに点灯する方式のものがあります。ONのときに点灯するものは、主にスイッチの位置から操作する対象の運転状態が確認できない場所、例えば家庭のトイレの照明の運転表示などに用いられます。OFFのときに点灯するものは、暗い場所などでスイッチの位置を知らせたい場合などに用いられます。夜の暗い部屋でスイッチの位置を探す場合に便利です。

●遅延スイッチ

2つの対象を1つのスイッチで操作できるスイッチです。ONの操作は対象の機器を同時にONしますが、OFFの操作では片方の機器は即時OFF、もう一方の機器は数十秒から数分遅れてOFFとなります。家庭のトイレの照明と換気扇のスイッチとして多く用いられています。照明を消した後も少しの間、換気扇が回り続けます。

●タイマースイッチ

一定の時間を経過すると自動的にOFFになるスイッチです。点灯時間は商品により数分のものから数時間のものまで様々です。数分のものは玄関の照明など、数時間のものはトイレや浴室の換気扇などに用いられています。

▼タンブラ形スイッチ

▼高機能を備えた製品

▼ワイド形スイッチ

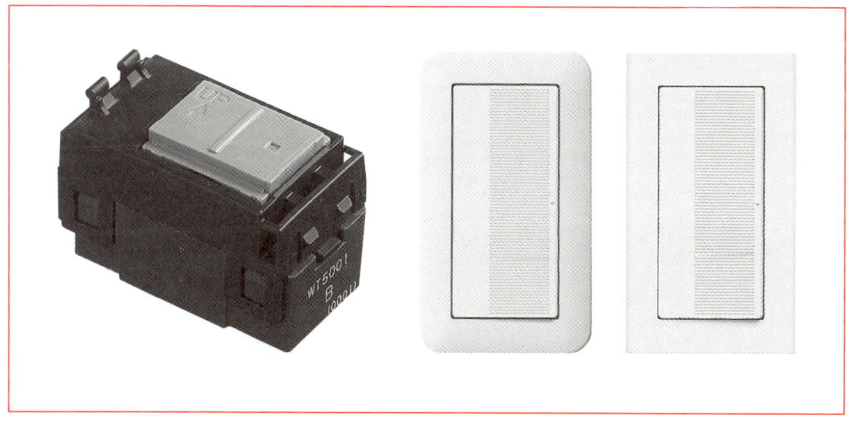

▼遅延スイッチ

▼タイマースイッチ

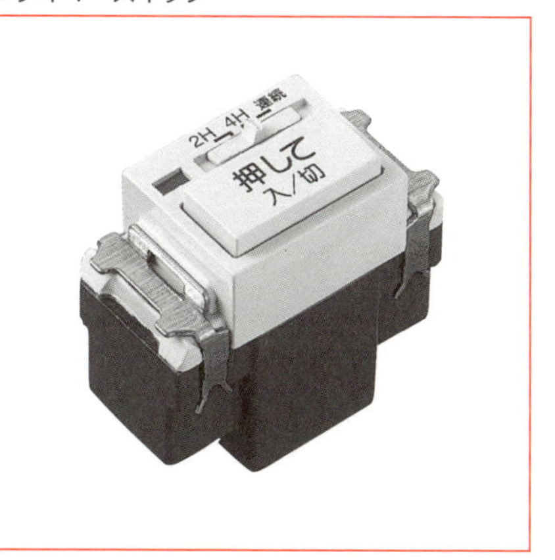

●調光器

照明器具の明るさを調整することのできるスイッチです。寝室や居間などに多く用いられます。照明の種類によって対応できる製品が異なりますので注意が必要です。

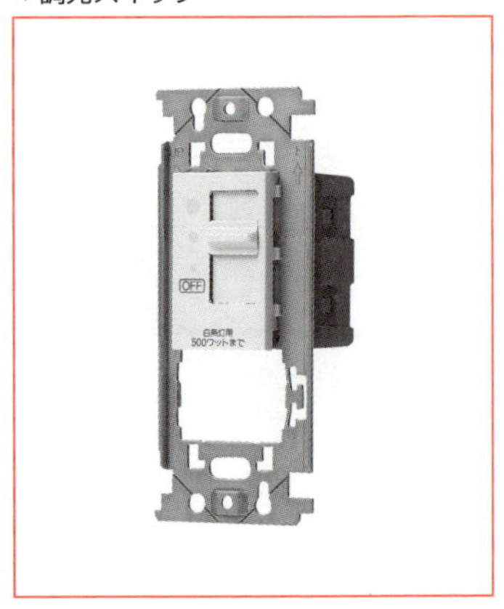

▼調光スイッチ

●人感センサスイッチ

人の熱や動きを感知してON、OFFができるスイッチです。玄関周りの照明などに用いられます。

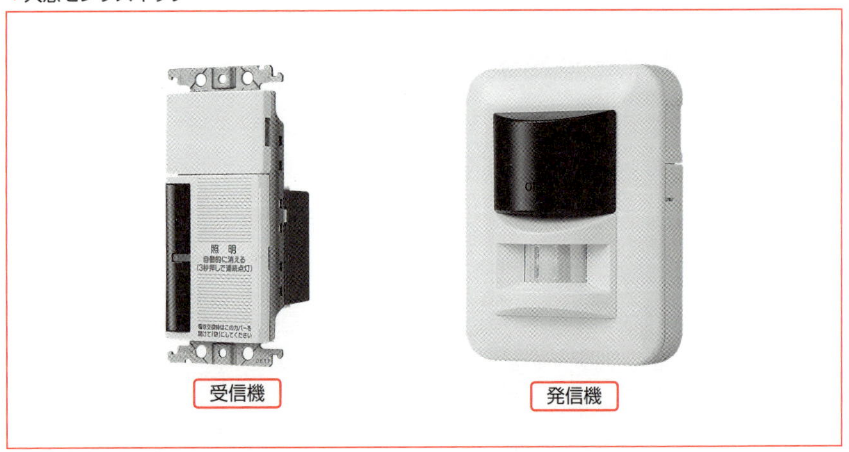

▼人感センサスイッチ

●自動点滅器

周囲の明るさによってスイッチのON、OFFができるスイッチです。街路灯や門灯、玄関照明などに用いられます。詳細については次節で紹介します。

3 光電式自動点滅器

光電式自動点滅器は周囲の明るさが落ちて暗くなると自動的にONになり、明るくなるとOFFになるスイッチです。暗くなったら必ず点灯したい街路灯や門灯などのスイッチとして多く用いられます。

光電式自動点滅器の規格

光電式自動点滅器は、日本工業規格（JIS）によりJIS C 8369として規格化されています。定格電圧は100Vと200Vがあり、定格電流に3A、6A、10A、15Aがあります。定格電流30A以下の点滅器は電気用品安全法の適用を受けますので、光電式自動点滅器も適用を受けた製品を使用する必要があります。なお、一般住宅に使用する露出・埋込み兼用形のものなどはJIS規格にあてはまらない商品もありますが、規格に準拠した性能試験が行われています。

光電式自動点滅器の種類*

自動点滅器は動作機構の違いにより、**バイメタル式**と**電子式**に分けることができます。バイメタル式は、光センサーとバイメタルにより機械的に接点を開閉します。これに対し電子式は、光センサーと半導体を利用したスイッチング素子により開閉を行います。バイメタル式は、製品単価が低く抑えられていますが、点滅器自体に電力消費があり、その分のコストが発生します。また過熱による絶縁物の劣化により、光電式に比べて製品の寿命が短い特徴があります。電子式は、製品単価がバイメタル式に比べて高くなっていますが、点滅器自体の電力消費はバイメタル式の10分の1以下に抑えられています。また、製品の寿命はバイメタル式の2倍程度の長寿命となっています。

結線

光電式自動点滅器への電線接続には、機器本体から引き出されたリード線に接続を行うタイプとプラグイン式自動点滅器のソケット端子台に接続を行うタイプ、端子穴に単線を差し込むタイプなどがありますが、基本的な結線方法はどのタイプでも同様のものとなっています。

＊**光電式自動点滅器の種類**　写真提供：パナソニック株式会社。

基本的に接続する電線は3本です。3心ケーブルを使用した場合は、単相2線式の非接地側線（電源黒線）を共通として、動作機構に電源を供給するための接地側線（電源白線）と負荷に接続される線（スイッチ帰り線、赤線）を接続します。

配線を4本で行う場合は、動作機構の電源として単相2線式電源を2本（電源白線、黒線）とスイッチ回路として電源の接地側線（電源白線）と負荷に接続される線（スイッチ帰り線、2心ケーブルを2本使用する場合は黒線）を接続します。

▼いろいろな結線

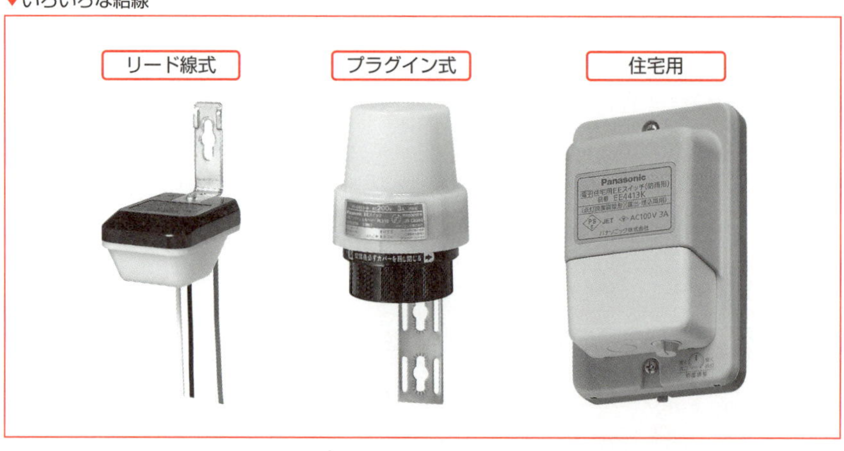

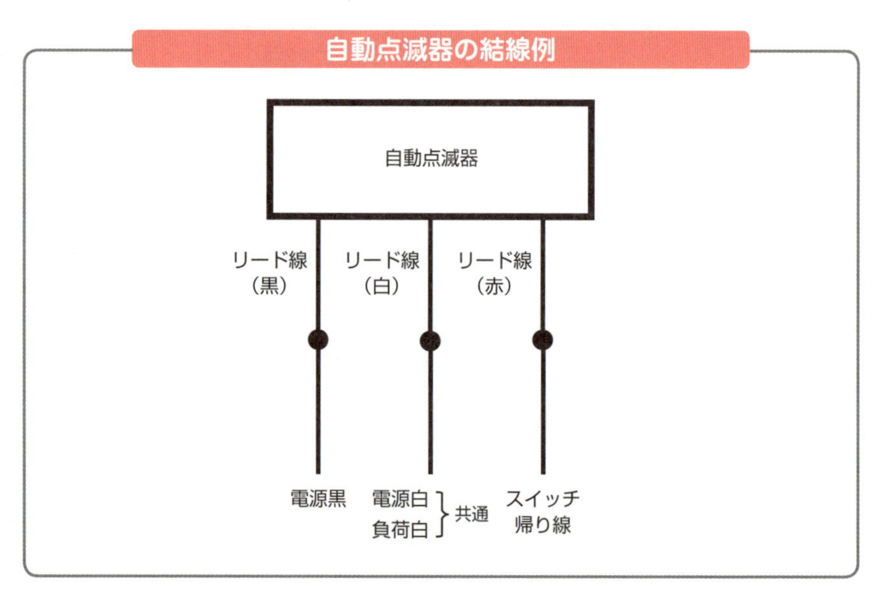

Appendix

2

電気工事材料

主な電気工事材料の種類と特徴を理解しましょう。電気工事材料についての知識は、施工を行う際にも設計を行う際にも、また、見積もりを行う際にも役に立ちます。また、それぞれの特徴を知ることでどのような場面でどのような配線器具や配線材料を用いるべきなのかをイメージできるようになります。配線材料の適材適所を見極めて技術者としてのスキルアップを目指しましょう。

1 鋼製電線管と関連部材

鋼製電線管は、電線の保護を目的として用いられる鋼製のパイプです。単純に金属管やパイプと呼ばれる場合もあります。機械的強度に優れ電磁遮蔽効果を持ち、熱による変形や燃焼に強くアースとしても利用できます。

鋼製電線管の規格

鋼製電線管は日本工業規格（JIS）により、JIS C 8305として規格化されています。内径120mm以下の鋼製金属管および関連部材は原則として電気用品安全法が適用されます。

鋼製金属管は、管の厚みによって3種類に分類され、厚鋼電線管は管の肉厚が約2.3mm以上、薄鋼電線管は管の肉厚が1.6mm以上、ねじなし電線管は管の肉厚が1.2mm以上となっています。

なお、一般的に**ライニングパイプ**などと呼ばれているケーブル保護用合成樹脂被覆鋼管は鋼製金属管とは別にJIS C 8380 として規格化されています。

鋼製電線管の寸法

鋼製電線管のサイズは管の外径もしくは内径の近似値を使った**呼び径**で表されます。厚鋼電線管では、内径寸法に近似する偶数の整数を呼び径とします。薄鋼電線管およびねじなし電線管では、外径寸法に近似する奇数の整数を呼び径とし、ねじなし電線管は数字のまえにEを付けて表します。鋼製電線間の標準長さは管の種類に関わらず、すべて3360mm±5mmとなっています。

鋼製電線管の特徴*

厚鋼電線管は、管の肉厚が厚く耐候性や機械的強度に最も優れた鋼製電線管です。屋外の露出場所などに多く用いられています。しかし、管の厚みが2.3mm以上と厚いため、重量が重く加工がしづらい特徴があります。管と付属品や管相互の接続は、管端にねじを切る必要があります。

薄鋼電線管は、厚鋼電線管に比べるとやや劣りますが耐候性や機械的強度に優れた

＊**鋼製電線管の特徴**　写真提供：パナソニック株式会社。

鋼製電線管です。屋内の露出場所などに多く用いられています。管と付属品や管相互の接続は、管端にねじを切る必要があります。

ねじなし電線管は、肉厚が薄く加工性に優れています。管相互や付属品との接続にもねじを切る必要がなく、比較的に重量も軽いため工期の短縮が見込めます。他の金属管に比べ、耐候性や機械的強度に劣るため、屋外での使用には向いていません。

金属管の寸法

▼厚鋼電線管

管の呼び径	外径	外径の許容差	厚さ
16	21	±0.3	2.3
22	26.5	±0.3	2.3
28	33.3	±0.3	2.5
36	41.9	±0.3	2.5
42	47.8	±0.3	2.5
54	59.6	±0.3	2.8
70	75.2	±0.3	2.8
82	87.9	±0.3	2.8
92	100.7	±0.4	3.5
104	113.4	±0.4	3.5

▼薄鋼電線管

管の呼び径	外径	外径の許容差	厚さ
19	19.1	±0.2	1.6
25	25.4	±0.2	1.6
31	31.8	±0.2	1.6
39	38.1	±0.2	1.6
51	50.8	±0.2	1.6
63	63.5	±0.35	2
75	76.2	±0.35	2

▼ねじなし電線管

管の呼び径	外径	外径の許容差	厚さ
E19	19.1	±0.15	1.2
E25	25.4	±0.15	1.2
E31	31.8	±0.15	1.4
E39	38.1	±0.15	1.4
E51	50.8	±0.15	1.4
E63	63.5	±0.25	1.6
E75	76.2	±0.25	1.8

▼厚鋼電線管

▼薄鋼電線管

▼ねじなし電線管

▼ライニングパイプ

鋼製電線管の関連部材*

鋼製電線管の関連部材は、その目的や機能により様々な種類があります。

●カップリング

2本の鋼製電線管どうしを接続するための部材です。厚鋼用、薄鋼用のものは接続したい管のサイズより太い径の円筒形をしており、内部におすねじが切ってあります。めすねじを切った電線管を両方からねじ込んで使います。ねじなし用のものは、径の太い円筒形の両側に止めねじが付いていて、双方の電線管を円筒形の中心まで挿入した後に止めねじを締め付けます。止めねじは規定のトルクでねじ頭がもぎ取れるよう設計されています。

カップリングは日本工業規格JIS C 8330により規格化されています。また、電気用品安全法の対象となっているため電気用品安全法に適合する部材を使わなくてはなりません。

▼ねじなしカップリング

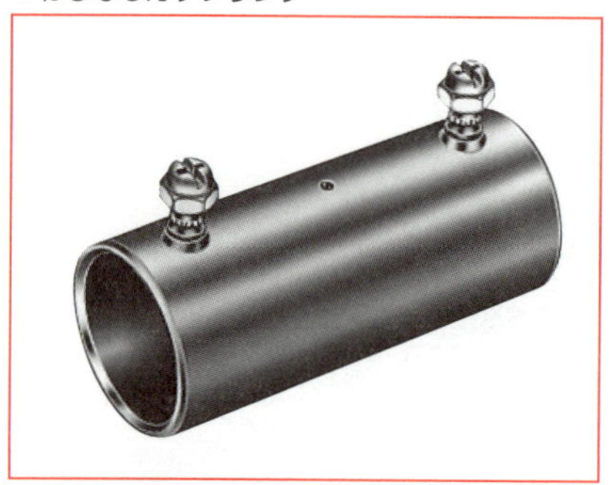

▼厚鋼・薄鋼カップリング

●ボックスコネクタ

ねじなし電線管をボックス類と接続するための部材です。ボックスコネクタには2本のビスが付属しており、ボックス側にはボンド線接続用の接地ビス、電線管挿入口側には止めねじが付いています。金属管工事ではボックス類と電線管の電気的接続を確保するためにボックス類と金属管をボンド線による接続を行います。このときに使用するのが接地ビスになります。

---

* **鋼製電線管の関連部材**　写真提供：パナソニック株式会社。

止めねじは、カップリングの止めねじと同様に規定トルクの締め付けによりねじ頭がもぎ取れる設計となっており、形状も同じものが付属しています。

ボックスコネクタは日本工業規格JIS C 8330により規格化されています。また、電気用品安全法の対象となっているため電気用品安全法に適合する部材を使わなくてはなりません。

▼ねじなしボックスコネクタ

●ロックナット

ボックス類と金属管を接続固定するための部材です。六角形や歯車型のリングに雌ネジが切ってあり、ボルトを締め付けて固定する要領で電線管をボックスに締め付けて固定します。微妙な違いで、よく観察しないと見落としてしまいますが、ロックナットには凸型に膨らんだ面と凹型にへこんだ面があります。使用の際には、凹型の面をボックス側にあてて締め付けます。厚鋼や薄鋼では、ボックスの内面と外面にロックナットを入れて両側から締め込みます。ねじなし管では内面のみにロックナットを入れて締め付けます。外面はボックスコネクタが穴径よりも大きいため、引っかかる形状となっています。ロックナットは日本工業規格JIS C 8330により規格化されています。

▼ロックナット

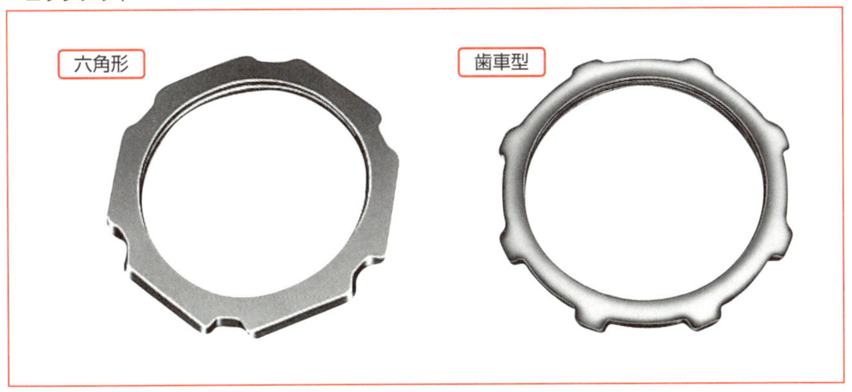

●ブッシング

管端やボックスコネクタの電線挿入口（取出し口）に取り付けて通線作業時や施工後の微振動などで電線を傷付けないように保護するための部材です。すべてが金属でつくられた金属製ブッシングと、電線との接触箇所もしくは全体が絶縁物でつくられた絶縁ブッシングがあります。

厚鋼や薄鋼、ボックスコネクタにはおすねじに直接ねじ込んで使います。管に直接取り付けるねじなし用のものには止めねじが付属していますので、ねじ頭がもぎ取れるまで締め付けて固定します。

▼ねじなしブッシング

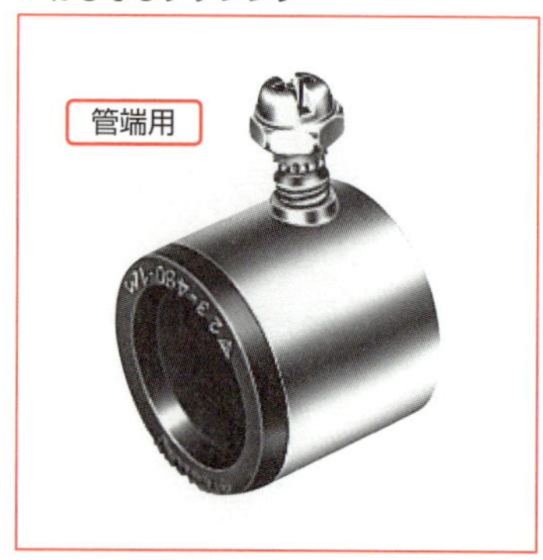

▼絶縁ブッシング樹脂製

●ノーマルベンド

電線管の屈曲箇所に使う部材です。Rの両端に電線管を接続して使います。電線管を曲げる手間がないので施工の簡略化を図ることができます。厚鋼や薄鋼のものは両端をカップリングで接続します。ねじなしのものは、カップリングで接続を行うものと電線管を挿入後に止めねじを締め付けて固定するものがあります。

▼ねじ付きノーマルベンド：厚鋼、薄鋼

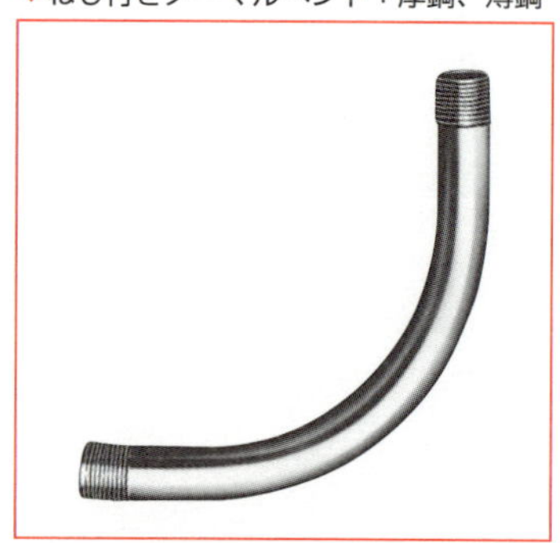

ノーマルベンドは日本工業規格JIS C 8330により規格化されています。また、電気用品安全法の対象となっているため電気用品安全法に適合する部材を使わなくてはなりません。

▼ねじなしノーマルベンドカップリング接続用

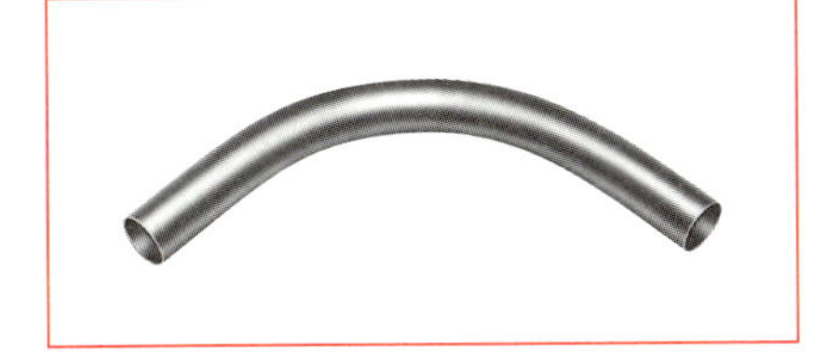

▼ねじなしノーマルベンド止めねじ接続用

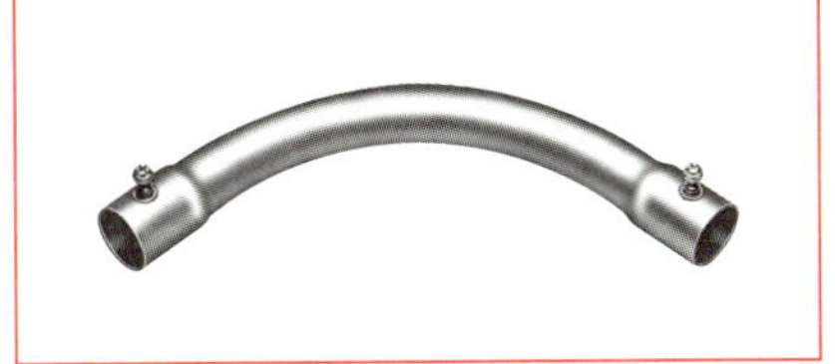

●埋込み用アウトレットボックス

電線を引き出しての接続や、スイッチやコンセント、照明器具を取付け接続するためのボックスです。主に電灯分岐回路の露出配管部分や隠ぺい部分の工事、壁や天井の埋込み配管工事部分に用いられます。アウトレットボックスには、鋼製電線管のほかにも合成樹脂管の接続やケーブルの直接挿入も行うことができます。サイズは大型四角、中型四角があり、それぞれに浅形と深形があります。配管を接続する穴は**ノックアウト**と呼ばれ、配管のサイズにあったノックアウトを打ち抜いて使用します。サイズは厚鋼で16、薄鋼、ねじなしで19から厚鋼で28、薄鋼、ねじなしで31までのものがあります。使用する部分以外のノックアウトを打ち抜いてしまうと、ボックス内に塵芥やトロ（ノロ）が侵入しますので、必要部分以外のノックアウトは打ち抜かないように気を付けましょう。

アウトレットボックス背面には、ボックスを造営材にビス止めするためのビス穴以外にボンド線やアース線を接続するためのめすねじを切ったビス穴があります。こちらの穴は造営材への取付けには使用しません。

アウトレットボックスは日本工業規格JIS C 8340により規格化されています。また、電気用品安全法の対象となっているため電気用品安全法に適合する部材を使わなくてはなりません。

▼埋込み用アウトレットボックス

●スイッチボックス

埋込みスイッチや埋込みコンセントを取り付けるためのボックスです。露出工事部分、埋込み配管工事部分や壁隠ぺい部分に使用されます。露出用のものには、**ハブ**と呼ばれる電線管接続部分があり、厚鋼、薄鋼用ではハブ内部にめすねじが切ってあり、ねじなし用ではハブ先端に止めねじが付属しています。露出用にはハブが一方向に突き出ている一方出と二方向に突き出している二方出があります。埋込み、隠ぺい用では電線管接続部分にノックアウトがあり、穴径はアウトレットボックスと同様です。こちらにもボンド線接続用のビス穴がありますので、造営材への取付けには使用しません。

スイッチボックスは、連用取付け枠が1つ取り付けられる1個用から5つ取り付けられる5個用までのものが JIS C 8340によって規格化されています。また、すべてのスイッチボックスは電気用品安全法の対象となっているため電気用品安全法に適合する部材を使わなくてはなりません。

▼埋込み用スイッチボックス

▼露出用スイッチボックス二方出

●コンクリートボックス

埋込み配管工事専用のボックスです。用途はアウトレットボックスと同様ですが、スラブ部分への配管がしやすいようにボックス背面を取り外すことができ、ボンド線接続用のビス穴があいています。型枠との接触面には型枠への固定用に、釘打ち穴をあけた耳がついています。形状は四角形と八角形の2種類で、それぞれに浅形と深形があります。配管の接続はノックアウトを打ち抜いて行います。ノックアウト径は四角形のものは厚鋼で16、薄鋼、ねじなしで19から厚鋼で28、薄鋼、ねじなしで31までとなっています。八角形のものは厚鋼で22、薄鋼、ねじなしで25までとなっています。

コンクリートボックスは日本工業規格JIS C 8340により規格化されています。また、電気用品安全法の対象となっているため電気用品安全法に適合する部材を使わなくてはなりません。

▼コンクリートボックス四角形

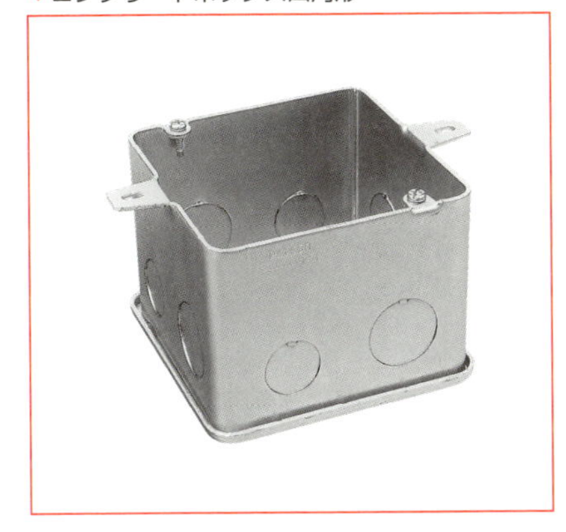

▼コンクリートボックス八角形

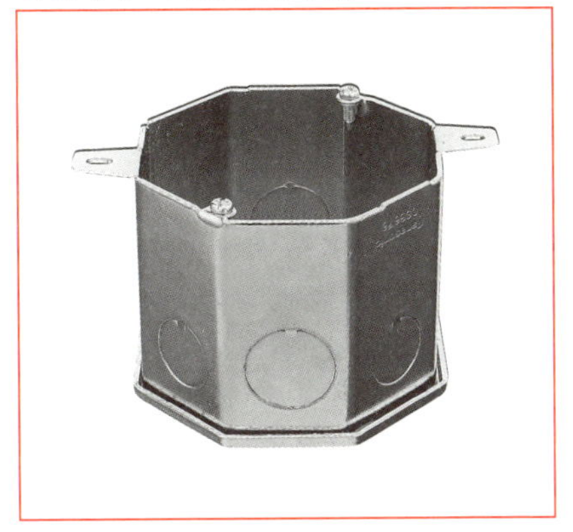

●ぬりしろカバー

アウトレットボックスやスイッチボックスなどに取り付けて内装表面との高さ調整を行い、埋込み器具や照明器具の取付け台となる部材です。開口部の形状は用途に合わせて丸穴形、器具用形、スイッチ用形などがあります。

▼アウトレットボックス用ぬりしろカバー

▼スイッチボックス用塗りしろカバー

●プルボックス

主に配管長が長い場合に配管の途中に設けて通線作業をしやすくするためのボックスです。内部で結線を行う場合もあります。内線規定の低圧配線方法金属管工事の節では、配管の屈曲が多い場合、配管のこう長が30mを超える場合はプルボックスを設けるのがよいとされています。プルボックスにノックアウト穴はなく、取付け箇所に合わせて穴あけ加工が必要です。

プルボックスに規格はなく、様々なサイズのものがつくられています。仕様には一般仕様のものと国土交通省仕様のものがあり、塗装の種類に違いがあります。

▼プルボックス

●フィクスチュアスタッド

吊下げ式の照明器具などをアウトレットボックスに取り付けるために使用します。フィクスチュアスタッドはアウトレットボックス底面に取り付けて、照明器具固定用の金物を固定します。

▼フィクスチュアスタッド

●露出配管用ユニバーサル

梁などの出角、入り角に沿って配管を行う場合に使用します。**エルボ**などとも呼ばれ、配線のための開口部が背面にあるものと側面にあるものがあります。配管挿入部は厚鋼、薄鋼用ではめすねじが切ってあり、ねじなし用には止めねじが付属しています。T形分岐を行う場合にはT形ユニバーサルを使用します。

▼ねじ付きユニバーサルボックス

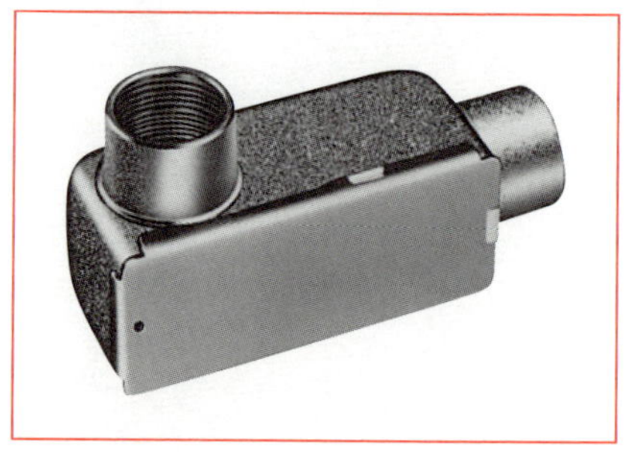

▼ねじなしユニバーサルボックス

▼ねじなしユニバーサルボックスＴ形

●露出配管用丸形ボックス

配管の分岐や照明器具などを取り付ける台座として使用します。ハブの数により、一方出、二方出、三方出、四方出があります。また、二方出のものは、2つのハブが直線上に配置されているものと、直角に配置されているものがあります。

厚鋼、薄鋼用のハブにはめすねじが切ってあり、ねじなし用のものには止めねじが付属しています。

丸形ボックスは日本工業規格JIS C 8340により規格化されています。また、電気用品安全法の対象となっているため電気用品安全法に適合する部材を使わなくてはなりません。

▼ねじなし丸ボックス

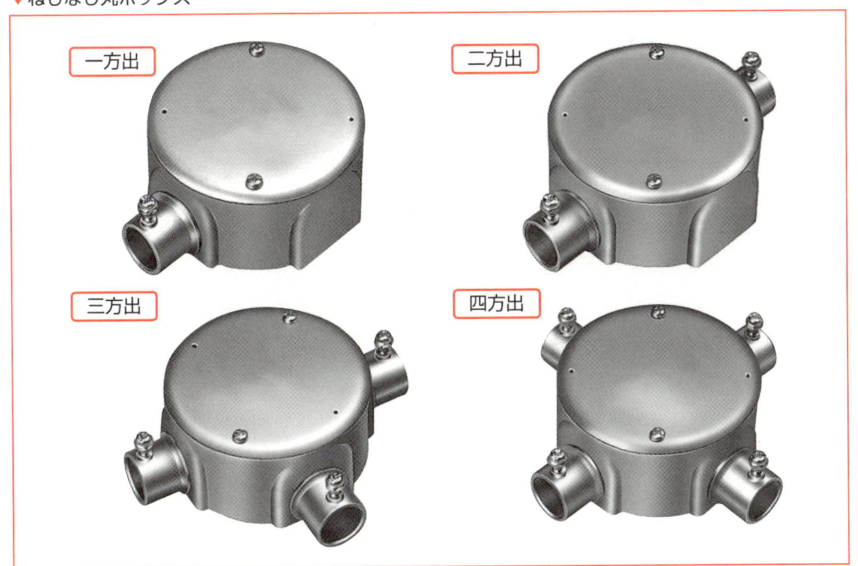

●ターミナルキャップ

水平方向に配管した電線管の先端に取り付けて、電線の取出し口として使用します。取出し口の開口部は樹脂製となっており、電線の被覆を保護する構造となっています。ターミナルキャップは日本工業規格JIS C 8340により規格化されています。

▼ターミナルキャップ

●エントランスキャップ

垂直方向に配管した電線管の先端に取り付けて、電線の取出し口として使用します。雨が降っても電線間の中に雨が入らない構造です。取出し口の開口部は樹脂製となっており、電線の被覆を保護する構造となっています。形状はターミナルキャップと似ていますが、配管接続部分と取出し口の角度が異なります。

エントランスキャップは日本工業規格（JIS C 8340）により規格化されています。

▼エントランスキャップ

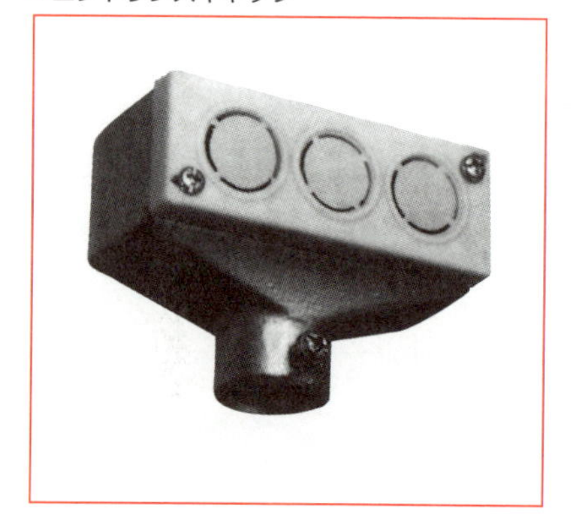

●電線管支持クリップ

鉄骨造建物のH鋼を利用して配管を行う場合などに使用します。**支持金物**（商品名パイプセッター、パイラックなど）に取り付けて金属管を挟み、付属のボルトとナットで締め付けて支持します。金属管の外径に合わせてサイズが分けされていますので、使用する配管の径に合わせたものを選定する必要があります。

▼電線管支持クリップ

▼支持金物

▼電線管支持クリップ使用例

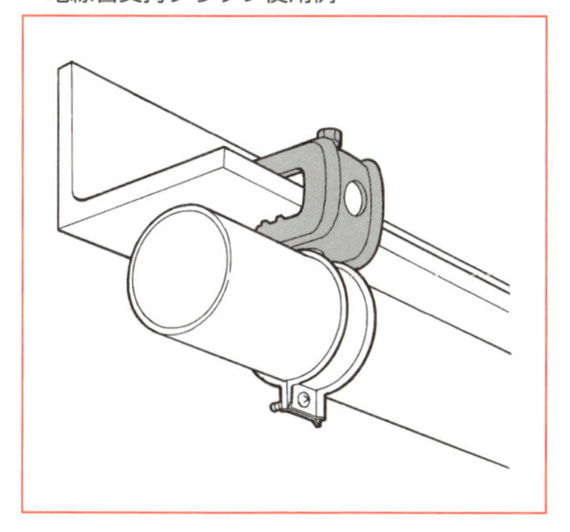

●リングレジューサ

ボックスの配管接続穴の径と使用する金属管の径が異なる場合に使用します。リングレジューサはドーナツ状の金属板です。2枚を1組として使用しますが、このとき、リングレジューサの突起がある側を配管接続穴側として、ボックス側面を外側と内側から挟み込むように使用します。

▼リングレジューサ

●サドル

配管を造営材に取り付けて工事を行う場合に使用する電線管の支持金物です。造営材への取付けはビスや釘を使って行います。サドルの片側1点をビスなどで固定する片サドルと両側2点を固定する両サドルがあります。金属管の外径に合わせてサイズが分けされていますので、使用する管の径に合わせたものを選定する必要があります。

▼片サドル

▼両サドル

●接地金具

金属管に接地線（ボンド線）を接続する際に使用します。**ラジアスクランプ**とも呼ばれ、薄い銅板を金属管に取り付けやすい形状に加工した部材です。金属管に巻き付けて銅板と金属管の間に接地線を挟んで締め付けます。

金属製電線管の部材選定

- コンクリート埋設と露出では、選定する部材が異なる。
- 水がかかる場所で露出工事を行う場合は、防水機能を持った部材を選定する。

2 金属製可とう電線管

金属製可とう電線管*はその名のとおり、屈曲が可能な可とう性をもった金属製の電線管です。一種と二種に分類されますが、使用範囲の制限などから一種が使われることは少なくなっています。本節では一般に使用される二種金属製可とう電線管を取り上げます。

金属製可とう電線管の規格

二種金属製可とう電線管はJIS C 8309によって規格化されています。ボックスコネクタなどの関連部材はJIS C 8350規格に則ります。電線管本体および関連部材は原則として電気用品安全法が適用となりますのでPSEマークの付された製品を使用する必要があります。

金属製可とう電線管の寸法

二種金属製可とう電線管の太さは、内径の近似値を**呼び径**として呼び、呼び径10から101のものまであります。金属管の延長として用いられることが多いため、適合する金属管のサイズも知っておく必要があります。

▼二種金属製可とう電線管のサイズ

呼び	外径	外径公差	最小内径	適合電線管	
				薄鋼	厚鋼
10	13.3	±0.2	9.2	–	–
12	16.1	±0.2	11.4	–	–
15	19.0	±0.2	14.1	–	–
17	21.5	±0.2	16.6	C19	G16
24	28.8	±0.2	23.8	C25	G22
30	34.9	±0.2	29.3	C31	G28
38	42.9	±0.4	37.1	C39	G36
50	54.9	±0.4	49.1	C51	G42
63	69.1	±0.6	62.6	C63	G54
76	82.9	±0.6	76.0	C75	G70
83	88.1	±0.6	81.0	–	G82
101	107.3	±0.6	100.2	–	G92・G104

金属製可とう電線管の特徴

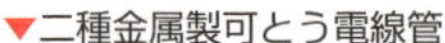
▼二種金属製可とう電線管

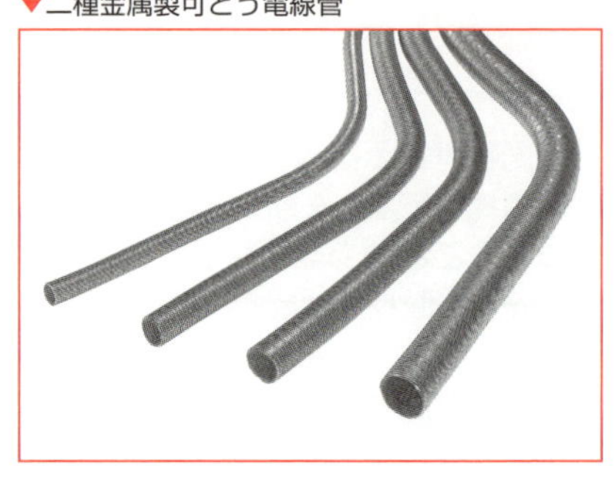

二種金属製可とう電線管の構造は電線管の最も内側に耐水紙の層があり、その外側に蛇腹状に加工された鋼板の層、さらに外側に亜鉛溶融メッキを施した鋼板の層という3層構造になっています。メーカーによっては、さらにその外側を樹脂でコーティングして、耐水性、防食性、耐化学薬品性を有する製品を製造していることもあります。

可とう性を持つ金属管であることから、金属管工事の延長として、振動の多い電動機の電源接続部分付近の配管として多く用いられます。このほか、金属管では振動を吸収しきれないなどの場所で用いられる電線管です。三桂製作所の商品名に由来する**プリカ**という名前で呼ばれる場合もあります。

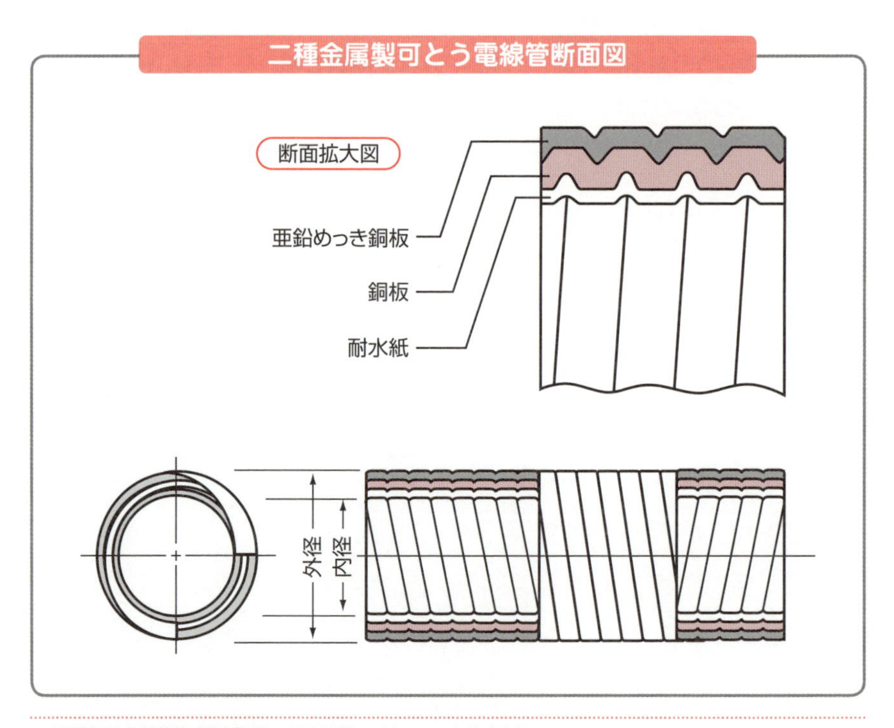

＊**金属製可とう電線管（関連部材）** 写真提供：パナソニック株式会社。

金属製可とう電線管の関連部材*

金属製可とう電線管の関連部材は、その目的や機能により様々な種類があります。

●ボックスコネクタ

ボックス類と金属製可とう電線管を接続するために使用する部材です。製品は防水型や速結型、90度曲がりのあるもの45度曲がりのものなど、メーカーによって様々な特徴を備えた物が製造されています。

▼二種金属製可とう電線管用ボックスコネクタ

●カップリング

金属製可とう電線管同士を接続するために使用する部材です。メーカーによって様々な特徴を備えたものが製造されています。

▼二種金属製可とう電線管用カップリング

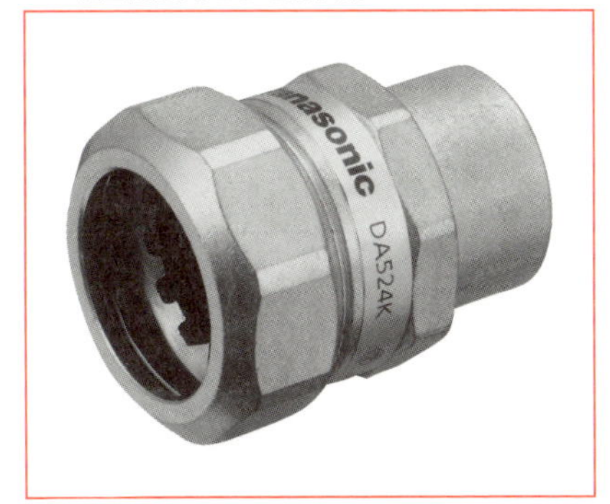

●コンビネーションカップリング

鋼製電線管と金属製可とう電線管を接続するために使用する部材です。ねじなし用、薄鋼用、厚鋼用があります。

---

*金属製可とう電線管の関連部材　写真提供：パナソニック株式会社。

▼二種金属製可とう電線管用コンビネーションカップリング

●絶縁ブッシング

電線保護のために金属製可とう電線管の管端に取り付けて通線作業時や施工後の微振動などで電線を傷つけないように保護するための部材です。

▼二種金属製可とう電線管用絶縁ブッシング

●サドル

配管を造営材に取り付けて工事を行う場合に使用する電線管の支持金物です。造営材への取付けはビスや釘を使って行います。金属製可とう電線管の外径に合わせてサイズが分けられていますので、使用する管の径に合わせたものを選定する必要があります。

▼二種金属製可とう電線管用サドル

3 メタルモールと関連部材

メタルモールはベースとカバーを組み合わせた構造の露出配線用電線保護材料です。施工が容易で強度が高く、美観も備えている事から木造以外の建物屋内の改修露出工事などに多く用いられます。

メタルモールの規格・種類

サイズはA型、B型、C型に分けられており、ベースの内幅が4cm未満のA型とB型は電気用品の技術上の基準を定める省令上の一種金属製線ぴに該当します。一種金属製線ぴおよび部材は原則として電気用品安全法の適用も受けますので、PSEマークが付いているものを使用する必要があります。施工は電気設備の技術基準・解釈と内線規程の金属線ぴ工事に準じて行います。また、ベースの内幅が5cmを超えるC型は金属ダクトに分類されますので、電気設備の技術基準・解釈の金属ダクト工事に準じて施工を行う必要があります。

メタルモールの寸法

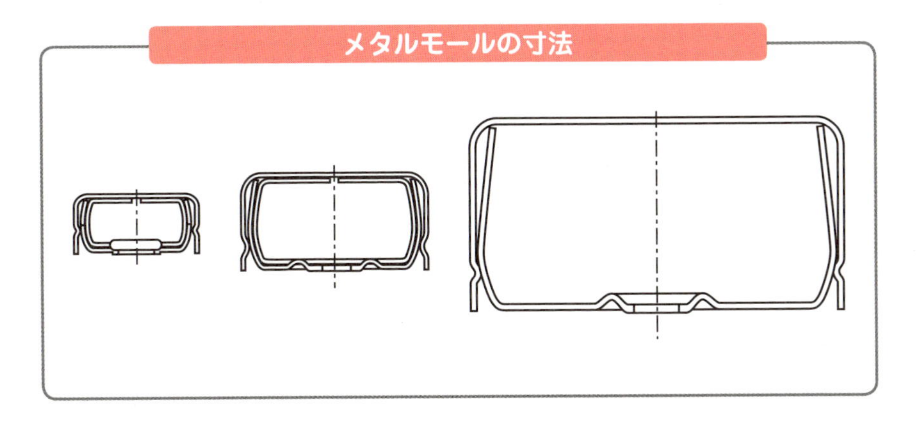

内部にケーブルを引き入れる場合には、電気設備技術基準・解釈のケーブル工事に準じて施工を行う必要があります。

長さはA型、B型、C型ともに標準のもので1.8m、メーカーによって2mの製品も製造されています。

＊**メタルモールの関連部材**　写真提供：パナソニック株式会社。

メタルモールの関連部材*

メタルモールの関連部材は、その目的や機能により様々な種類があります。

●フラットエルボ

平面部分でメタルモール同士を直角に接続するために使用する部材です。メタルモールのサイズに合ったものを選定します。メタルモールの関連部材は、その目的や機能により様々な種類があります。

▼フラットエルボ

●インターナルエルボ

天井から壁面への立ち下げ部分などの入りずみ（内曲がり）で直角にメタルモール同士を接続するために使用する部材です。単に**入りずみ**と呼ばれる場合もあります。メタルモールのサイズに合ったものを選定します。

▼インターナルエルボ

●エクスターナルエルボ

梁や柱周りなどの出ずみ（外曲がり）で直角にメタルモール同士を接続するために使用する部材です。単に**出ずみ**と呼ばれることもあります。メタルモールのサイズに合ったものを選定します。

▼エクスターナルエルボ

●ティー

平面上でメタルモールをT型に3方向分岐する場合に使用する部材です。メタルモールのサイズに合ったものを選定します。

●エンドキャップ

メタルモールの終端部分を閉塞するために使用します。また、壁面を貫通して配線を行う場合の化粧部材として使用することもできます。メタルモールのサイズに合ったものを選定します。

▼ティー

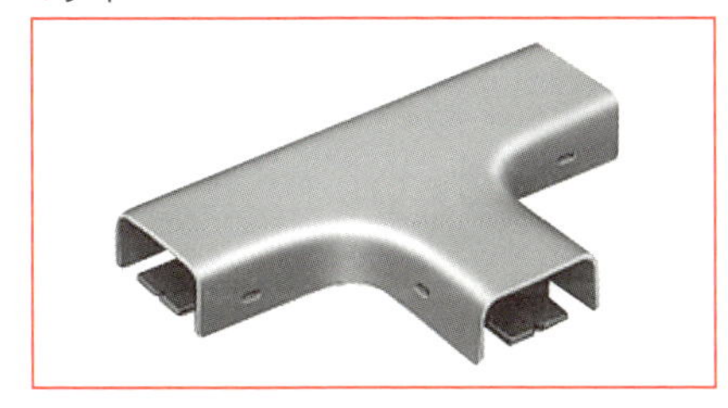

▼エンドキャップ

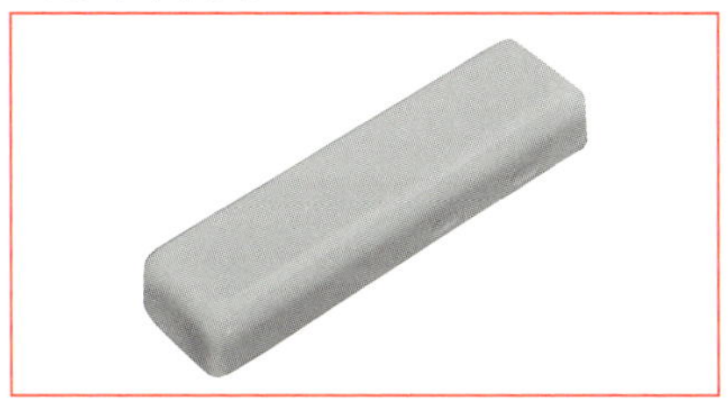

●ジョイントカップリング

平面上でメタルモール同士を直線状に接続するために使用する部材です。メタルモールのサイズに合ったものを選定します。

▼ジョイントカップリング

●コンビネーションコネクタ

天井からの配線の引入れ部分やメタルモールとボックスとの接続部分に使用する部材です。メタルモールとの接続は1方向のみ可能です。メタルモールのサイズに合ったものを選定します。

また、天井引入れの際に見切り縁がある場合は、見切り縁用の切欠きのある製品を選定します。

▼コンビネーションコネクタ

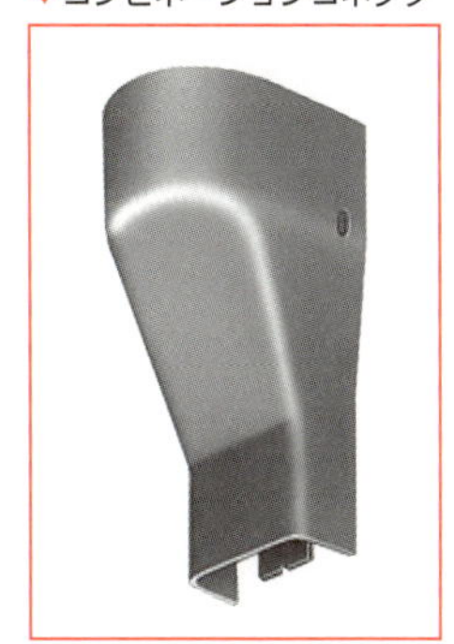

●コーナーボックス

天井からの配線の引入れ部分に使用しますが、コンビネーションコネクタとは異なり、メタルモールとの接続は6方向まで可能です。サイズはA型、A型B型兼用、B型C型兼用のものがあります。サイズ兼用型のものは、使用するメタルモールのサイズに合わせてノックアウトを打ち抜きます。

▼コーナーボックス

●ストレートボックスコネクタ

配電盤やプルボックスなどとメタルモールを接続する場合に使用する部材です。ボックスとの接続部分には金属管と同径のパイプがあり、パイプにはおすねじが切ってあるためボックスとの接続は金属管用のロックナットを使用することができます。接続部パイプの径はA型でC19、B型でC31、C型でC39となっています。

▼ストレートボックスコネクタ

●ジャンクションボックス

配線の分岐部分に使用する部材です。丸型と角型があり、どちらも4方向までの分岐が可能です。サイズの分け方はメーカーによって異なりますが、A型とB型のものは丸型、B型とC型のものは角型となっており、2サイズ兼用型を製造しているメーカーもあります。

▼ジャンクションボックス

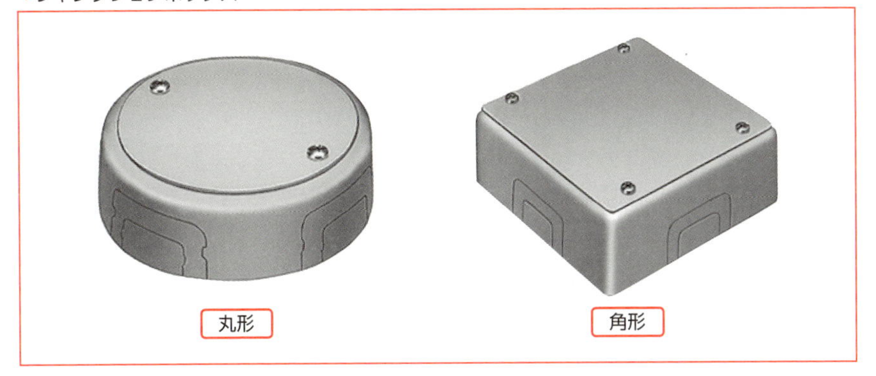

●スイッチボックス

▼スイッチボックス

スイッチやコンセントなどの配線器具を取り付けるために使用する部材です。製造するメーカーによって多少異なりますが、接続できるメタルモールの種類により、A型専用、A型B型兼用、A型B型C型兼用があり、それぞれボックスの厚みにより浅型と深型があります。また、取り付けられる配線器具の取付け枠の数により1個用から4個用のものがあります。メタルモール接続用のノックアウトがないタイプのものでは、6個用のものまでが製造されています。

●ブッシング

▼ブッシング

スイッチボックスやジョイントボックスなどのボックス類とメタルモールの接続部分で電線が損傷するのを防ぐために使用する部材です。使用するメタルモールの種類によって使い分けが必要です。

4 レースウェイと関連部材

レースウェイは断面の形状がC型の鋼製線ぴです。工場や倉庫などの照明配線用の２種金属線ぴとして多く用いられています。組み換えが容易で建物内のレイアウト変更などにも幅広く対応することができます。

レースウェイの規格・種類

サイズは高さ40mmのものと35mmのものがあり、内幅はすべて40mm以上50mm未満で、電気用品の技術上の基準を定める省令上の**二種金属製線ぴ**に該当します。これ以上のサイズの製品は金属ダクトに分類されるためレースウェイとは呼ばないので注意が必要です。二種金属製線ぴおよび部材は原則として電気用品安全法の適用を受けますのでPSEマークが付いているものを使用する必要があります。施工は電気設備の技術基準・解釈と内線規程の金属線ぴ工事に準じて行います。

内部にケーブルを引き入れる場合には、電気設備技術基準・解釈のケーブル工事に準じて施工を行う必要があります。

レースウェイの寸法

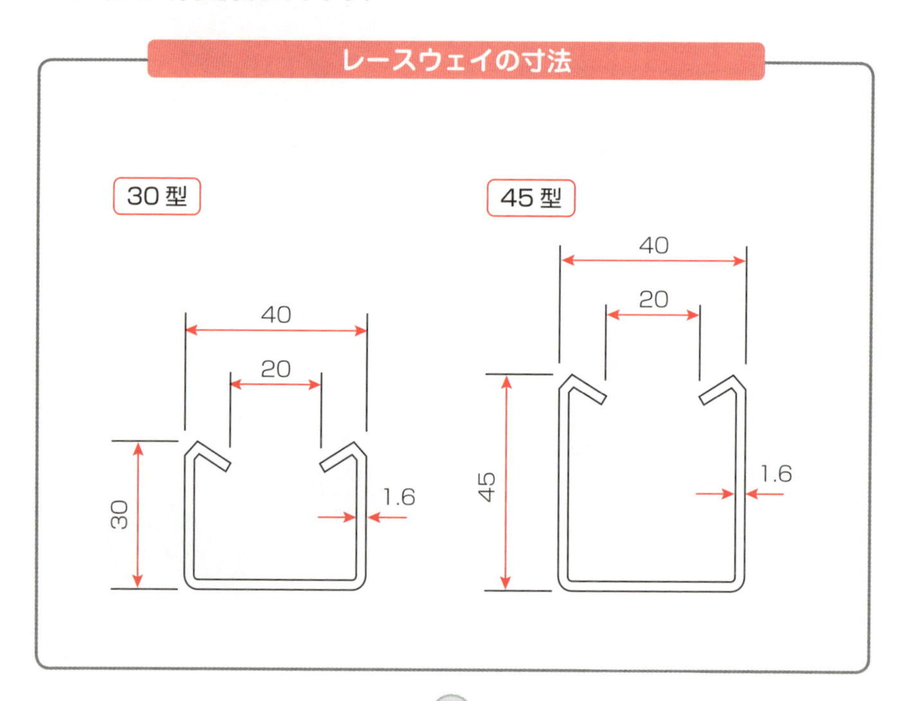

レースウェイの特徴

レースウェイはボルト吊りなどで空中を配管して使用されることが多い電気工事材料です。カバーや固定用の金物の種類も充実しており、照明器具を取り付けることも可能です。また、開口側を上下どちらに向けても使用できるので用途に応じて柔軟に対応することができます。室内の乾燥した露出場所および点検できる隠ぺい場所に施設することがでいます。

レースウェイの関連部材*

レースウェイの関連部材は、その目的や機能により様々な種類があります。

●カバー

レースウェイの開口部を塞ぐために使用する部材です。はめ込み式のものや固定金物を使用して固定するものがあります。開口部を上下どちらに向けたときにも使用することができます。

▼カバー

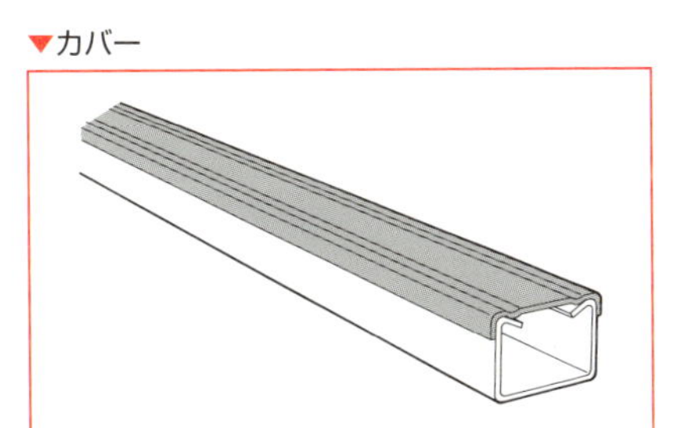

●カップリング

レースウェイ同士を接続するために使用する部材です。直線型、L字型、T字型、クロス型、垂直型（外曲がり、内曲がり）、異径直線型などがあります。それぞれにカバーを取り付けることも可能です。

▼カップリング類

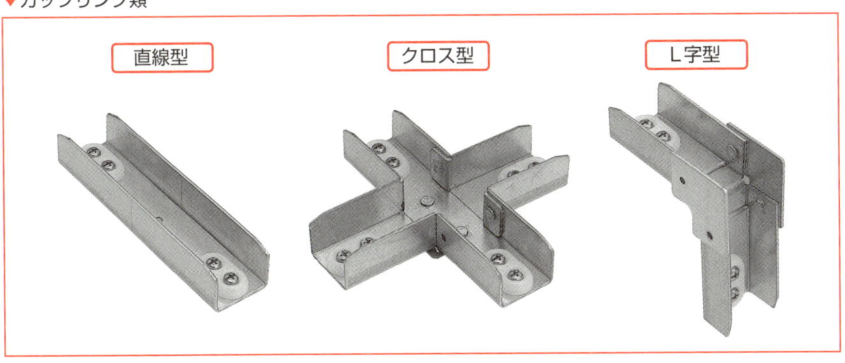

*レースウェイの関連部材　写真提供：パナソニック株式会社。

●ジャンクションボックス

配線を接続するために使用するボックスです。レースウェイ接続部には接続用のガイドが付いています。ガイドが突出している方向により、1方出、2方出、3方出、4方出があります。ボックスのサイズは約100mm角のものが標準です。

▼ジャンクションボックス類

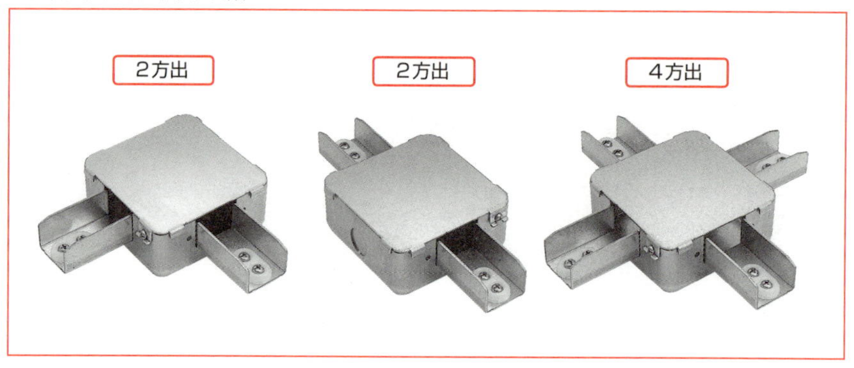

●コンセントボックス

コンセントやスイッチなどの配線器具をレースウェイに取り付けるために使用するボックスです。レースウェイ開口部に取り付けます。開口部との接続面がボックスの背面にあるタイプと側面にあるタイプがあります。

▼コンセントボックス

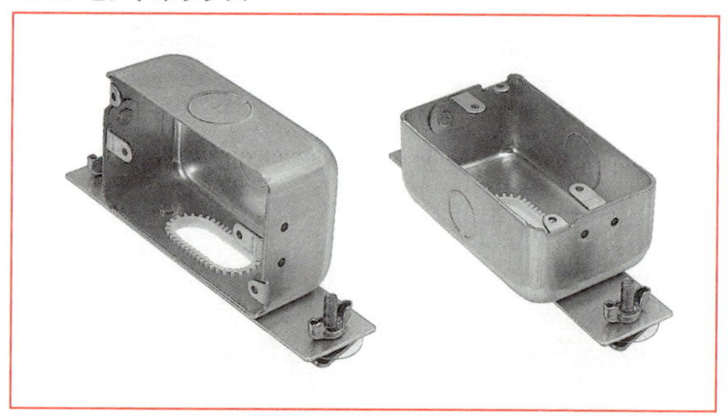

●エンドキャップ

レースウェイの終端部に取り付ける終端閉塞のために使用する部材です。壁面に取り付けができるタイプや、他の配管との接続のためにノックアウトがあるタイプなどがあります。

▼エンドキャップ類

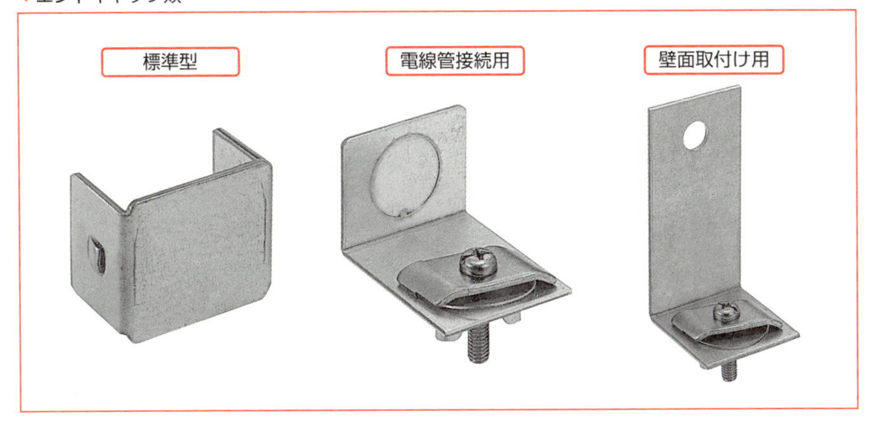

●ボックスコネクタ

配電盤などの盤類との接続のために使用する部材です。盤にボルト締めなどで固定します。

▼ボックスコネクタ

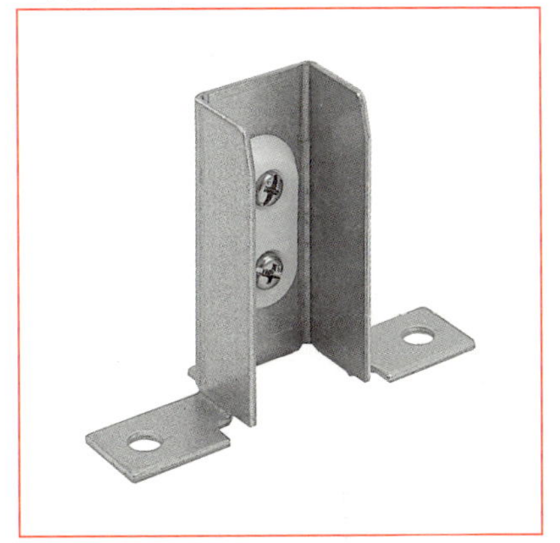

●ハンガー

レースウェイをボルト吊りする場合に使用する部材です。天井などから下ろした全ねじボルトと接続してレースウェイを支持します。

▼ハンガー

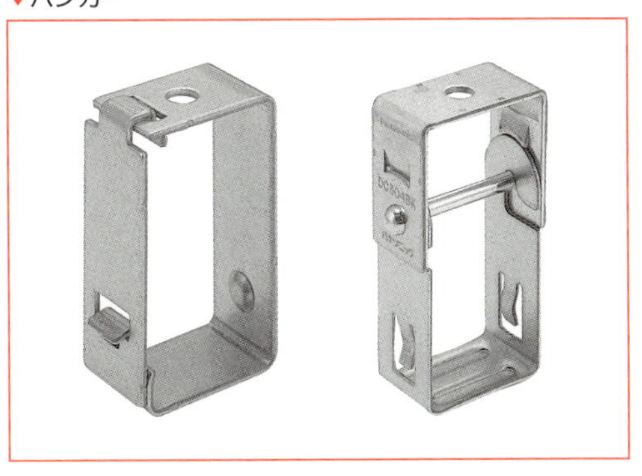

●振止め金物

ボルト吊りのレースウェイの横振れを防止するために使用する部材です。2方向ないし3方向からのボルトでハンガーを固定して横振れを防止します。

▼振れ止め金物

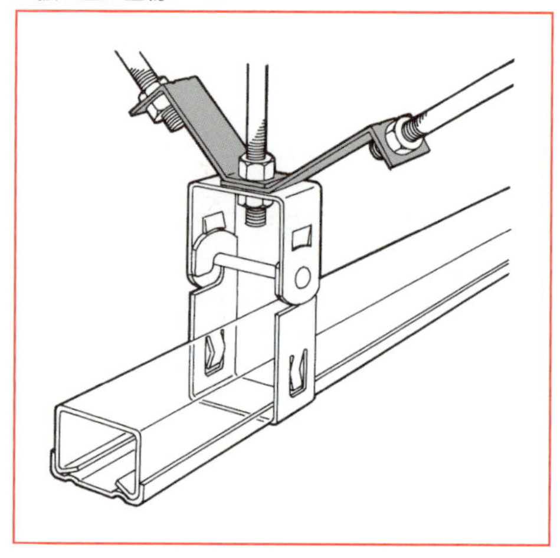

●器具取付け金物

レースウェイに照明器具などを取り付けるために使用する金物です。開口部が下向きのレースウェイに使用するものは段付きの座金を開口部に引っ掛けて器具をボルト止めできる構造になっています。上向き用のものはハンガー状の金物をレースウェイ外周に開口部から引っ掛けて使用します。

▼器具取り付け金物

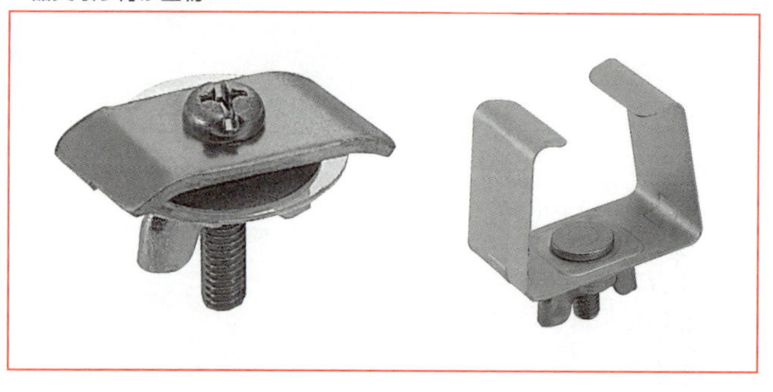

5 硬質ビニル電線管

硬質ビニル電線管は材質の絶縁性能の高さから漏電を起こしにくく、軽量で施工もしやすい配管材料です。大きな衝撃や圧力を受けない場所であれば、どのような建造物にも施工が可能です。

硬質ビニル電線管の規格

硬質ビニル電線管はJIS C 8430によって規格化されています。このほか、配管経路を形成するノーマルベンドやボックスコネクタなどの部材はJIS C 8432によって、また、スイッチボックスなどのボックス類はJIS C 8435によって規格化されています。呼び径82以下の硬質ビニル電線管および部材は原則として電気用品安全法が適用されますので、PSEマークの付された製品を使用することが必要です。

硬質ビニル電線管の寸法

硬質ビニル電線管の太さは、内径の近似値を呼び径として呼び、呼び径10から150程度のものまであります。このうち電気工事用として使用されているのは呼び径14以上のものです。

硬質ビニル電線管の特徴

硬質ビニル電線管は施工可能な範囲が広く屋外屋内を問わず施工が可能です。また、隠蔽場所への配管やコンクリートへの埋込み配管も行うことができます。ただし、熱による伸縮が大きいため屋外での露出場所への施工などは季節ごとの温度変化による伸縮を十分に考慮して行う必要があります。また、屋外など樹脂の劣化をはやめるような環境下では、耐候性能をもった製品を選択する必要があります。

硬質ビニル電線管の関連部材*

硬質ビニル電線管の関連部材は、その目的や機能により様々な種類があります。

●ノーマルベンド

硬質ビニル電線管同士を平面上で90度に接続するために使用する部材です。電線管を差込み接続するだけですので、自分で曲げる手間がかからず、見た目もきれいに仕上げることができます。ただし、曲げ半径が決まってしまいますので施工上異なった曲げ半径が要求される場合には、自分で曲げる必要があります。

▼ノーマルベンド

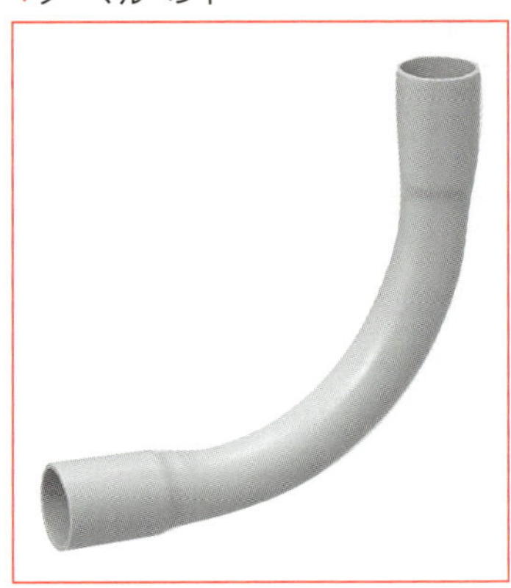

●TSカップリング

直線上で硬質ビニル電線管同士を接続するために使用する部材です。TSカップリングの内部には突起もしくは段差があり、両側から差し込んだ電線管が突起にぶつかってそれ以上奥に入らない構造になっています。このため、**送り接続**と呼ばれる接続方法を行うことはできません。

▼TSカップリング

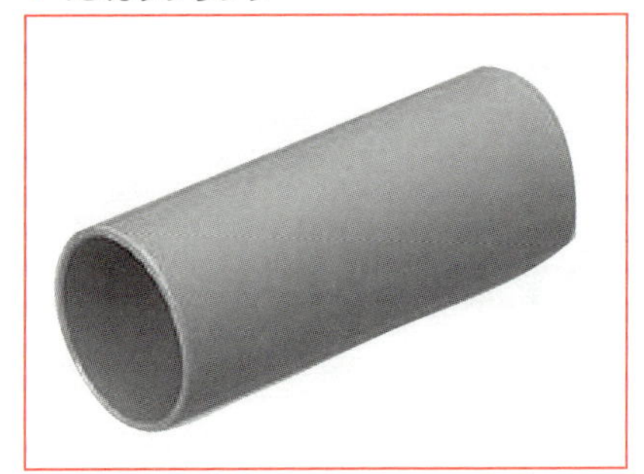

*硬質ビニル電線管の関連部材　写真提供：パナソニック株式会社。

▼合成樹脂製電線管の寸法

品番	管内径（mm）
VE-10	10
VE-14	14
VE-16	18
VE-22	22
VE-28	28
VE-36	35
VE-42	40
VE-54	51
VE-70	67
VE-82	77
VE-100	100

出典：株式会社未来工業　電材カタログ2015-2016より。

▼合成樹脂製電線管

●伸縮カップリング

TSカップリングと同様に硬質ビニル電線管同士を直線上で接続するために使用する部材です。周囲の温度差で発生する電線管の伸縮を吸収できる点がTSカップリングとは異なります。伸縮吸収のため、電線管の差し込み口のふところがTSカップリングの2倍の長さになっています。

▼伸縮カップリング

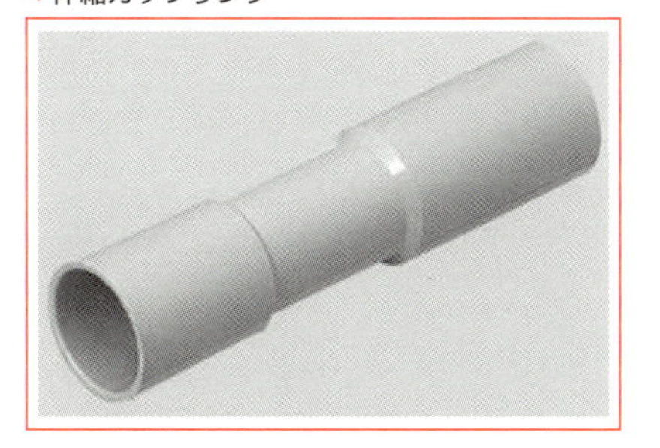

●送り用カップリング

外形状はTSカップリングと変わりませんが、部材中央に突起や段差がなく、硬質ビニル電線管を差し込むと差し込んだ側から反対の差込み口まで電線管をつき抜けさせることができます。接続したい電線管同士の片側にあらかじめ送り用カップリングを突き抜けた状態で装着しておき、電線管同士を突き合わせたら、突合わせ位置にカップリング中央が重なる位置までカップリングを送って接続を行う、送り接続を行う際に使用します。

●ターミナルキャップ

水平方向に配管された硬質ビニル電線管の管端に取り付けて電線の取出し口とするために使用する部材です。塵芥や雨水の侵入を防ぐため、取出し口を下に向けて使用します。垂直方向に配管された電線管には使用できませんので注意が必要です。

▼ターミナルキャップ

●エントランスキャップ

垂直方向に配管された硬質ビニル電線管の上部管端に取り付けて電線の取出し口とするために取り付ける部材です。水平方向に配管された電線管には使用できませんので注意が必要です。

▼エントランスキャップ

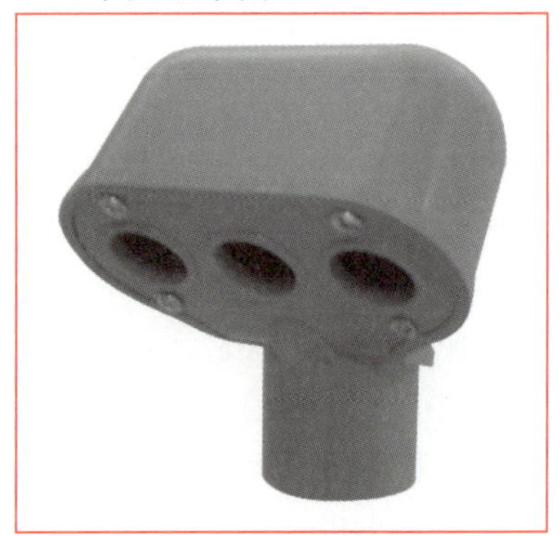

●1号コネクタ

ハブと呼ばれる硬質ビニル電線管接続用の電線管差込み口のないボックス類にTSカップリングを用いて電線管を接続する場合に使用する部材です。ボックスの接続穴にボックス内側から挿入して、ボックス外側に突起したパイプ部にTSカップリングを取り付けます。硬電線管はこのTSカップリングに接続することで電線管とボックスを接続します。のり付けで接着を行うことができますので、接続部分を強固に保つことができます。

▼1号コネクタ

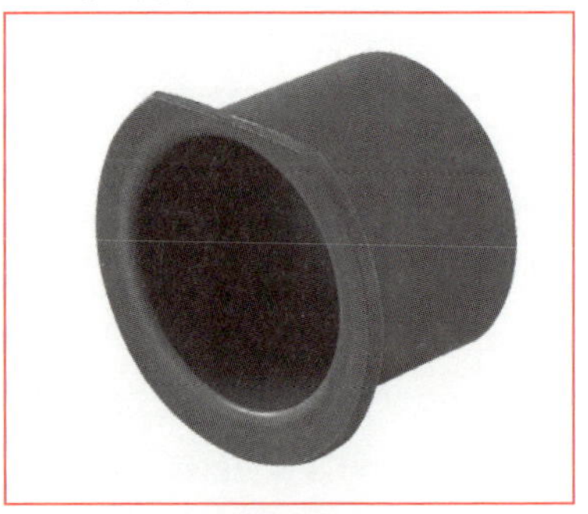

出典：日動電工株式会社HPより。

●2号コネクタ

ハブと呼ばれる硬質ビニル電線管接続用の電線管差込み口のないボックス類にボルト締めの要領で硬質ビニル電線管を接続することができるボックス接続用の部材です。電線管接続側には電線管TSカップリングと同様の差込み口があり、ボックスとの接続部は本体側にめすねじ、ロックナット側におすねじが切ってあります。コネクタ本体とロックナットでボックスをはさんで締付けを行うことでボックスとコネクタの接続を行います。

▼2号コネクタ

出典：株式会社未来工業HPより。

●ブッシング

硬質ビニル電線管の管端に取り付けて電線の損傷を防ぐための部材です。電線間との接続部はTSカップリングと同様に電線管差込み口となっています。塵芥や水などの侵入を防ぐ構造ではありませんので、電線挿入後はパテ埋めなどでそれらの侵入を防ぐ措置を講ずる必要があります。

▼ブッシング

出典：日動電工株式会社HPより。

合成樹脂製電線管の部材選定

- 管端にボックス接続をしない場合は、ブッシングやキャップ類を取り付ける。
- ノーマルベンドでは対応できない屈曲は自分で配管曲げを行う。

6 合成樹脂製可とう電線管

屈曲可能な可とう性をもった合成樹脂製の電線管です。施工できる範囲は硬質ビニル電線管と同様に露出から埋込みまで広い範囲に行うことができます。重量が軽く施工性も高いため、他の配管工事に比べて工事の省力化をはかることができる工事材料です。

合成樹脂製可とう電線管の規格

合成樹脂製可とう電線管はJIS C 8411にて規格化されています。このほか、配管経路を形成するノーマルベンドやボックスコネクタなどの部材はJIS C 8412によって、また、スイッチボックスなどのボックス類は硬質ビニル電線管と同じくJIS C 8435によって規格化されています。また、合成樹脂製可とう電線管および部材は原則として電気用品安全法が適用されますので、PSEマークの付された製品を使用することが必要です。

合成樹脂製可とう電線管の種類・寸法*

合成樹脂製可とう電線管は、コンンクリート埋込み専用の**CD管**と露出、隠ぺい、埋込みなど様々な用途に使用可能な**PF管**に大別されます。PF管は火事の延焼を防ぐために自己消火性を持ちますが、CD管はコンンクリート埋込み専用であるため自己消火性を持ちません。なお、PF管を屋外など日光が当たる場所で露出させて使用する際は、紫外線に強い耐候性の製品を使用することが推奨されます。

寸法はCD管、PF管ともに管の内径を呼び径とします。呼び径14から82程度のものが一般的に販売されています。

▼合成樹脂製可とう電線管

* **合成樹脂製可とう電線管の種類・寸法**　写真提供：パナソニック株式会社。

成樹脂製可とう電線管断面図

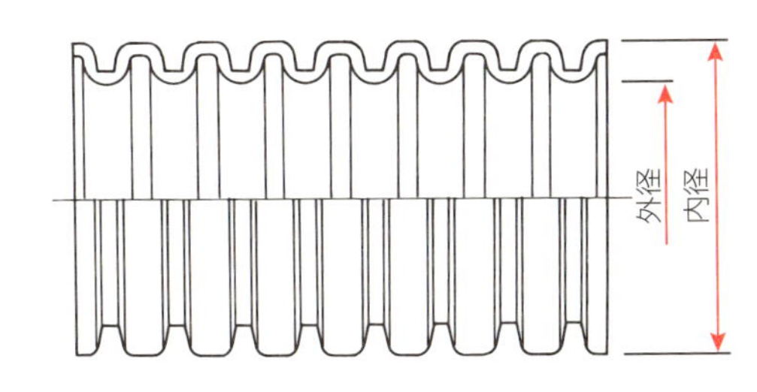

合成樹脂製可とう電線管の寸法

▼CD管の寸法

呼び	外径	外径公差	参考内径
14	19.0	±0.3	14.0
16	21.0	±0.3	16.0
22	27.5	±0.5	22.0
28	34.0	±0.5	28.0
36	42.0	±0.5	36.0

▼PF管の寸法

呼び	外径	外径公差	参考内径
14	21.5	±0.3	14.0
16	23.0	±0.3	16.0
22	30.5	±0.5	22.0
28	36.5	±0.5	28.0
36	45.5	±0.5	36.0

合成樹脂製可とう電線管の関連部材*

合成樹脂製可とう電線管の関連部材は、その目的や機能により様々な種類があります。

●カップリング

直線状に合成樹脂製可とう電線管を接続するための部材です。部材の両側に電線管の差込み口があります。接続固定方法はメーカーによって異なります。

▼カップリング

* **合成樹脂製可とう電線管の関連部材**　写真提供：パナソニック株式会社。

●コンビネーションカップリング

金属製電線管と合成樹脂製可とう電線管や硬質ビニル電線管と合成樹脂製可とう電線管、PF管とCD管など、異種の電線管同士を接続するために使用する部材です。接続固定方法はメーカーによって異なります。

▼コンビネーションカップリング

●ボックスコネクタ

アウトレットボックスやスイッチボックスなどのボックス類と合成樹脂製可とう電線管を接続するために使用する部材です。電線管接続側の接続固定方法はメーカーによって異なりますが、ボックスとの接続はコネクタ本体側のおすねじとロックナットのめすねじでの締付けにより行います。

▼ボックスコネクタ

●ブッシング

合成樹脂製可とう電線管の管端に取り付けて電線の損傷を防ぐために使用する部材です。ボックスとの接続時はボックスコネクタのロックナットが損傷を防止する形状となっていますので取り付ける必要はありません。

▼ブッシング

●エンドカバー

コンクリート埋込み配管の際にスラブから二重天井への電線や配管引出し部分などに使用される部材です。型枠などに釘で取り付けることが可能です。

▼エンドカバー

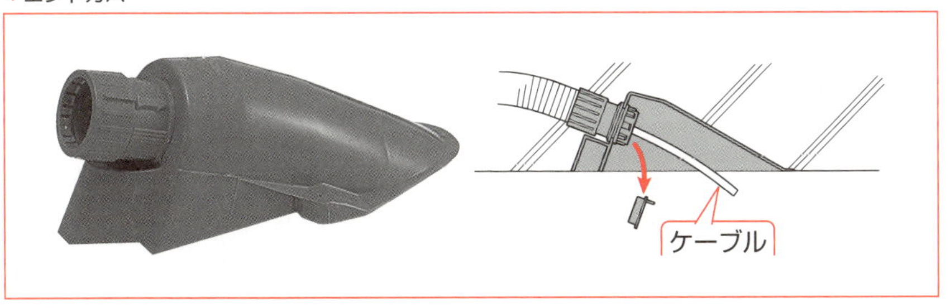

●埋込み用アウトレットボックス

埋込み配管用のアウトレットボックスです。配線器具類の取付け箇所に使用します。ノックアウトは16から28程度のものが一般的に普及しています。

他の配管用のアウトレットボックスと同様に塗りしろカバーや継ぎわくなどと組み合わせて使用します。

▼埋込み用アウトレットボックス

●埋込み用スイッチボックス

埋込み配管用のスイッチボックスです。スイッチやコンセントなどの取付け箇所に使用します。ノックアウトは16から28程度のものが一般的に普及しています。スイッチなどの取付け枠を取り付けるためのカバー類と組み合わせて使用します。

▼埋込み用スイッチボックス

●コンクリートボックス

コンクリート埋込み配管用のボックスです。金属管用と同様に四角型と八角型があり、背蓋が取り外せる構造になっています。ノックアウトは16から28程度のものが一般的に普及しています。

▼コンクリートボックス

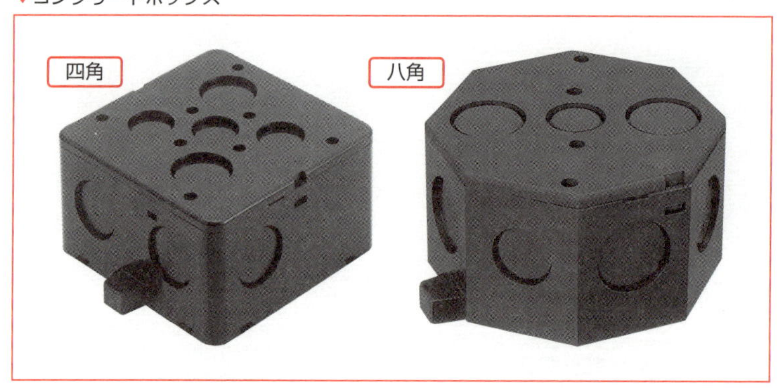

●露出用スイッチボックス

露出配管用のスイッチボックスです。ボックスと合成樹脂製可とう電線管との接続部分には、**ハブ**と呼ばれる電線管接続部が突出しています。ハブはボックスコネクタの電線管接続部分と同じ機構を備えています。

▼露出用スイッチボックス

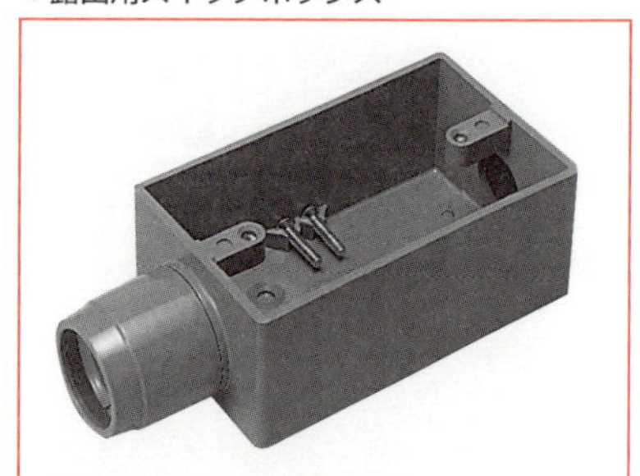

●露出用丸ボックス

露出配管用の丸ボックスです。配管の分岐や電線のジョイント部などに使用されます。露出用スイッチボックスと同じく、ボックスと合成樹脂製可とう電線管との接続部分には、**ハブ**と呼ばれる電線管接続部が突き出しています。ハブが突出している方向により2方出、3方出、4方出があり、配管のレイアウトによって使い分けます。

▼露出用丸ボックス

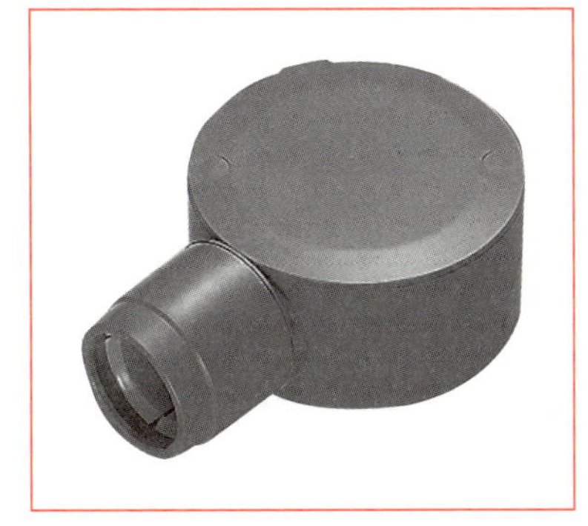

●露出用プルボックス

配管のこう長が長い場合や水平配管から垂直配管への切替わり場所に設置する通線時の電線引出し用のボックスです。通常はノックアウトがあいていないため、接続穴を自分で加工して使用します。大きさは既製品から注文品まで様々なものがあります。

●サドル

主に露出配管に使用されるのは、サドルを2点のビスで固定する両サドルと1点で固定する方サドルです。見栄えや配管状況に応じて使い分けます。このほかに、隠ぺい配管に使用される支持部材やコンクリート埋込み配管に使用される支持部材がありますが、全ねじボルトにワンタッチで固定できるものや、鉄筋に固定しやすいものなどメーカーによって様々なものが製造されています。

▼サドル

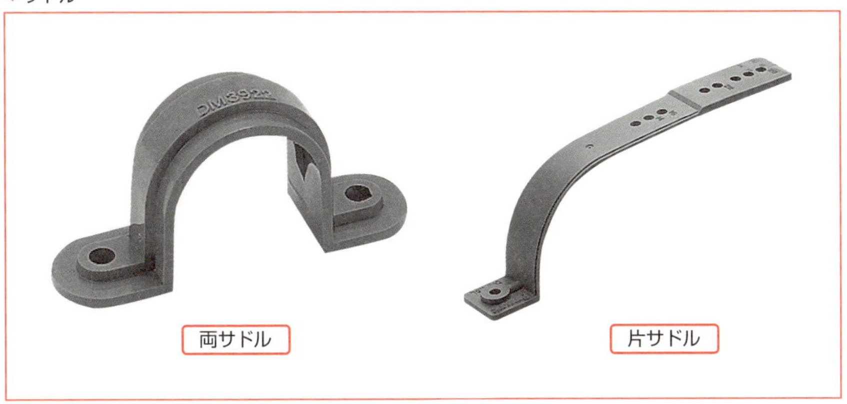

両サドル　片サドル

7 ライティングダクト

ライティングダクトは電線の役割をする裸導体をレール状に樹脂や金属製のダクトに収めて、ダクト開口部のどこからでも電力を取り出せる構造の電気工事材料です。

ライティングダクトの規格・種類

ライティングダクトはJIS C 8366によって規格化されています。規格において、ライティングダクトはカバーが付いていない**固定Ⅰ形**とカバーがある**固定Ⅱ形**に分類されています。ライティングダクトおよび関連部材には、電気用品安全法が適用となりますので、PSEマークの付された製品を使用することが必要です。

また、使用電圧は125V仕様のものと300V仕様のものがあり、定格電流はそれぞれに15Aと20A仕様のものが標準的です。

ライティングダクトの寸法

寸法は15A仕様のもので1m、1.5m、2m、3m、4m、が標準です。20A仕様以上のものは3mが標準で、必要に合わせて切断や接続を行って使用します。

ライティングダクトの特徴

ライティングダクトは冒頭にも紹介したとおり、開口部のどこからでも電力を取り出せるというのが大きな特徴ですが、固定Ⅰ形と固定Ⅱ形には施工できる範囲に違いがあります。

カバーが付いていない固定Ⅰ形は、人が容易に触れるおそれのない天井面などに、開口部に塵埃などが入り込まないように開口部を下向きにするなどして施工しなければなりません。カバーが付いている固定Ⅱ形では、人が容易に触れる恐れのある壁面などへの取り付けも行うことができます。ただし、固定Ⅱ形には電圧仕様125Vのものしか製造されていません。

ライティングダクトの関連部材*

ライティングダクトの関連部材は、その目的や機能により様々な種類があります。

▼ライティングダクト

●フィードインキャップ

ライティングダクトに電源を引き込むために使用する部材です。電線の接続端子が付いており、VVFケーブルなどを接続して電力を供給します。

▼フィードインキャップ

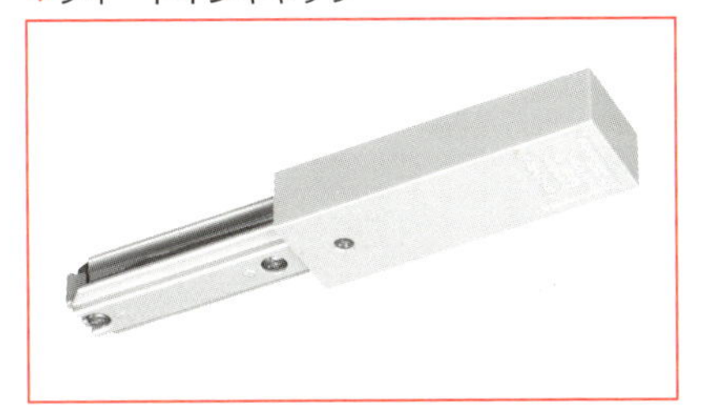

●エンドキャップ

ライティングダクトの終端部分を閉塞するために使用する部材です。ライティングダクトの終端部分には必ずエンドキャップを取り付けなければなりません。

▼エンドキャップ

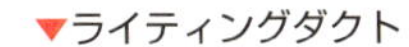

●ジョイナ

ライティングダクト同士を接続するための部材です。直線用、平面L形接続用、垂直L形接続（入隅）用、平面T形接続用、平面クロス（十字）形接続用などがあります。

▼ジョイナ

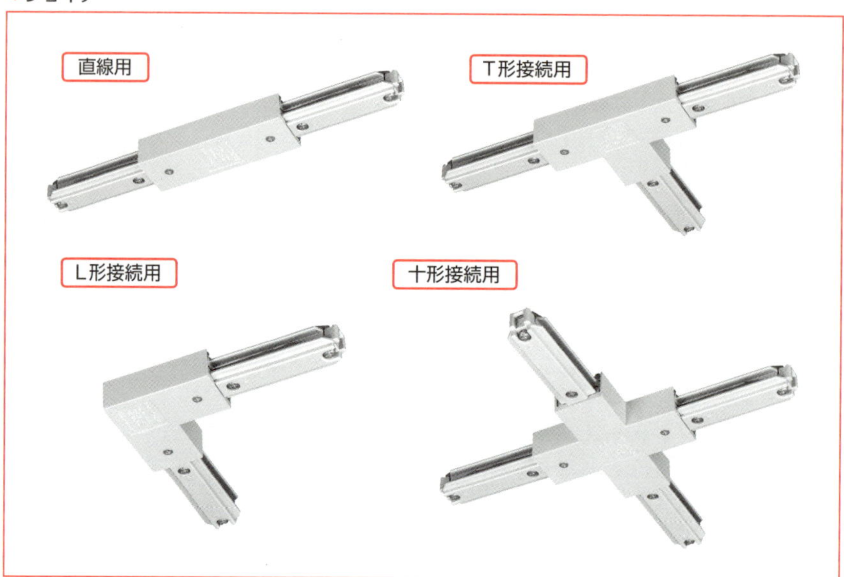

●コンセントプラグ

ライティングダクトに接続することのできるコンセントプラグです。ライティングダクト開口部のどこにでも接続が可能です。接地極付けや抜止めプラグのものもあります。

▼コンセントプラグ

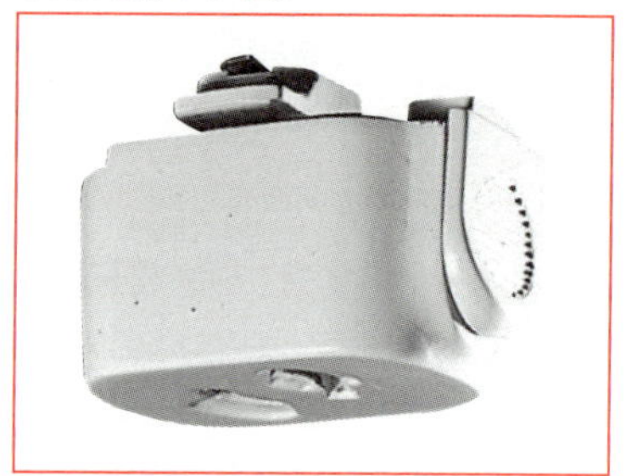

●引掛シーリングプラグ

ライティングダクトに接続するこのとできる照明用の引掛シーリングです。ライティングダクト開口部のどこにでも接続することができ、レイアウト変更なども簡単に行うことができます。

▼引掛シーリングプラグ

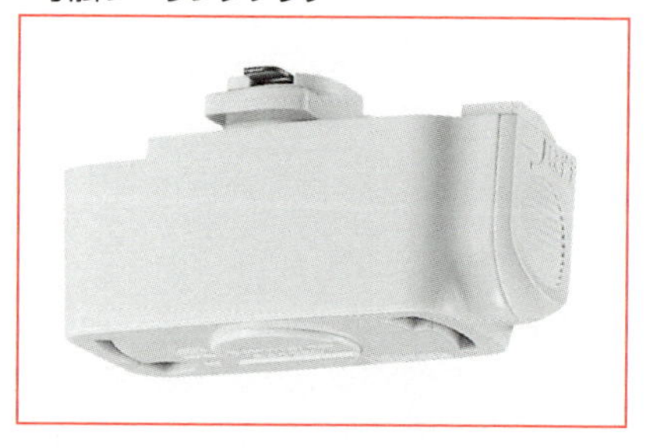

＊ **ライティングダクトの関連部材**　写真提供：パナソニック株式会社。

8 600V絶縁電線

600V絶縁電線は電気の通り道となる導体の周囲を塩化ビニル樹脂混合物などで被覆した絶縁電線です。電線管に通線して使用するのが一般的で、ころがし配線や造営材にそのまま配線を行う露出配線には使用されません。

600V絶縁電線の規格・種類

600Vビニル絶縁電線（IV）はJIS C 3307にて規格化されています。耐燃性を持つ**600V二種ビニル絶縁電線（HIV）**はJIS C 3317で規格化が行われています。また、環境負荷の少ない**600V耐燃性ポリエチレン絶縁電線（EM IE/F）**はJIS C 3612で規格化されています。いずれも使用できる電圧は600V以下となっています。絶縁体の許容温度はIVで60℃、HIVおよびEM IE/Fで75℃です。このため、HIV、EM IE/FはIVの約1.2～1.3倍程度の許容電流を持っています。なお、公称断面積100mm^{2}以下の絶縁電線は電気用品安全法の適用を受けますのでPSEマークの付されている製品を使用する必要があります。

600V絶縁電線の特徴

600V絶縁電線の導体は導体断面が単一の導体で構成される単線と７本以上の導体をより合わせた構造である、より線のものがあります。単線のサイズは導体の直径で表されます。より線のサイズは導体の断面積で表され、**公称断面積**と呼ばれています。電気工事で使用されるものは機械的強度などから公称直径1.6mm以上の単線もしくは2.0mm^{2}以上のより線とされています。これ以下のサイズのものは通信線や制御線などとして用いられます。

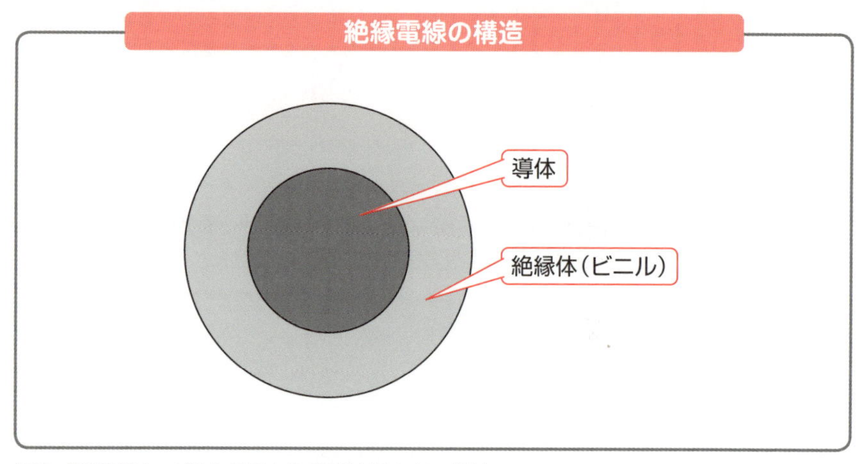

出典：昭和電線ケーブルシステム株式会社HPカタログより。

600V絶縁電線の許容電流

絶縁電線の許容電流は最も放熱の良い、がいし引き工事時を基準としており放熱の良くない配管工事などでは許容電流が低くなります。また、周囲温度は30℃を基準とした場合、周囲温度が高いほど許容電流を低く見積もらねばなりません。それぞれの許容電流や周囲温度による補正係数は表のとおりです。

電線の許容電流

- 許容電流は同じ太さの電線でも絶縁物の耐熱性能によって異なる。
- 許容電流は電線周囲の放熱性や温度によっても異なる。

600V絶縁電線の許容電流

▼IVの許容電流と電流補正係数

導体		許容電流							
形状	導体径 mm	がいし引き配線	IV電線を同一の管、線びまたはダクト内に収める場合の電線数						
			3以下	4	5~6	7~15	16~40	41~60	61以上
単線	1.2	(19)	(13)	(12)	(10)	(9)	(8)	(7)	(6)
	1.6	27	19	17	15	13	12	11	9
	2.0	35	24	22	19	17	15	14	12
	2.6	48	33	30	27	23	21	19	17
	3.2	62	43	38	34	30	27	24	21

導体			許容電流							
形状	公称断面積 mm^2	構成 本/mm	がいし引き配線	IV電線を同一の管、線びまたはダクト内に収める場合の電線数						
				3以下	4	5~6	7~15	16~40	41~60	61以上
より線	0.9	7/0.4	(17)	(11)	(10)	(9)	(8)	(7)	(6)	(5)
	1.25	7/0.45	(19)	(13)	(11)	(10)	(9)	(8)	(7)	(6)
	2	7/0.6	27	18	17	15	13	11	10	9
	3.5	7/0.8	37	25	23	20	18	15	14	12
	5.5	7/1.0	49	34	31	27	24	21	19	16
	8	7/1.2	61	42	38	34	30	26	24	21
	14	7/1.6	88	61	55	49	43	38	34	30
	22	7/2.0	115	80	72	64	56	49	45	39
	38	7/2.6	162	113	102	90	79	70	63	55
	60	19/2.0	217	152	136	121	106	93	85	74
	100	19/2.6	298	208	187	167	146	128	116	101
	150	37/2.3	395	276	249	221	193	170	154	134
	200	37/2.6	469	328	295	262	230	202	183	159
	250	61/2.3	556	389	350	311	272	239	217	189
	325	61/2.6	650	455	409	364	318	280	254	221
	400	61/2.9	745	521	469	417	365	320	291	253
	500	61/3.2	842	589	530	471	412	362	328	286

周囲温度 ℃	20	25	35	40	45	50
電流補正係数	1.15	1.08	0.91	0.82	0.71	0.58

▼HIV、EM/Fの許容電流と電流補正係数

導体		許容電流							
形状	導体径 mm	がいし引き配線	IV電線を同一の管、線びまたはダクト内に収める場合の電線数						
			3以下	4	5~6	7~15	16~40	41~60	61以上
単線	1.2	(19)	(13)	(12)	(10)	(9)	(8)	(7)	(6)
	1.6	27	19	17	15	13	12	11	9
	2.0	35	24	22	19	17	15	14	12
	2.6	48	33	30	27	23	21	19	17
	3.2	62	43	38	34	30	27	24	21

導体			許容電流							
形状	公称断面積 mm^2	構成 本/mm	がいし引き配線	IV電線を同一の管、線びまたはダクト内に収める場合の電線数						
				3以下	4	5~6	7~15	16~40	41~60	61以上
より線	0.9	7/0.4	(17)	(11)	(10)	(9)	(8)	(7)	(6)	(5)
	1.25	7/0.45	(19)	(13)	(11)	(10)	(9)	(8)	(7)	(6)
	2	7/0.6	27	18	17	15	13	11	10	9
	3.5	7/0.8	37	25	23	20	18	15	14	12
	5.5	7/1.0	49	34	31	27	24	21	19	16
	8	7/1.2	61	42	38	34	30	26	24	21
	14	7/1.6	88	61	55	49	43	38	34	30
	22	7/2.0	115	80	72	64	56	49	45	39
	38	7/2.6	162	113	102	90	79	70	63	55
	60	19/2.0	217	152	136	121	106	93	85	74
	100	19/2.6	298	208	187	167	146	128	116	101
	150	37/2.3	395	276	249	221	193	170	154	134
	200	37/2.6	469	328	295	262	230	202	183	159
	250	61/2.3	556	389	350	311	272	239	217	189
	325	61/2.6	650	455	409	364	318	280	254	221
	400	61/2.9	745	521	469	417	365	320	291	253
	500	61/3.2	842	589	530	471	412	362	328	286

周囲温度 ℃	20	25	35	40	45	50
電流補正係数	1.15	1.08	0.91	0.82	0.71	0.58

出典：昭和電線ケーブルシステム株式会社HPカタログより。

9 600Vビニル外装ケーブル

600Vビニル外装ケーブルは600V 絶縁電線の被覆の上をさらにビニル樹脂混合物で外装被覆を施したケーブルです。外形が平形のFFVケーブルと丸形のVVRケーブルがあります。低圧屋内配線で最も多く用いられるケーブルです。

600Vビニル外装ケーブルの規格

600Vビニル絶縁ビニルシースケーブル平形（VVF）はJIS C 3342で規格化されています。心線の太さは単線で導体直径1.6mmから2.6mm、より線では公称断面積5.5mm^{2}から14mm^{2}が標準的に製造されています。ケーブルの心線数は2心のものから4心のものまであります。このほかにVVFのエコマテリアル品として**EM EEF/F**があり、EM EEF/FはJIS C 3605として規格化されています。

600Vビニル絶縁ビニルシースケーブル丸形（VVR）はVVFと同じくJIS C 3342で規格化されています。心線の太さは単線で導体直径1.6mmから2.6mm、より線で2mm^{2}から325mm^{2}程度のものが標準的に製造されています。ケーブルの心線数は単心から4心のものが製造されています。VVRのエコマテリアル品としては、**EM EE/F**があり、EM EEF/Fと同様にJIS C 3605として規格化されています。

いずれのケーブルも100mm^{2}以下のサイズのものは電気用品安全法が適用となりますのでPSEマークの付されたものを使用する必要があります。

600Vビニル外装ケーブルの特徴

VVFケーブルは低圧屋内のコンセント回路や照明回路の電路として最も多く使用されているケーブルです。屋内では配管に収める必要がなく、天井内でのころがし配線にも対応できるため、施工を簡略化することができます。一般的に単線1.6mmと2.0mmのものが使用され、用途に応じて2心または3心のものが選定されます。

VVRケーブルは地域によって**SVケーブル**などとも呼ばれ、かつては引込み線の一部などに多く用いられていました。現在では許容電流や耐久性の面から、その使用は減少傾向にあるようです。

600Vビニル外装ケーブルの許容電流

許容電流は、心線数によっても異なりますが、おおむねがいし引き工事時のIV線の許容電流の7割程度となっています。エコマテリアル品では、この1.2倍程度の許容電流です。周囲温度40℃を基準とした場合、高くなるほど許容電流は減少します。

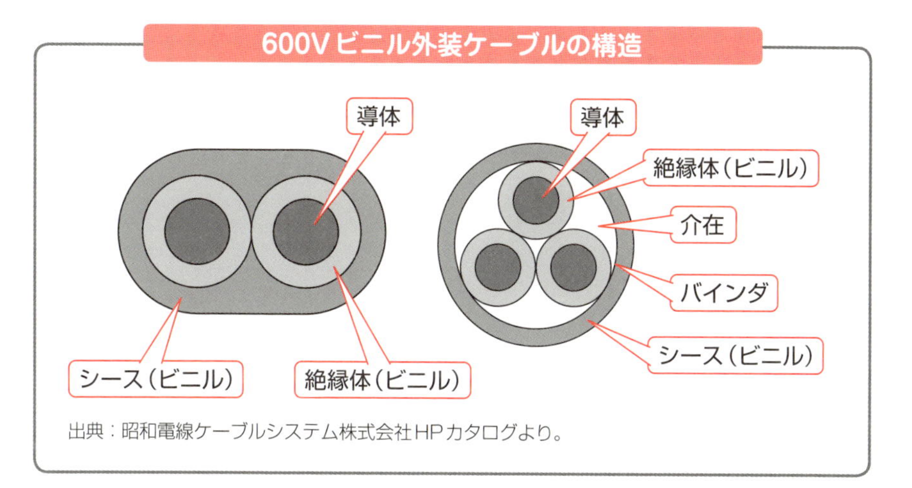

出典：昭和電線ケーブルシステム株式会社HPカタログより。

600Vビニル外装ケーブルの許容電流

▼600Vビニル外装ケーブルの許容電流と電流補正係数

布設条件 / 導体径 mm	気中・暗渠布設 周囲温度40℃		気中・暗渠電線管布設 周囲温度40℃			
	2心 1条	3心 1条	2心 1条	電線管サイズ mm	3心 1条	電線管サイズ mm
1.6	18	15	14	19	12	25
2.0	23	20	19	25	16	
2.6	32	27	26		22	

周囲温度 ℃	20	25	30	35	45	50
電流補正係数	1.41	1.32	1.22	1.12	0.87	0.71

▼エコマテリアル品の許容電流と電流補正係数

布設条件 / 導体径 mm	気中・暗渠布設 周囲温度40℃		気中・暗渠電線管布設 周囲温度40℃			
	2心 1条	3心 1条	2心 1条	電線管サイズ mm	3心 1条	電線管サイズ mm
1.6	24	20	19	19	16	25
2.0	31	26	25	25	21	
2.6	44	37	35		29	

周囲温度 ℃	20	25	30	35	45	50
電流補正係数	1.25	1.20	1.13	1.07	0.93	0.85

出典：昭和電線ケーブルシステム株式会社HPカタログより。

10 600V架橋ポリエチレン絶縁ビニルシースケーブル

600V架橋ポリエチレン絶縁ビニルシースケーブル（CVケーブル）は導体の絶縁被覆として耐熱性に優れた架橋ポリエチレンを使用したケーブルです。このため、同じサイズのビニル絶縁電線に比べて大きな電流を流すことが可能です。

600V架橋ポリエチレン絶縁ビニルシースケーブルの規格・種類

600V CVケーブルには、同じシースの中に単心（CV-1C）から4心（CV-4C）までの心線を収めたCVと単心のCVケーブルを2本より合わせた**CVD**、3本より合わせた**CVT**、4本より合わせた**CVQ**があります。600V CVケーブルはいずれもJIS C3605にて規格化されており、100mm^{2}以下のものには電気用品安全法が適用となるためPSEマークが付されたものを使用する必要があります。

CV-1CからCV-4Cではサイズ2mm^{2}から325mm^2、CVD、CVT、CVQでは8mm^{2}から600mm^{2}程度のものまでが標準的に製造されています。

600V架橋ポリエチレン絶縁ビニルシースケーブルの特徴

600V CVケーブルは耐久性、耐熱性、許容電流の大きさから住宅、ビルに限らず多くの構内低圧幹線系統に用いられるケーブルです。8mm^{2}未満のサイズを使用する場合は製造されているケーブルはCVのみとなります。施工の状況にもよりますが、それ以上のサイズを使用する場合は屈曲のしやすさや重量など、扱いやすさの面からCVDやCVT、CVDなどが好まれる場合が多くなっています。

心線被覆として用いられる架橋ポリエチレンは耐熱性に優れますが、紫外線に対する耐性が弱く、端末部分など屋外で心線被覆を露出しなければならない場合には自己融着性絶縁テープなどによる心線被覆の保護が必要です。

600V架橋ポリエチレン絶縁ビニルシースケーブルの許容電流

CVケーブルは同一サイズのVVケーブルに比べて大きな電流を流すことができます。また、一括シースのCVに比べて、単心より合わせのCVD、CVT、CVQの方が同一心数であればより大きな電流を流すことが可能です。

600V架橋ポリエチレン絶縁ビニルシースケーブルの構造

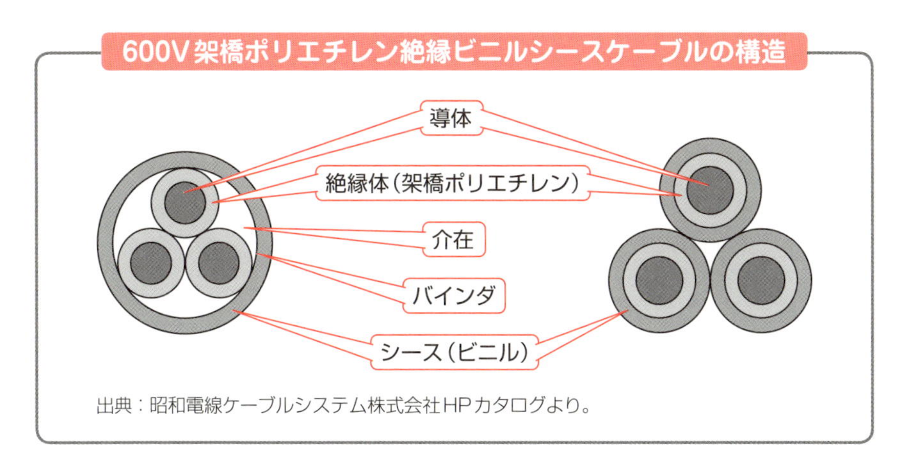

出典：昭和電線ケーブルシステム株式会社HPカタログより。

▼600V架橋ポリエチレン絶縁ビニルシースケーブルの許容電流と電流補正係数

布設条件 公称断面積 mm²	単心 3条、平積（S=2d）	単心 3条、俵積	2心 1条	3心 1条	単心2個より 1条	単心3個より 1条
2	31	27	28	23	–	–
3.5	44	38	39	33	–	–
5.5	58	50	52	44	–	–
8	72	63	65	54	66	62
14	100	87	91	76	91	86
22	130	115	120	100	120	110
38	190	160	170	140	165	155
60	255	210	225	190	225	210
100	355	290	310	260	310	290
150	455	380	400	340	400	380
200	545	470	485	410	490	465
250	620	540	560	470	565	535
325	725	640	660	555	670	635
400	815	730	–	–	765	725
500	920	840	–	–	880	835
600	1,005	930	–	–	–	–
800	1,285	1,205	–	–	–	–
1,000	1,470	1,375	–	–	–	–

周囲温度 ℃	20	25	30	35	45	50
電流補正係数	1.18	1.14	1.10	1.05	0.95	0.89

出典：昭和電線ケーブルシステム株式会社HPカタログより。

許容電流算出の電線敷設条件

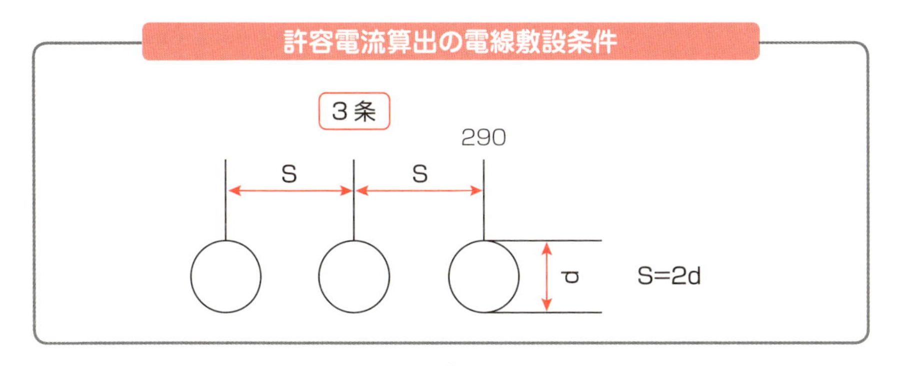

11 配線用遮断器

配線用遮断器*（ブレーカー、MCCB、MCB）は、遮断器の2次側に過負荷電流や短絡電流などの過電流が発生した際に2次側以下の系統に属する電路への電源供給を遮断する役割を持った保護機器です。

配線用遮断器の規格

配線用遮断器はJIS C 8201-2-1にて規格化されています。定格電圧AC300V以下および定格電流100A以下の配線用遮断器は、電気用品安全法が適用となりますので、PSEマークの付された製品を使用しなければなりません。

配線用遮断器の選定の要素

配線用遮断器の選定要素には、極数・素子数、定格電圧、定格電流、動作特性、フレームサイズがあります。

●定格電圧

定格電圧は使用できる電圧を示しています。近年では、太陽光発電設備など直流を扱う機会も増加しているため、特に交流（AC）と直流（DC）の違いと使用できる電圧には気を付けなければなりません。

●極数、素子数

極（Pole）数は電源を開閉できる接点の数を、素子（Element）数は過電流を検知する素子の数を表します。単相3線式の中性線や単相2線式100Vの接地側線には過電流素子のないものを選定します。引込みの配電方式が単相3線式であれば3極2素子（3P2E）のものを、単相2線式100Vであれば2極1素子（2P1E）のものを選定します。また、三相3線式など、中性線のない場合は3極3素子（3P3E）のものを選定します。

---

* **配線用遮断器**　写真提供：パナソニック株式会社。

●定格電流

定格電流は過電流遮断器が動作しない最大の電流の値です。カタログや図面場では○○AT（アンペアトリップ）と表記されます。保護する電路の許容電流よりも小さな値を選定します。

●動作特性

配線用遮断器には、電気設備の技術基準・解釈に定められた性能の範囲内において、各メーカー様々な動作特性を持つ製品を製造しています。特に電動機や水銀灯、コンデンサを有する回路の保護などには、これらの負荷に対応できる動作特性を持った配線用遮断器を選定します。

●フレームサイズ

フレームサイズは過電流遮断器の外形サイズを表します。カタログや図面には○○**AF**（**アンペアフレーム**）と表記されています。低圧引込みの需要家への施工では考慮に入れることはまれですが、AFの違いによって外形サイズと共に接点などがどの程度の大きさの短絡電流に耐えられるか（遮断容量）も変わります。

低圧引込みの需要家への施工などでサイズを選定する場合には、メーカー共通の外形寸法で製造されている協約型や現在主流となりつつある省スペース形などを分電盤に合わせて選定を行います。

ATとAFの違いに注意

- AT（アンペアトリップ）は定格電流。
- AF（アンペアフレーム）は外形サイズ。

●その他

その他の選定要素として、単相3線式の引込開閉器として用いる過電流遮断器の場合、中性線が断線した場合に起こる異常電圧によって負荷機器が損傷するのを防止するため異常電圧を検知して遮断を行う、中性線欠相保護機能付きのものを選定します。

▼協約形中性線欠相保護機能付き

▼省スペース形

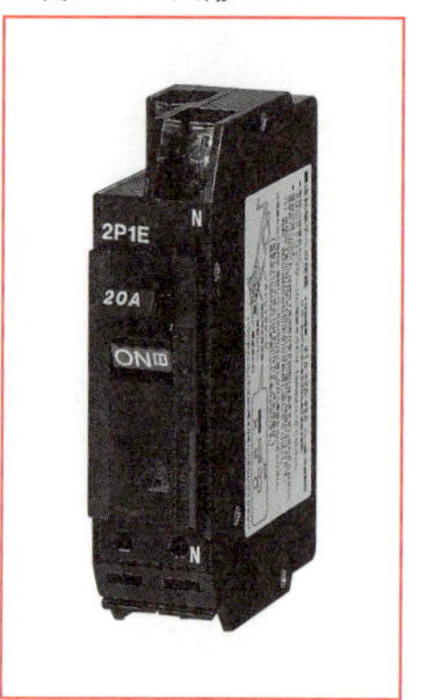

▼安全ブレーカー

12 漏電遮断器

漏電遮断器（**漏電ブレーカー、ELCB、ELB**）は、ZCTや引外し装置などの漏電遮断装置と電路の接点を一体として容器に収めたものです。地絡、漏電を検知して自動的に電路を遮断する保護機器です。

漏電遮断器の規格

漏電遮断器はJIS C 8201-2-2にて規格化されています。定格電圧AC300V以下および定格電流100A以下の配線用遮断器は電気用品安全法が適用となりますので、PSEマークの付された製品を使用しなければなりません。

漏電遮断器の選定の要素*

漏電遮断器を選定するための要素に、定格感度電流と動作時間があります。

●定格感度電流

漏電遮断器が動作する最低の漏電電流値です。電流値の違いにより、低感度形、中感度形、高感度形に分類されています。感電防止のために漏電遮断器を設置する場合には、定格感度電流30mA以下のものを選定します。

▼漏電ブレーカー

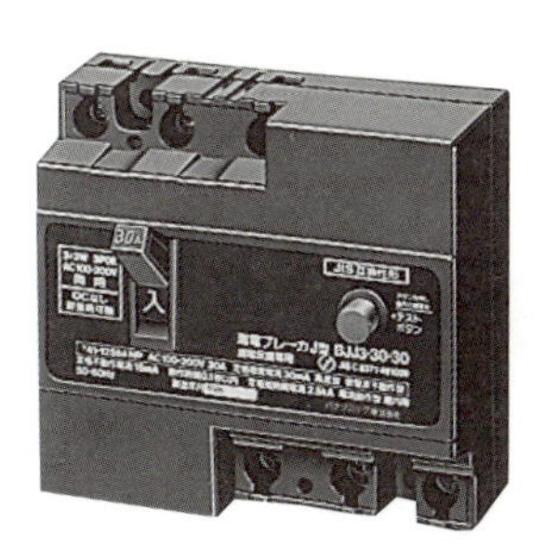

* **漏電遮断器の選定の要素**　写真提供：パナソニック株式会社。

●動作時間

漏電を検知して、電路が遮断されるまでの時間をいいます。動作特性の違いにより、高速形、時延形、反限時形に分類されています。感電防止を目的として漏電遮断器を設置する場合は動作時間が0.1秒以内の高速形のものを選定します。

●その他

漏電遮断器には漏電遮断機能と共に**過電流遮断機能**を備えたものがあります。このような漏電遮断器は一般に**O.C**（Over Current）付と呼ばれています。過電流遮断機能を持っているため一般住宅などの主幹ブレーカーとして用いることも可能です。

▼ O.C、中性線欠相保護機能付

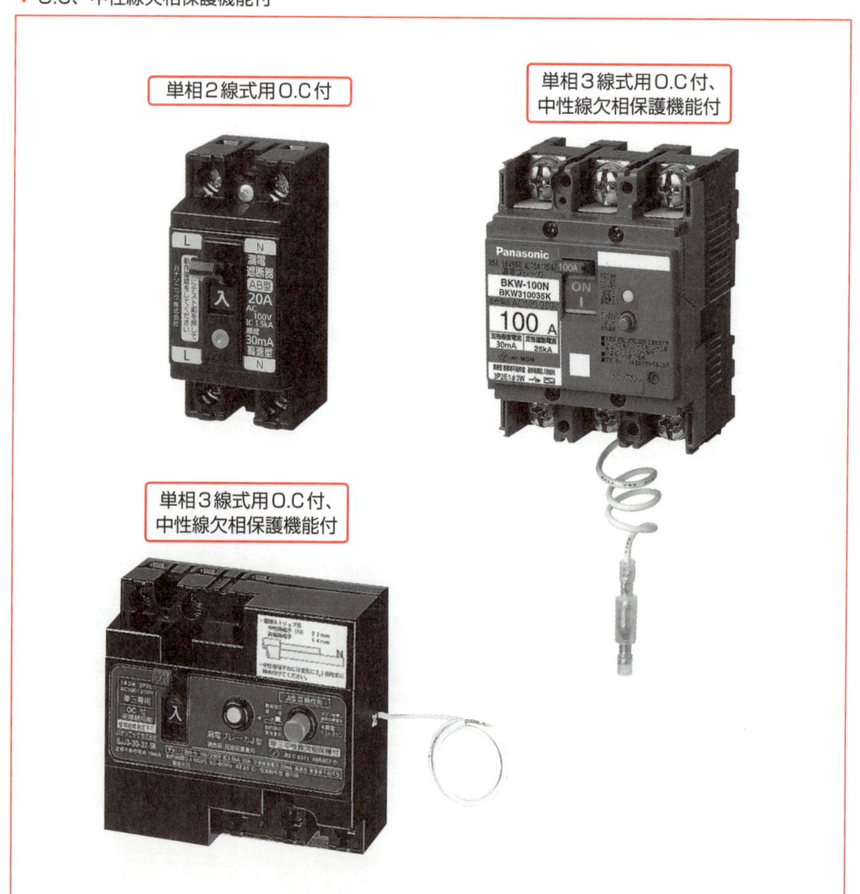

あ行

か行

さ行

た行

な行

は行

ま行

や行

ら行

わ

アルファベット

数字

索引

参考文献

・『図解でよくわかる第2種電気工事士筆記試験＆技能試験 平成25年版』
渡邊利彦・君塚信和著、誠文堂新光社、2013年刊

・『内線規程（電気技術規程使用設備編）JEAC8001-2011』
日本電気協会需要設備専門部会編、日本電気協会、2012年刊

・『絵とき電気設備技術基準・解釈早わかり 平成25年版 』
電気設備技術基準研究会編、オーム社、2013年刊

・『新版電気工事士教科書 第11版（第二種）』
電気工事士教育委員会編、日本電気協会、2009年刊

・『世界で一番楽しい 建物できるまで図鑑 木造住宅』
瀬川康秀・大野隆司著、エクスナレッジ、2012年刊

・『世界で一番楽しい 建物できるまで図鑑 RC造・鉄骨造』
瀬川康秀・大野隆司著、エクスナレッジ、2013年刊

●著者紹介

大木　健司（おおき　けんじ）

日本電子専門学校　電気工事技術科
第一種電気工事士、第二種電気工事士

【主な著作】

『図解入門 屋内配線図の基本と仕組み』共著、秀和システム、2015年刊

●本文図版協力

編集協力：株式会社エディトリアルハウス
イラスト：まえだ　たつひこ

図解入門　現場で役立つ
第二種電気工事の基本と実際

発行日　2016年 5月12日　第1版第1刷
　　　　2022年10月15日　第1版第5刷

著　者　大木　健司

発行者　斉藤　和邦
発行所　株式会社　秀和システム
〒135-0016
東京都江東区東陽2-4-2　新宮ビル2F
Tel 03-6264-3105（販売）Fax 03-6264-3094
印刷所　三松堂印刷株式会社　Printed in Japan

ISBN978-4-7980-4647-1 C3054